Física 2 –
Gravitação, Ondas e Termodinâmica

Teoria e Problemas Resolvidos

Adir Moysés Luiz

Física 2 – Gravitação, Ondas e Termodinâmica

Teoria e Problemas Resolvidos

Editora Livraria da Física
São Paulo – 2007

1a. Edição

Editor: José Roberto Marinho
Diagramação: Roberto Maluhy Jr & Mika Mitsui
Capa: Arte Ativa
Impressão: Gráfica Paym

Dados Internacionais de Catalogação e Publicação (CIP)
(Câmara Brasileira do Livro, SP, Brasil)

Luiz, Adir Moysés
Física 2 : gravitação, ondas e termodinâmica : teoria e problemas resolvidos / Adir Moysés Luiz. São Paulo: Editora Livraria da Física, 2007.

Bibliografia.

1. Física – Teoria 2. Gravitação 3. Ondas
4. Termodinâmica I. Título.

07-0936 CDD-530

Índice para catálogo sistemático:
1. Física 530

ISBN: 978-85-88325-84-5

Impresso no Brasil

Editora Livraria da Física
Telefone 55 11 3816 7599 / Fax 55 11 3815 8688

www.livrariadafisica.com.br

SUMÁRIO

PREFÁCIO

Este livro se destina a todos os cursos superiores que possuem a cadeira de Física II no Ciclo Básico. O programa de Física II é bastante amplo e abrange diversas áreas importantes da Física. Muitos livros de Física II misturam a teoria cinética dos gases com a termodinâmica e outros fenômenos de transporte, como, por exemplo, a transferência de calor. Neste livro adotamos uma ordem mais didática para a apresentação dos diferentes tópicos abordados em um livro de Física II. Sugerimos a seguinte seqüência para a apresentação da matéria: oscilações harmônicas, ondas, acústica, campo gravitacional, hidrostática, hidrodinâmica, termodinâmica e, finalmente, a teoria cinética dos gases. O objetivo central deste livro é auxiliar os alunos no estudo da Física II. Esta obra pode ser usada como livro-texto visto que contém toda a matéria exigida nos programas de Física II. Contudo, como este livro dá grande ênfase aos problemas resolvidos de Física II, ele pode também ser usado como complementação de qualquer outro livro de Física II em nível universitário.

Existem muitos livros de Física II de autores estrangeiros, principalmente norte-americanos. No entanto, existem poucos livros de autores brasileiros contendo *problemas resolvidos de Física II* em nível universitário. Alguns livros de Física perdem muito tempo descrevendo a evolução histórica das teorias e dos problemas de Física. Neste livro não fazemos nenhuma discussão filosófica nem apresentamos nenhuma evolução histórica de teorias ou de problemas. Procuramos resolver os problemas de modo claro e objetivo, usando os conceitos e métodos mais modernos do ensino da Física na Universidade, a fim de que o aluno possa aprender os métodos gerais e gravar melhor a teoria através da solução de problemas.

Cada capítulo apresenta um resumo da teoria, apontando os conceitos mais importantes sobre o assunto abordado. Depois de compreender e aplicar os conceitos básicos e os métodos gerais, estudando a solução dos problemas, o aluno poderá testar sua aprendizagem na solução dos problemas propostos apresentados no final de cada capítulo. As respostas dos problemas propostos são dadas no final do respectivo problema proposto.

Rio de Janeiro, janeiro de 2007
Adir Moysés Luiz

1

OSCILAÇÕES HARMÔNICAS

1.1 Movimento harmônico simples

Dizemos que uma partícula executa um *movimento periódico* quando as grandezas características do movimento da partícula se repetem depois de um tempo chamado de *período* e designado pela letra T. O movimento periódico mais importante para o estudo das oscilações, das vibrações e das ondas é o *movimento harmônico simples*. Qualquer grandeza mecânica de uma partícula que descreve um movimento harmônico simples pode ser descrita por uma função periódica que possua o mesmo período T do movimento e que satisfaça à equação diferencial do movimento.

A *freqüência* f de um movimento oscilatório é o número de oscilações efetuadas na unidade de tempo. A freqüência é o inverso do período: $f = 1/T$. A *freqüência angular* é geralmente designada pela letra ω. Entre a freqüência angular ω e a freqüência f existe a relação: $\omega = 2\pi f$. Logo: $\omega = 2\pi/T$.

Como protótipo de um movimento harmônico simples vamos estudar o movimento de um bloco de massa m preso à extremidade de uma mola e apoiado sobre um plano horizontal sem atrito. A outra extremidade da mola está presa a um ponto fixo. Deslocando-se a massa da posição de equilíbrio, ela descreverá um movimento harmônico simples. A *lei de Hooke* afirma que a força exercida pela mola sobre a massa é dada por: $F = -kx$, onde k é a *constante elástica da mola*, ou, simplesmente, *constante da mola*. Aplicando a segunda lei de Newton sobre o bioco de massa m, obtemos:

$$\frac{d^2x}{dt^2} = -\frac{k}{m}x \tag{1.1}$$

A solução da equação diferencial (1.1) pode ser escrita na forma:

$$x = A\cos(\omega_0 t + \varphi) \tag{1.2}$$

onde A e φ são duas constantes: A é a *amplitude* do movimento harmônico simples e φ é o *ângulo de fase*. O ângulo de fase depende da posição inicial da partícula. Derivando a equação (1.2) em relação a t duas vezes e substituindo d^2x/dt^2 e x na equação (1.1), encontramos o resultado:

$$\omega_0 = \sqrt{\frac{k}{m}} \tag{1.3}$$

De acordo com a definição de energia potencial, a energia potencial E_p da massa m quando ela está afastada de uma distância x em relação à posição de equilíbrio é dada por:

$$E_\mathrm{p} = \int_0^x kx\,dx$$

Integrando a relação anterior, obtemos para a energia potencial E_p:

$$E_\mathrm{p} = \frac{kx^2}{2} \tag{1.4}$$

A velocidade do bloco que descreve o movimento harmônico simples pode ser obtida derivando-se a equação (1.2) em relação ao tempo, ou seja:

$$v = -\omega_0 A\,\mathrm{sen}(\omega_0 t + \varphi) \tag{1.5}$$

A energia total do bloco de massa m é dada pela soma da energia cinética com a energia potencial, ou seja,

$$E = E_\mathrm{p} + \frac{mv^2}{2}$$

Levando em consideração as equações (1.4) e (1.5), obtemos para a energia total a seguinte expressão:

$$E = \frac{kA^2}{2} \tag{1.6}$$

Como k e A são constantes. Concluímos que a energia total deste sistema permanece constante, ou seja, existe *conservação da energia mecânica*. Observe que a energia é proporcional ao quadrado da amplitude das oscilações. O fato de a energia ser constante decorre da inexistência de atrito entre a superfície e o bloco. Na próxima seção analisaremos o efeito da resistência do meio no qual ocorre o movimento oscilatório.

1.2 Oscilações amortecidas, oscilações forçadas e ressonância

No movimento harmônico simples consideramos um caso ideal: a ausência total de atrito. Como resultado desta hipótese vimos que no movimento harmônico simples existe conservação de energia. Nos movimentos oscilatórios reais existe sempre dissipação de energia, que é tanto mais elevada quanto maior for a resistência do meio no qual o sistema oscila. Neste caso. a energia mecânica diminui com o tempo; as amplitudes das oscilações também diminuem, até que o movimento cesse por completo. Por esta razão dizemos que esse movimento é *amortecido*. Normalmente um sistema que oscila livremente executa um *movimento harmônico amortecido*. Se, em vez de oscilar livremente, o sistema sofrer permanentemente a ação de uma força externa periódica, dizemos que ele executa um *movimento harmônico forçado*.

Considere o sistema massa-mola descrito na seção anterior. A força de resistência do meio que produz o amortecimento é, em geral, proporcional à velocidade do corpo que oscila e podemos escrevê-la na forma: $-b(dx/dt)$, onde b é uma constante que depende do coeficiente de atrito, da viscosidade do meio e da forma do corpo. Este é o modelo mais simples para a força resistiva que produz o amortecimento. De acordo com a segunda lei de Newton podemos escrever:

$$m\frac{d^2x}{dt^2} + b\frac{dx}{dt} + kx = 0 \tag{1.7}$$

Os livros de cálculo diferencial apresentam uma solução padronizada para uma equação diferencial do tipo indicado na relação (1.7), que é uma equação diferencial linear homogênea de segunda ordem. Contudo, é interessante que o aluno compreenda a física do problema e descubra primeiro qualitativamente a forma da solução, mediante o seguinte raciocínio. Como o movimento é harmônico, a solução deve conter um termo da forma $\cos(\omega_1 t + \varphi)$, onde ω_1 é uma constante a ser determinada. Além disso, como o movimento é *amortecido* deve existir um fator exponencial decrescente responsável pelo amortecimento. Este fator pode ser escrito pela função: $\exp(-bt/2m)$, onde b é uma constante a ser determinada. Designando por A_0 a amplitude da oscilação, o leitor verá que a solução da equação (1.7) deve ser da forma:

$$x = A_0 \cos(\omega_1 t + \varphi) \exp\left(-\frac{bt}{2m}\right) \tag{1.8}$$

No Problema 1.14 mostraremos que usando a equação (1.8), fazendo as derivadas dx/dt e d^2x/dt^2 e substituindo as expressões das derivadas obtidas na equação (1.7), encontramos a seguinte expressão para a freqüência angular do movimento harmônico amortecido:

$$\omega_1 = \sqrt{\frac{k}{m} - \left(\frac{b}{2m}\right)^2} \tag{1.9}$$

Note que quando a resistência do meio for nula ($b = 0$), a equação (1.9) se transforma na relação (1.3). Suponha agora que exista uma força externa periódica aplicada ao bloco. Suponha que o módulo desta força seja dado por:

$$F = F_0 \operatorname{sen} \omega t \tag{1.10}$$

Aplicando a segunda lei de Newton ao bloco de massa m, encontramos o resultado:

$$m\frac{d^2x}{dt^2} + b\frac{dx}{dt} + m\omega_0^2 x = F_0 \operatorname{sen} \omega t \tag{1.11}$$

A equação diferencial (1.11) é uma equação diferencial linear de segunda ordem *não-homogênea*. A solução geral de uma equação diferencial linear não-homogênea é dada pela solução da equação diferencial *homogênea associada*, mais uma solução particular da equação não-homogênea considerada. A equação diferencial homogênea associada é dada pela equação (1.7), cuja solução é fornecida pela equação (1.8). Para descobrir uma *solução particular* da equação (1.11), basta fazer o seguinte raciocínio físico: o bloco deverá oscilar com a mesma freqüência da força externa que está *forçando* as oscilações do sistema. Logo, designando por A' a amplitude do movimento, a solução particular da equação (1.11) é dada por:

$$x = A' \operatorname{sen}(\omega_0 t + \varphi) \tag{1.12}$$

A solução geral da equação (1.11) do movimento harmônico forçado é dada pela soma da equação (1.8) com a equação (1.12). Contudo, a parcela representada pela equação (1.8) corresponde a uma *solução transiente*, e este termo tende a zero rapidamente, de modo que no *estado estacionário* (ou *estado permanente*) a solução que rege o movimento é dada pela equação (1.12). Fazendo as derivadas indicadas e substituindo os resultados na equação diferencial (1.11), obtém-se para a tangente do ângulo de fase a relação:

$$\tan\varphi = \frac{b\omega}{m(\omega_0^2 - \omega^2)} \tag{1.13}$$

Para a amplitude das oscilações encontramos:

$$A' = \frac{F_0}{\sqrt{m^2(\omega_0^2 - \omega^2) + b^2\omega^2}} \tag{1.14}$$

No Problema 1.16 faremos a dedução explícita das equações (1.13) e (1.14). Observe que a amplitude das oscilações do movimento harmônico forçado para uma dada força F_0 depende da freqüência angular ω da excitação externa. Note que a amplitude é tanto mais elevada quanto maior for a proximidade entre os valores de ω_0 e ω. Quando $\omega = \omega_0$, sendo ω_0 dado pela relação (1.3), o sistema entra em *ressonância*. Na *ressonância* a amplitude das oscilações atinge seu valor máximo e a amplitude é dada por:

$$A' = \frac{F_0}{b\omega_0}$$

As estruturas mecânicas (pontes, edifícios, etc.) devem ser projetadas de tal forma que a freqüência angular natural ω_0 da estrutura seja mantida diferente das freqüências angulares ω dos ventos da região, ou da freqüência de qualquer outro mecanismo que possa provocar ressonância.

1.3 Problemas sobre movimento harmônico simples

1.01
RESOLVIDO

Um corpo de massa m está preso à extremidade de uma mola e apoiado sobre uma superfície horizontal sem atrito. A outra extremidade da mola se encontra presa em um ponto fixo. Afasta-se a mola da posição até um ponto situado a uma distância A desta posição de equilíbrio. Determine para o corpo de massa m em função de m, de A e da constante da mola k: (a) A velocidade em função do tempo t e da distância x entre o corpo e o ponto de equilíbrio da mola; (b) a velocidade máxima; (c) a aceleração em função do tempo t e da distância x; (d) o módulo da aceleração máxima.

SOLUÇÃO

(a) A velocidade do bloco de massa m em função do tempo t pode ser obtida derivando-se a equação (1.2) em relação ao tempo:

$$v = -A\omega_0 \,\text{sen}(\omega_0 t + \varphi) \tag{1}$$

Como sabemos,

$$\text{sen}\,\alpha = \sqrt{1 - \cos^2 \alpha}$$

Então, usando a identidade anterior, podemos escrever a relação (1) do seguinte modo:

$$v = -A\omega_0 \sqrt{1 - \cos^2(\omega t + \varphi)}$$

Levando em conta a relação (1.2), a equação anterior pode ser escrita na forma:

$$v = -A\omega_0 \sqrt{1 - \frac{x^2}{A^2}}$$

Como $\omega_0 = (k/m)^{1/2}$, podemos escrever a relação anterior do seguinte modo:

$$v = \pm\sqrt{\frac{k}{m}(A^2 - x^2)} \tag{2}$$

A equação (2) fornece a velocidade do bloco em função de k, de m, de A e da distância x. Portanto, a relação (1) serve para determinar a velocidade v em função do tempo t e a equação (2) serve para determinar a velocidade v em função da distância x.

(b) Para calcular a velocidade máxima você não precisa derivar a relação (2). Como x^2 é sempre positivo, observe que o valor máximo de $(A^2 - x^2)$ ocorre para $x = 0$. Logo, para determinar a velocidade máxima basta fazer $x = 0$ na relação (2). Portanto, o módulo da velocidade máxima será:

$$v_{\text{máx}} = A\sqrt{\frac{k}{m}}$$

(c) Para obter a aceleração em função do tempo basta derivar a equação (1), ou seja,

$$a = \frac{dv}{dt} = -A\omega_0^2 \cos(\omega_0 t + \varphi) \qquad (3)$$

Comparando a equação (3) com a equação (1.2), encontramos o resultado:

$$a = -\omega_0^2 x = -\frac{k}{m}x \qquad (4)$$

A relação (3) serve para determinar a aceleração em função do tempo t e a equação (4) serve para determinar a aceleração em função da distância x.

(d) A relação (4) fornece a aceleração em função da distância. Obviamente a aceleração máxima ocorre para o valor máximo da variável x (que é a amplitude A). O módulo da aceleração máxima será, portanto, dado por:

$$a_{\text{máx}} = \frac{kA}{m}$$

1.02
RESOLVIDO

Um corpo de massa M está preso à extremidade de uma mola de massa m e oscila na vertical. Despreze a resistência do ar. Determine o período das oscilações em função da constante da mola k, de M e de m.

SOLUÇÃO

Tudo se passa como se tivéssemos uma mola ideal de massa desprezível, ligada a um corpo de massa M mais um corpo de massa m^* equivalente à massa da mola considerada. Contudo, m^* não é igual a m, porque a velocidade de vibração das espiras da mola de massa m não é constante. Vamos resolver este problema com o chamado *método da massa efetiva*, que é um método muito usado em diversas partes da Física. O método consiste em procurar a energia cinética total do sistema que está sendo estudado, e associar a esta energia cinética o valor $(m^* v^2/2)$, onde m^* é a massa equivalente da mola. Para determinar a massa equivalente da mola devemos, portanto, calcular a energia cinética da mola. Seja L o comprimento da mola e dz o comprimento de um elemento da mola com massa infinitesimal dm. A energia cinética infinitesimal deste elemento de massa é dada por:

$$dE_{\mathrm{C}} = \frac{v_{\mathrm{m}}^2}{2}\,dm \tag{1}$$

Na equação (1) v_{m} é a velocidade do elemento de massa dm da mola. A densidade linear da mola é dada pela relação entre a massa da mola e o comprimento L da mola. Deste modo, o elemento de massa dm pode ser escrito na forma:

$$dm = \frac{m}{L}\,dz \tag{2}$$

Por outro lado, a velocidade v_{m} do elemento de massa dm varia linearmente, desde zero na extremidade superior da mola até a velocidade v na extremidade inferior da mola. Donde se conclui que a velocidade de cada elemento da mola é dada por:

$$v_{\mathrm{m}} = \frac{z}{L}v \tag{3}$$

Substituindo as relações (2) e (3) na equação (1), obtemos:

$$E_{\mathrm{C}} = \frac{mv^2}{2L^3}\int_0^L y^2\,dy \tag{4}$$

Integrando a equação (4), encontramos o resultado:

$$E_{\mathrm{C}} = \frac{1}{2}\left(\frac{m}{3}\right)v^2 = \frac{1}{2}m^*v^2 \tag{5}$$

Da equação (5) notamos que a energia cinética da mola é igual à energia cinética de um corpo com massa equivalente $m^* = m/3$, preso na extremidade da mola e se deslocando com uma velocidade v. Podemos, então, substituir o sistema considerado por um sistema constituído por uma mola de massa desprezível, sustentando uma *massa efetiva* (m_{ef}) dada por:

$$m_{\mathrm{ef}} = M + m^* = M + \frac{m}{3}$$

Este raciocínio também pode ser estendido para o sistema massa-mola oscilando sobre um plano horizontal. O período das oscilações do sistema considerado, oscilando na vertical, será, portanto, dado pela expressão:

$$T = 2\pi\sqrt{\frac{m_{ef}}{k}} = \sqrt{\frac{M + (m/3)}{k}}$$

Determine o período das oscilações harmônicas de um pêndulo simples.

1.03

SOLUÇÃO

O *pêndulo simples* (algumas vezes também chamado de *pêndulo matemático*) é constituído por um fio inextensível de comprimento L, na extremidade do qual existe uma massa pontual m. A outra extremidade do fio está presa ao teto. No equilíbrio o fio permanece em uma posição vertical. Ao afastarmos o corpo desta posição de equilíbrio inicia-se um movimento pendular em torno do ponto de suspensão. Considere uma esfera de massa m e raio R presa por um fio a um ponto fixo O do teto. A distância entre o ponto O e o centro da esfera é igual a L. Suponha que R seja muito menor do que L; com esta hipótese estamos querendo dizer que a esfera pode ser considerada como massa puntiforme. Quando esta aproximação for satisfeita, dizemos que este sistema constitui um *pêndulo simples*; em caso contrário teremos um *pêndulo composto*. Neste problema consideraremos somente as oscilações de um pêndulo simples e em outro problema analisaremos o pêndulo composto.

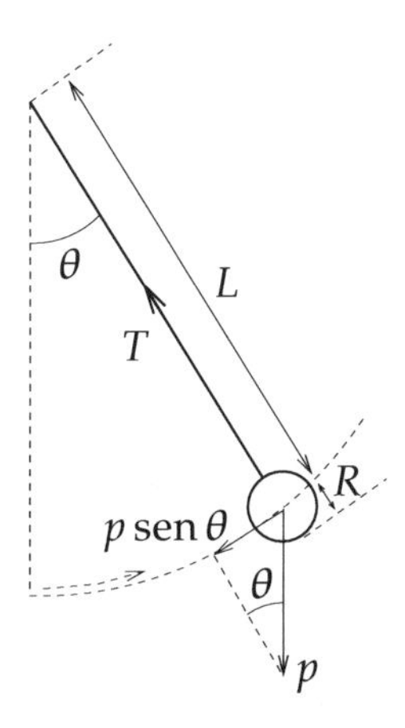

Fig. 1.1 *Esquema para analisar as oscilações de um pêndulo simples.*

O centro de massa da esfera descreve um arco de circunferência de raio L. O comprimento de arco descrito em função do ângulo a partir da posição de equilíbrio é dado por: $s = L\theta$. De acordo com a Figura 1.1 vemos que a única força que atua sobre a esfera de massa m na direção tangente ao movimento possui módulo dado por: $p \operatorname{sen}\theta$. Aplicando a segunda lei de Newton ao corpo de massa m, obtém-se:

$$-mg \operatorname{sen}\theta = m\left(\frac{d^2s}{dt^2}\right) \tag{1}$$

O sinal negativo na equação (1) decorre do seguinte fato: na Figura 1.1 vemos que o comprimento de arco cresce a partir do equilíbrio da esquerda para a direita, ao passo que o componente tangencial da força está orientado da direita para a esquerda.

O desenvolvimento da função seno em série de Taylor nas vizinhanças do ponto 0 é dado por:

$$\operatorname{sen}\theta = \theta - \frac{\theta^3}{3!} + \frac{\theta^5}{5!} - \cdots \tag{2}$$

Pela relação (2) concluímos que quando θ for muito pequeno poderemos escrever: $\operatorname{sen}\theta = \theta$, onde θ é o ângulo em radianos. Esta aproximação é razoável até cerca de 10°. Para $\theta = 10°$, temos: $\operatorname{sen} 10° = \operatorname{sen} 0,1745 = 0,1736$; portanto, para $\theta = 10°$ a aproximação $\operatorname{sen}\theta = \theta$ conduz a um erro da ordem de 0,5%. Este erro aumenta à medida que θ aumenta, conforme você pode constatar examinando a equação (2). Contudo, como a equação (1) é uma equação diferencial, o erro cometido na solução não é obrigatoriamente igual a este erro. Contudo, para ângulos muito pequenos fica justificada a aproximação seguinte:

$$\operatorname{sen}\theta = \theta = \frac{s}{L} \tag{3}$$

Substituindo a relação (3) na equação (1), encontramos o resultado:

$$\frac{d^2\theta}{dt^2} = -\left(\frac{g}{L}\right)\theta \tag{4}$$

A equação diferencial (4) possui a mesma forma da equação (1.1), logo, a solução é semelhante à equação (1.2), portanto, a solução da equação (4) pode ser escrita na forma:

$$\theta = \theta_0 \cos(\omega_0 t + \varphi) \tag{5}$$

Na equação (5) a freqüência angular ω_0 é dada por:

$$\omega_0 = \sqrt{\frac{g}{L}} \tag{6}$$

Vemos, portanto, que um pêndulo simples executa um movimento harmônico simples para pequenas oscilações. A freqüência angular do pêndulo simples é dada pela equação (6), logo o período deste movimento harmônico simples é dado por:

$$T = 2\pi\sqrt{\frac{L}{g}} \tag{7}$$

1.04
RESOLVIDO

Mostre que para um pêndulo simples funcionar como relógio é necessário o emprego de engrenagens especiais.

SOLUÇÃO

No movimento harmônico simples de um pêndulo simples as oscilações possuem um período constante dado pela equação (7) do problema anterior. Contudo, devido ao atrito com o ar e ao atrito no ponto de suspensão, o movimento real de um pêndulo simples é *amortecido*. Portanto, ao diminuir a amplitude do pêndulo o período também diminui, de modo que um pêndulo simples sozinho não pode funcionar como relógio. Para se construir um relógio com um pêndulo simples é necessário que se use uma engrenagem que forneça ao pêndulo um impulso periódico de modo a compensar o amortecimento e manter constante o período do pêndulo. Suponha um aro contido em um plano vertical e dobrado em forma de uma ciclóide. Soltando-se um anel em qualquer posição do aro, verifica-se que o período das oscilações não depende da amplitude. Portanto, se a extremidade de um pêndulo oscilar ao longo de uma ciclóide o período do pêndulo permanecerá constante. Este dispositivo denomina-se pêndulo cicloidal. Nos relógios de pêndulo, engrenagens ou molas são usadas para compensar a diminuição do período provocada pelo amortecimento produzido pelo atrito.

1.05 Determine o período das pequenas oscilações de um pêndulo composto.

SOLUÇÃO

No Problema 1.3 vimos que a aproximação usada para a consideração do pêndulo simples é válida quando a distância do centro de massa do corpo ao ponto de suspensão é muito maior do que o diâmetro do objeto. Quando esta distância é da mesma ordem de grandeza deste diâmetro, ou menor do que este valor, o dispositivo denomina-se *pêndulo composto* ou *pêndulo físico*.

Considere um corpo oscilando suspenso por um fio pequeno, ou oscilando em torno de um eixo horizontal, que passa através de um ponto do próprio corpo. Para concretizar, suponha que através de um orifício de uma régua passe um eixo horizontal fixo e que a régua oscile em um plano vertical (ver a Figura 1. 2).

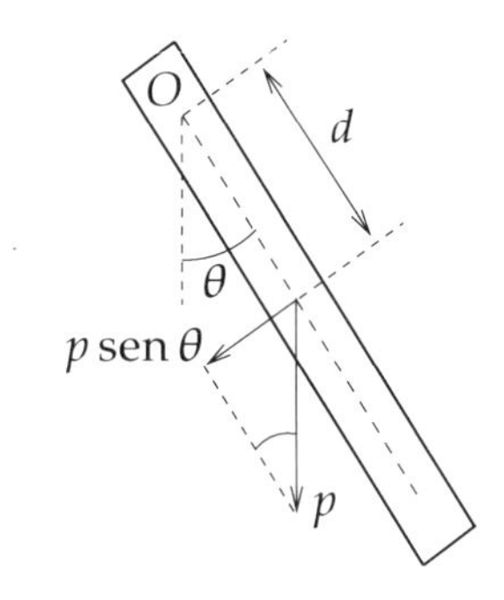

Fig. 1.2 *Esquema para analisar as oscilações de um pêndulo composto.*

Seja d a distância entre o ponto de suspensão O da régua e o centro de massa da régua. A massa da régua é igual a M e o momento de inércia da régua em relação ao ponto de suspensão O é igual a I. Aplicando a segunda lei de Newton ao movimento de rotação em torno do ponto O, obtemos:

$$I\frac{d^2\theta}{dt^2} = -Mgd\,\mathrm{sen}\,\theta \qquad (1)$$

Na equação (1) o sinal negativo indica que a componente do peso possui sentido contrário ao deslocamento angular. Para ângulos muito pequenos podemos fazer a aproximação $\operatorname{sen}\theta = \theta$. Logo, a relação (1) pode ser escrita na forma:

$$\frac{d^2\theta}{dt^2} = -\frac{Mgd}{I}\theta \tag{2}$$

A equação diferencial (2) é análoga à equação (1.1). Concluímos, portanto, que o movimento das pequenas oscilações de um pêndulo composto é um movimento harmônico simples. Portanto, a freqüência angular deste movimento é dada por:

$$\omega = \sqrt{\frac{Mgd}{I}} \tag{3}$$

Usando a equação (3), vemos que o período das pequenas oscilações de um pêndulo composto pode ser calculado mediante a relação:

$$T = 2\pi\sqrt{\frac{I}{Mgd}} \tag{4}$$

Como um caso particular da equação (4), considere toda massa M do corpo concentrada no centro de massa. Neste caso o momento de inércia é dado por: $I = Md^2$, e a expressão (4) se transforma na relação (7) do Problema 1.3 (período de um pêndulo simples).

1.06
RESOLVIDO

Considere a Figura 1.1 do Problema 1.3. Suponha agora que a distância L seja da mesma ordem de grandeza que o raio R da esfera. Determine o período do pêndulo com esta suposição.

SOLUÇÃO

Como neste problema estamos considerando L da mesma ordem de grandeza que R, não podemos considerar a esfera como massa pontual e, portanto, este pêndulo será um pêndulo composto. O período de oscilação de um pêndulo composto é dado pela equação (4) do problema anterior. Para determinar o momento de inércia I devemos aplicar o teorema dos eixos paralelos, ou seja:

$$I = I_{\text{CM}} + ML^2 \tag{1}$$

Na equação (1) L é a distância entre o centro de massa da esfera e o ponto de suspensão e I_{CM} é o momento de inércia em relação a um eixo passando pelo centro de massa da esfera. Como sabemos, para uma esfera,

$I_{CM} = (2/5)MR^2$. Logo, substituindo este valor na relação (1) e usando a equação (4) do problema anterior, obtemos:

$$T = 2\pi\sqrt{\frac{L}{g} + \frac{2}{5}\frac{R^2}{gL}} \tag{2}$$

A equação (2) fornece o período da pêndulo quando L é da mesma ordem de grandeza que o raio R da esfera. Contudo, quando L é muito maior do que o raio R da esfera, a razão $(2R^2/5gL)$ é muito menor do que um, e, neste limite, o período do pêndulo composto se reduz ao período de um pêndulo simples, confirmando a relação (7) do Problema 1.3.

1.07
RESOLVIDO

Um corpo preso a um eixo vertical sofre uma torção e ele executa pequenas oscilações em torno deste eixo vertical. O dispositivo oscilatório assim constituído é chamado de *pêndulo de torção*. Determine o período das pequenas oscilações de um pêndulo de torção.

SOLUÇÃO

De acordo com a lei de Hooke, quando torcemos um fio, ele reage linearmente com um torque contrário ao torque aplicado, dado por:

$$\tau = -k_0\theta \tag{1}$$

Na equação (1) k_0 é o *módulo de torção* do material. Note que existe uma analogia completa entre a lei de Hooke para a deformação longitudinal $(F = -kx)$ e a lei de Hooke para a deformação de torção dada pela equação (1). Na torção, em vez da força F o importante é o torque τ, e no lugar da deformação longitudinal x surge a deformação angular θ. De acordo com a segunda lei de Newton, temos:

$$\tau = I\frac{d^2\theta}{dt^2} \tag{2}$$

Na equação (2) I é o momento de inércia do corpo em relação ao eixo em torno do qual ocorre o movimento de oscilação. Comparando os resultados (1) e (2), encontramos o resultado:

$$\frac{d^2\theta}{dt^2} = -\frac{k_0}{I}\theta \tag{3}$$

A equação diferencial (3) é análoga à equação (1.1). Concluímos, portanto, que as oscilações de torção constituem um movimento harmônico simples. Portanto, a freqüência angular destas oscilações é dada por:

$$\omega = \sqrt{\frac{k_0}{I}} \tag{4}$$

Compare o resultado (4) com a freqüência angular das oscilações de um bloco de massa m, preso a uma mola sobre um plano horizontal, dada pela equação (1.3). Observa-se que no lugar da constante de elasticidade k da mola surge o módulo de torção k_0 e no lugar da massa m surge o momento de inércia I. O período das oscilações de torção pode ser calculado mediante a relação:

$$T = 2\pi\sqrt{\frac{I}{k_0}} \tag{5}$$

Compare o período das oscilações de um pêndulo de torção, dado pela equação (5), com o período das oscilações de um pêndulo composto (ver a relação (4) do Problema 1.5).

1.08 **RESOLVIDO**

O que é o *centro de oscilação* de um pêndulo composto? Mostre como se determina este centro.

SOLUÇÃO

Seja T o período de oscilação de um pêndulo composto de massa m. É sempre possível determinar uma distância L entre o ponto de suspensão e um ponto P onde devemos concentrar toda massa m a fim de se obter o mesmo período T das pequenas oscilações deste pêndulo. Esta distância L fornece o comprimento do pêndulo simples equivalente ao pêndulo composto e o ponto P denomina-se *centro de oscilação* do pêndulo composto. Então, de acordo com a relação (7) do Problema 1.3 e com a relação (4) do Problema 1.5 podemos escrever:

$$T = 2\pi\sqrt{\frac{L}{g}} = 2\pi\sqrt{\frac{I}{Mgd}} \tag{1}$$

Da equação (1) se conclui que o comprimento do pêndulo simples equivalente é dado por:

$$L = \frac{I}{md} \tag{2}$$

Podemos substituir o pêndulo composto considerado por um pêndulo simples (que sustenta a mesma massa m), cujo comprimento é dado pela equação (2). Conforme dissemos, o ponto situado a uma distância L do ponto de suspensão do pêndulo composto denomina-se *centro de oscilação* do pêndulo composto. Examinando as relações (1) e (2), você poderá verificar que quando o pêndulo for suspenso pelo centro de oscilação, o comprimento do pêndulo simples equivalente continuará a ser dado pela equação (2), ou seja, o novo centro de oscilação será o ponto de suspensão anterior. Podemos então dizer que estes dois pontos são conjugados, isto é, eles podem ser permutados sem alterar o período das oscilações do pêndulo. Deixamos para você a tarefa de demonstrar esta afirmação. (Basta você usar o teorema dos eixos paralelos e aplicar a condição (1) da equivalência entre os períodos.)

1.09

O que é o *centro de percussão*? Como se determina este ponto?

SOLUÇÃO

Considere um bastão suspenso pelo ponto O e seja L a distância entre o ponto de suspensão e o centro de massa do bastão. Suponha que neste ponto, quando o bastão sofrer um impacto, a reação no ponto O seja nula. Em outras palavras, quando o impacto é aplicado em um determinado ponto do bastão você não sente nenhuma reação na mão, caso você esteja segurando-o no ponto de suspensão O. O ponto que goza desta propriedade denomina-se *centro de percussão* do corpo. Vejamos como determinar a posição deste centro. Seja L a distância entre o centro de percussão e o ponto de suspensão. O momento linear impresso ao bastão possui módulo dado por:

$$p = mv \qquad (1)$$

O momento angular J em relação ao ponto de suspensão é o momento do momento linear, logo de acordo com a relação (1), obtemos:

$$J = mvL = I\omega \qquad (2)$$

Na equação (2) I é o momento de inércia em relação ao ponto de suspensão. Para que você não sinta reação alguma na mão o ponto O não deve se deslocar nem para a esquerda nem para a direita, ou seja. o ponto O deverá ser o centro instantâneo de rotação. Portanto, como d é a distância entre o centro de massa e o ponto de suspensão, o centro de massa se desloca com uma velocidade dada por:

$$v = \omega d \tag{3}$$

Usando as equações (1), (2) e (3), encontramos o resultado:

$$L = \frac{I}{md} \tag{4}$$

Comparando a equação (4) com a relação (2) do problema anterior, vemos que o centro de percussão coincide com o centro de oscilação. Vale portanto a mesma observação feita no problema anterior: o centro de percussão e o ponto de suspensão são pontos conjugados, isto é, eles podem ser permutados.

1.10
RESOLVIDO

Um corpo de massa m se encontra apoiado sobre um suporte de madeira. O suporte começa a oscilar com um movimento harmônico simples, aumentando a freqüência das oscilações até fazer com que o corpo comece a deslizar sobre a madeira. Isto ocorre quando o período das oscilações é dado por: $T = 5$ s e quando a amplitude A é igual a $0,6$ m. Calcule o coeficiente de atrito entre o corpo e a madeira.

SOLUÇÃO

Para que o corpo comece a deslizar, a força externa deve ser igual à força de atrito estático entre o corpo e a superfície. Sabemos que a aceleração de um movimento harmônico simples é dada por:

$$a = -A\omega^2 \cos(\omega t + \varphi) \tag{1}$$

Na equação (1) ω é a freqüência angular e A é a amplitude das oscilações; logo, de acordo com a equação (1), o módulo da aceleração máxima do movimento é dado por:

$$a_{\text{máx}} = \omega^2 A \tag{2}$$

O módulo da força inercial máxima que atua sobre o corpo é dada por: $F = m\omega^2 A$. O objeto começa a se mover quando $F > F_{\text{A}}$, onde F_{A} é o módulo da força de atrito estático. Então, levando em conta a equação

(2) e, lembrando que $\omega = 2\pi/T$, no momento em que o corpo está na iminência de se mover, podemos escrever:

$$\mu m g = m A \left(\frac{2\pi}{T} \right)^2$$

Portanto, explicitando o coeficiente de atrito estático μ, obtemos:

$$\mu = \frac{A}{g} \left(\frac{2\pi}{T} \right)^2$$

Substituindo os valores numéricos na equação anterior, encontramos o seguinte resultado aproximado: $\mu = 0,09$. Observe que o coeficiente de atrito estático não depende da massa do corpo, como era de se esperar.

1.11
RESOLVIDO

Liga-se uma mola de constante k_1 à extremidade de outra mola de constante k_2 (ligação em série). Uma das extremidades deste conjunto está fixa a uma parede, e na outra extremidade existe um corpo de massa m. O corpo oscila sobre uma mesa horizontal sem atrito. Determine a freqüência das oscilações deste sistema.

SOLUÇÃO

Como as molas estão ligadas entre si, a força $\boldsymbol{F}$ em cada uma das duas molas possui o mesmo módulo F, porém os deslocamentos são diferentes porque as constantes k_1 e k_2 são diferentes. Deste modo, podemos escrever:

$$x_1 = -\frac{F}{k_1} \tag{1}$$

$$x_2 = -\frac{F}{k_2} \tag{2}$$

O problema físico consiste em achar a constante da mola equivalente, ou seja, a mola que produza o mesmo deslocamento $(x_1 + x_2)$. Seja k a constante da mola equivalente, então,

$$x = x_1 + x_2 = -\frac{F}{k} \tag{3}$$

Somando as relações (1) e (2) e comparando com a equação (3), encontramos para a determinação da constante da mola equivalente k a seguinte relação:

$$\frac{1}{k} = \frac{1}{k_1} + \frac{1}{k_2} \tag{4}$$

A fórmula (4) é a equação apropriada para a determinação da constante da mola equivalente de uma ligação em série de duas molas. Esta fórmula é análoga à equação apropriada para a determinação da capacitância equivalente de uma associação de dois capacitores ligados em série.

Sabemos que a freqüência de um oscilador harmônico com uma única mola e uma única massa é dada por:

$$f = \frac{1}{2\pi}\sqrt{\frac{k}{m}} \tag{5}$$

De acordo com as relações (4) e (5), encontramos o resultado:

$$f = \frac{1}{2\pi}\sqrt{\frac{k_1 k_2}{m(k_1 + k_2)}} \tag{6}$$

A equação (6) fornece a freqüência das oscilações de duas molas em série.

1.12 RESOLVIDO

As duas extremidades de duas molas diferentes são ligadas à mesma massa m e as outras duas extremidades são ligadas em duas paredes opostas. A massa m está apoiada sobre um plano horizontal sem atrito. Determine a freqüência das oscilações deste sistema.

SOLUÇÃO

No problema anterior analisamos a ligação em série de duas molas. Vamos agora examinar a ligação em paralelo de duas molas. Neste caso, o módulo do deslocamento de uma das molas é igual ao módulo do deslocamento da outra mola, então para uma das molas, podemos escrever:

$$F_1 = -k_1 x \tag{1}$$

Para a outra mola podemos escrever:

$$F_2 = -k_2 x \tag{2}$$

O módulo do deslocamento x é o mesmo para qualquer uma das duas molas, pois quando uma se distende de x, a outra se comprime de x. O sistema equivalente consiste de uma única mola, tendo a mesma massa m em sua extremidade, e com a outra extremidade fixa. Para o sistema equivalente, obtemos:

$$F = F_1 + F_2 = -kx \qquad (3)$$

Na equação (3) k é a constante da mola equivalente. Comparando as equações (1), (2) e (3), encontramos o resultado:

$$k = k_1 + k_2 \qquad (4)$$

A fórmula (4) é a equação apropriada para a determinação da constante da mola equivalente de uma ligação em paralelo de duas molas. Note que esta fórmula é análoga à equação que fornece a capacitância equivalente de uma associação de dois capacitores conectados em paralelo.

Então, a freqüência das oscilações da mola equivalente é dada por:

$$f = \frac{1}{2\pi}\sqrt{\frac{k_1 + k_2}{m}} \qquad (5)$$

A equação (5) fornece a freqüência das oscilações de uma associação de duas molas em paralelo.

1.13
RESOLVIDO

Deduza a expressão para a determinação da energia potencial de qualquer mola em função da constante da mola k e do deslocamento x.

SOLUÇÃO

De acordo com a definição de energia potencial, $F = -dU/dx$. Porém, sabemos que $F = -kx$. Donde se conclui que a energia potencial da mola será:

$$U = -\int_0^x F\,dx = \int_0^x kx\,dx \qquad (1)$$

Integrando a equação (1) encontramos o seguinte resultado para a energia potencial de qualquer mola em função da constante da mola k e do deslocamento x.

$$U = \frac{kx^2}{2}$$

1.4 Problemas sobre oscilações amortecidas, oscilações forçadas e ressonância

1.14 RESOLVIDO

Deduza a expressão da freqüência angular do movimento harmônico amortecido.

SOLUÇÃO

A equação diferencial (1.7) é a equação diferencial apropriada para a descrição do movimento harmônico amortecido, ou seja,

$$m\frac{d^2x}{dt^2} + b\frac{dx}{dt} + kx = 0 \tag{1}$$

Vimos que a solução da equação (1) é dada pela relação (1.8), ou seja,

$$x = A_0 \cos\beta \exp\left(-\frac{bt}{2m}\right) \tag{2}$$

Na equação (1), por simplicidade, escrevemos:

$$\beta = \omega_1 t + \varphi \tag{3}$$

Derivando a equação (2) em relação ao tempo, obtemos:

$$\frac{dx}{dt} = -A_0 e^{-bt/2m}\left[\frac{b\cos\beta}{2m} + \omega_1 \operatorname{sen}\beta\right] \tag{4}$$

Derivando a equação (4) em relação ao tempo, encontramos o resultado:

$$\frac{d^2x}{dt^2} = A_0 e^{-bt/2m}\left[\frac{b\cos\beta}{2m} + \omega_1 \operatorname{sen}\beta\right]\frac{b}{2m} + A_0 e^{-bt/2m}\left[\frac{\omega_1 b \operatorname{sen}\beta}{2m} - \omega_1^2\cos\beta\right] \tag{5}$$

Substituindo as relações (2), (4) e (5) na equação diferencial (1), e dividindo todos os termos pelo fator comum $A_0 \exp(-bt/2m)$ encontramos o resultado:

$$-m\omega_1^2 + k - \frac{b^2}{4m} = 0$$

Donde se conclui que:

$$\omega_1 = \sqrt{\frac{k}{m} - \left(\frac{b}{2m}\right)^2} \tag{6}$$

A expressão (6) fornece a freqüência angular do movimento harmônico amortecido. Vemos que, no limite, quando b é igual a zero, obtemos o caso particular da freqüência do movimento harmônico simples.

1.15
RESOLVIDO

Determine a amplitude de uma oscilação harmônica forçada *sem amortecimento*. Dê a resposta em função da freqüência angular da excitação externa ω e da freqüência angular ω_0 da oscilação harmônica natural (sem a excitação externa).

SOLUÇÃO

Considere um oscilador harmônico constituído por um corpo de massa m preso à extremidade de uma mola de constante k. Quando não há atrito entre a superfície horizontal e o corpo, a freqüência angular da vibração (freqüência natural) é dada pela equação (1.3), ou seja

$$\omega_0 = \sqrt{\frac{k}{m}} \tag{1}$$

Quando existe atrito, as oscilações tornam-se amortecidas e a freqüência angular da vibração é dada pela equação (6) do problema anterior. Considere agora uma força externa periódica excitando o sistema; suponha que o módulo desta força seja dado por:

$$F = F_0 \operatorname{sen} \omega t \tag{2}$$

Vamos escrever a equação do movimento harmônico forçado *sem amortecimento*. Isto é, supomos que não existe atrito entre o bloco e a superfície horizontal. Neste caso, como não existe atrito, a equação diferencial deste movimento pode ser escrita na forma:

$$m\frac{d^2x}{dt^2} + m\omega_0^2 x = F_0 \operatorname{sen} \omega t \tag{3}$$

Como a excitação é harmônica, a resposta (forçada) do sistema também deve ser harmônica. Logo, a solução será da forma:

$$x = A \operatorname{sen} \omega t \tag{4}$$

Derivando a equação (4) em relação ao tempo, obtemos:

$$\frac{dx}{dt} = \omega A \cos \omega t \tag{5}$$

Derivando a equação (5) em relação ao tempo, encontramos o resultado:

$$\frac{d^2x}{dt^2} = -\omega^2 A \operatorname{sen} \omega t \tag{6}$$

Substituindo as relações (4) e (6) na equação (3), obtemos para a amplitude das oscilações forçadas sem amortecimento a seguinte expressão:

$$A = \frac{F_0}{m(\omega_0^2 - \omega^2)} \tag{7}$$

Quando $\omega = \omega_0$ ocorre a ressonância do sistema. Neste caso, a relação (7) mostra que a amplitude das vibrações seria infinita, o que é absurdo, pois isto implica em uma energia infinita. Isto se deve ao fato de que desprezamos o atrito do corpo com o meio. Contudo, nos problemas práticos existe sempre atrito e no próximo problema veremos como calcular a amplitude das oscilações forçadas com amortecimento.

1.16 RESOLVIDO

Determine a amplitude e o ângulo de fase de um movimento harmônico forçado com *amortecimento*. Dê a resposta em função da freqüência angular da excitação externa ω e da freqüência angular natural do oscilador ω_0.

SOLUÇÃO

O movimento harmônico forçado é descrito pela equação diferencial (1.11), ou seja:

$$m\frac{d^2x}{dt^2} + b\frac{dx}{dt} + m\omega_0^2 x = F_0 \operatorname{sen} \omega t \tag{1}$$

A solução desta equação deve ser dada pela mesma função harmônica da excitação; logo, a solução pode ser escrita na forma:

$$x = A' \operatorname{sen}(\omega t - \varphi) \tag{2}$$

Na equação (2) A' é a amplitude das oscilações forçadas e φ é a diferença de fase entre a oscilação obtida durante a resposta do sistema e a oscilação da fonte que excita o sistema. Derivando a equação (2) em relação ao tempo, obtemos:

$$\frac{dx}{dt} = \omega A' \cos(\omega t - \varphi) \tag{3}$$

Derivando a equação (3) em relação ao tempo, encontramos o resultado:

$$\frac{d^2x}{dt^2} = -\omega^2 A' \operatorname{sen}(\omega t - \varphi) \tag{4}$$

Substituindo as relações (2), (3) e (4) na equação (1), obtemos:

$$m(\omega_0^2 - \omega^2)A' \operatorname{sen}(\omega t - \varphi) + b\omega A' \cos(\omega t - \varphi) = F_0 \operatorname{sen} \omega t \tag{5}$$

A equação (5) deve ser válida para qualquer tempo t. Logo ela vale também para o instante inicial $t = 0$. Substituindo-se $t = 0$ nesta equação, encontra-se:

$$m(\omega_0^2 - \omega^2)A' \operatorname{sen}(-\varphi) + b\omega A' \cos(-\varphi) = 0 \tag{6}$$

Da equação (6), concluímos facilmente que:

$$\tan \varphi = \frac{b\omega}{m(\omega_0^2 - \omega^2)} \tag{7}$$

A relação (7) fornece a tangente da diferença de fase entre a excitação e a resposta. Escolhendo agora o tempo $t = \varphi/\omega$ e substituindo este valor na equação (5), encontramos o resultado:

$$b\omega A' = F_0 \operatorname{sen} \varphi \tag{8}$$

Sabemos que:

$$\operatorname{sen} \varphi = \frac{\tan \varphi}{\sqrt{1 + \tan^2 \varphi}} \tag{9}$$

Usando-se as relações (7), (8), e (9), obtém-se a amplitude das ondas resultantes de oscilações forçadas em função de F_0, de ω e de ω_0, ou seja:

$$A' = \frac{F_0}{\sqrt{m^2(\omega_0^2 - \omega^2) + b^2\omega^2}} \tag{10}$$

A equação (10) fornece a amplitude da onda obtida como resposta a uma excitação periódica com freqüência ω. Quando a freqüência angular ω da força externa for igual à freqüência ω_0 das oscilações naturais do sistema ocorre o fenômeno da *ressonância*. Durante uma ressonância a amplitude da onda resultante atinge um valor *máximo* dado por:

$$A' = \frac{F_0}{b\omega_0}$$

1.17
RESOLVIDO

Determine a amplitude de um movimento harmônico amortecido em função do tempo. Determine a energia total de um oscilador harmônico amortecido em função do tempo. Mostre como podemos escrever a freqüência angular, a amplitude e a energia deste oscilador harmônico em função do *fator de qualidade Q*.

SOLUÇÃO

A amplitude do movimento harmônico simples é constante, porque não há dissipação de energia. A amplitude do movimento harmônico *forçado* permanece constante, porque a energia dissipada em cada ciclo é compensada pelo fornecimento de energia através de uma força externa. No movimento harmônico *amortecido* existe dissipação de energia; neste caso a amplitude diminui em cada ciclo até se extinguir completamente. Examinando a equação (1.8) vemos que a amplitude de um movimento harmônico amortecido varia com o tempo de acordo com a relação:

$$A(t) = A_0 \exp\left(-\frac{bt}{2m}\right) \tag{1}$$

Sabemos que a energia total de um oscilador harmônico é dada por $E = kA^2/2$. Logo, pela relação (1), podemos escrever:

$$E(t) = \frac{k}{2} A_0^2 \exp\left(-\frac{bt}{m}\right) \tag{2}$$

A equação (2) mostra que a energia total de um oscilador harmônico diminui com o tempo. As características físicas de um oscilador harmônico dependem de ω_0, de b e de m. O *fator de qualidade* Q de um sistema com oscilações amortecidas é definido através da seguinte equação:

$$Q = \frac{m\omega_0}{b} \tag{3}$$

O fator de qualidade, designado pela letra Q (inicial da palavra *qualidade*), como o nome indica, dá idéia da perda de energia nos sistemas oscilantes. Quando o valor de Q for grande, isto é, quando $m\omega_0 \gg b$, a perda de energia será pequena. A freqüência angular do oscilador harmônico amortecido é dada pela relação (1.9). Podemos escrever a relação (1.9) em função do fator de qualidade Q do seguinte modo:

$$\omega_1 = \omega_0 \sqrt{1 - \frac{1}{4Q^2}} \tag{4}$$

De acordo com as relações (1) e (3) a amplitude das oscilações pode ser expressa em função de Q do seguinte modo:

$$A(t) = A_0 \exp\left(-\frac{\omega_0 t}{2Q}\right) \tag{5}$$

De acordo com as relações (2) e (3) a energia do oscilador amortecido pode ser expressa em função de Q do seguinte modo:

$$E(t) = \frac{k}{2} A_0^2 \exp\left(-\frac{\omega_0 t}{Q}\right) \tag{6}$$

1.18
RESOLVIDO

Determine a freqüência angular do movimento harmônico *amortecido* de um pêndulo simples.

SOLUÇÃO

Em todos os problemas de movimento harmônico desprezamos o atrito. Portanto, nesta aproximação, a amplitude permanece sempre constante e não há amortecimento. Contudo, considerando o atrito, para obter a solução do movimento harmônico *amortecido* para todos esses problemas basta fazer analogias com os métodos empregados na solução do movimento harmônico amortecido do sistema massa-mola sobre um plano horizontal. Vamos exemplificar, calculando as características principais das oscilações amortecidas de um pêndulo simples com oscilações amortecidas. Supondo que o amortecimento também seja produzido por uma força diretamente proporcional à velocidade, por analogia com a solução (1.8), referente ao amortecimento de um sistema oscilante massa-mola, podemos escrever para as pequenas oscilações do pêndulo:

$$\theta = \theta_0 \exp\left(-\frac{bt}{2m}\right) \cos \omega_1 t + \varphi \tag{1}$$

Por analogia com a solução (6) do Problema 1.14, trocando (k/m) por (g/L), encontramos o resultado:

$$\omega_1 = \sqrt{\frac{g}{L} - \left(\frac{b}{2m}\right)^2} \tag{2}$$

A equação (2) fornece a freqüência angular solicitada no problema.

1.19 **RESOLVIDO**

Determine a velocidade e a aceleração de um corpo que sofre oscilações harmônicas forçadas produzidas por uma fonte externa que imprime ao corpo uma força $F_0 \operatorname{sen} \omega t$. Faça os cálculos apenas para o estado permanente.

SOLUÇÃO

Sabemos que a posição do corpo em um movimento harmônico forçado com amortecimento é dada pela superposição de duas soluções:

$$x' = x + A' \operatorname{sen}(\omega t - \varphi) \tag{1}$$

Na equação (1) x é a solução *transiente* dada pela equação (1.8) e o segundo termo do segundo membro desta equação corresponde à oscilação no *estado permanente* (também chamado de *estado estacionário*). Como x tende a zero rapidamente, o deslocamento no estado permanente é dado por:

$$x' = A' \operatorname{sen}(\omega t - \varphi) \tag{2}$$

Para determinar a velocidade no estado permanente basta derivar a equação (2) em relação ao tempo, logo:

$$v = A' \omega \cos(\omega t - \varphi) \tag{3}$$

Na relação (3) a amplitude A' é dada pela equação (1.14). A aceleração do corpo é obtida derivando a equação (3) em relação ao tempo, ou seja:

$$a = -A' \omega^2 \operatorname{sen}(\omega t - \varphi) \tag{4}$$

1.5 Problemas propostos

1.20

Uma partícula descreve um movimento circular uniforme de raio $R = 2$ m. A aceleração centrípeta da partícula é igual a 18 m/s^2. Considere um sistema de coordenadas Oxy com a origem no centro da circunferência. Para $t = 0$, o ângulo formado entre o eixo Ox e o vetor posição da partícula é dado por: $\varphi = 0$. (a) Escreva a equação do deslocamento para o movimento harmônico simples que ocorre no eixo Ox. (b) Determine a equação do deslocamento para o movimento harmônico simples ao longo do eixo Oy. (c) Calcule o período destes dois movimentos harmônicos simples.

Respostas: (a) $x = 2\cos 3t$;
(b) $y = 2\,\text{sen}\,3t$;
(c) $T = 2,1$ s.

1.21

Um corpo de massa $m = 2$ kg oscila preso a uma mola vertical cuja constante é dado por: $k = 100$ N/m. Calcule o período das oscilações.

Resposta: $T = 0,89$ s.

1.22

Uma certa mola se estica de 10 cm quando lhe aplicamos uma força com módulo igual a 30 N. Calcule o período das oscilações livres da mola quando ela está ligada a um corpo de massa $m = 3$ kg.

Resposta: $T = 0,63$ s.

1.23

Um corpo executa um movimento harmônico simples de tal forma que a posição x do corpo é dada em função do tempo pela seguinte equação:

$$x = 0,15\cos\left[7\pi t + \left(\frac{\pi}{3}\right)\right]$$

onde x é dado em metros e t é dado em segundos. Determine: (a) a freqüência angular; (b) a fase; (c) a freqüência; (d) o período; (e) a amplitude; (f) a posição do corpo no instante $t = 2$ s.

Respostas: (a) 7 rad/s;
(b) $\pi/3$;
(c) $3,5\ Hz$;
(d) $0,286$ s;
(e) 15 cm;
(f) $x = 7,5$ cm.

1.24

No problema anterior determine: (a) a expressão da velocidade em função do tempo; (b) a velocidade máxima; (c) o intervalo de tempo decorrido desde o instante inicial até o momento em que o módulo da velocidade se torna máximo; (d) o valor da velocidade para $t = 2$ s.

Respostas: (a) $v = -3,3\,\text{sen}[7\pi t + (\pi/3)]$;
(b) $3,3$ m/s;
(c) $0,024$ s;
(d) $-2,86$ m/s.

1.25

Um corpo preso a uma dada mola de constante $k = 100$ N/m está apoiado sobre uma mesa sem atrito. A mola é esticada até uma distância igual a 10 cm em relação à posição de equilíbrio; neste ponto o corpo é largado e começa a executar um movimento harmônico simples com período igual a 2 s. Determine: (a) a massa do corpo; (b) a expressão do deslocamento em função do tempo, (c) a expressão da velocidade em função do tempo; (d) a expressão da velocidade em função de x. Use o sistema no SI.

Respostas: (a) $m = 10,1$ kg;
(b) $x = 0,1\cos 3,14t$;
(c) $v = -0,314\,\text{sen}\,3,14t$;
(d) $v = [9,9(0,01 - x^2)]^{1/2}$.

1.26

Um corpo de massa $m = 2$ kg está ligado a uma certa mola e executa um movimento harmônico simples com amplitude igual a 10 cm e com uma freqüência igual a 1,5 Hz. (a) Calcule a constante k da mola. (b) Determine a posição da partícula em função do tempo e da fase inicial. (c) Calcule a energia cinética média. (d) Calcule a energia total. Dê as respostas no SI.

Respostas: (a) $k = 177,65$ N/m;
(b) $x = 0,1\cos(9,4t + \varphi)$;
(c) $0,444$ J;
(d) $0,888$ J.

1.27

No problema anterior, determine: (a) a expressão da velocidade em função do tempo; (b) o módulo da velocidade máxima; (c) a expressão da velocidade em função de x.

Respostas: (a) $v = -0,94\,\text{sen}(9,4t + \varphi)$;
(b) $0,94$ m/s;
(c) $v = [88,8(0,01 - x^2)]^{1/2}$.

1.28

Calcule o módulo da aceleração máxima da partícula mencionada no problema anterior.

Resposta: $a = 8,836$ m/s^2.

1.29

Um oscilador harmônico possui deslocamento dado por: $x = -4\,\text{sen}(\omega t)$ onde x é dado em metros, $\omega = 2$ rad/s e t é dado em segundos. O oscilador consiste de um bloco de massa $m = 0,5$ kg preso a uma dada mola. Calcule: (a) a energia cinética média; (b) a energia potencial média; (c) a energia total; (d) o valor da constante k da mola. Dê as respostas no SI.

Respostas: (a) 8 J;
(b) 8 J;
(c) 16 J;
(d) 2 N/m.

1.30

A amplitude de um movimento harmônico simples é A e a freqüência angular é igual a ω. Determine: (a) o valor da energia cinética e da energia potencial para $x = A$; (b) o valor da energia cinética e da energia potencial para $x = 0$; (c) o valor da energia cinética e da energia potencial para

$x = A/2$; (d) o ponto x para o qual o valor instantâneo da energia cinética é igual ao valor instantâneo da energia potencial.

Respostas: (a) $E_c = 0$; $E_P = kA^2/2$;
(b) $E_c = kA^2/2$; $E_P = 0$;
(c) $E_c = 3kA^2/8$, $E_P = kA^2/8$;
(d) $x = A/(2)^{1/2}$.

1.31

A amplitude de um oscilador harmônico é dada por $A = 10$ cm. A constante da mola é dada por $k = 50$ N/m. Em um certo instante, a energia potencial é igual a 0,13 J. Calcule: (a) a energia total deste oscilador; (b) a energia cinética deste oscilador no instante considerado; (c) a distância ao ponto de equilíbrio neste instante.

Respostas: (a) 0,25 J;
(b) 0,12 J;
(c) 7 cm.

1.32

Uma partícula descreve um movimento harmônico simples com amplitude A. Sabendo que a constante da mola é k, determine: (a) a energia total; (b) a relação entre a energia potencial e a energia total em função do deslocamento x medido a partir da posição de equilíbrio da mola; (c) a razão entre a energia cinética e a energia total para cada deslocamento x a partir da posição de equilíbrio da mola.

Respostas: (a) $E = kA^2/2$;
(b) $E_P/E = x^2/A^2$;
(c) $E_c/E = (A^2 - x^2)/A^2$.

1.33

A energia total de um oscilador harmônico constituído por um sistema massa-mola oscilando em um plano horizontal sem atrito é dada por $E = 2$ J. A constante da mola é igual a 40 N/m. O sistema oscila com uma freqüência igual a 5 Hz. Calcule: (a) a massa do corpo: (b) a amplitude do movimento.

Respostas: (a) 0,04 kg;
(b) 0,32 m.

1.34

Considere o movimento do êmbolo de um automóvel como harmônico simples. O curso do êmbolo ao percorrer o cilindro é igual ao dobro da amplitude do movimento. Considere uma amplitude $A = 5$ cm. A freqüência deste movimento harmônico simples é igual a 3.000 r.p.m. Calcule: (a) a velocidade máxima do êmbolo; (b) a aceleração máxima do êmbolo.

Respostas: (a) 15,7 m/s;
(b) 4,932 m/s^2.

1.35

Uma certa mola possui constante $k = 200$ N/m e está presa ao teto. Pendurando-se um corpo de massa $m = 1$ kg na extremidade da mola, qual será a elongação produzida na mola quando o sistema atingir o equilíbrio?

Resposta: 4,9 cm.

1.36

Um corpo de massa m está preso à extremidade de uma mola de constante k. A outra extremidade da mola está presa ao teto. Uma pessoa sustenta o corpo sem provocar distensão na mola; em um dado instante, o corpo é largado sem velocidade inicial. Determine: (a) a distância y máxima descida pelo corpo desde a posição de equilíbrio inicial da mola; (b) a amplitude do movimento harmônico simples estabelecido.

Respostas: (a) $y = 2mg/k$;
(b) $A = y/2$.

1.37

Um corpo de massa $m = 0,5$ kg está preso à extremidade de uma mola de constante $k = 80$ N/m. A outra extremidade da mola está presa ao teto. Uma pessoa sustenta o corpo sem provocar distensão na mola; em um dado instante, o corpo é largado sem velocidade inicial. Calcule: (a) a distância y máxima descida pelo corpo desde a posição de equilíbrio inicial da mola; (b) a amplitude do movimento harmônico simples estabelecido; (c) a freqüência deste movimento; (d) a distância entre a extremidade da mola na posição de equilíbrio inicial e a extremidade da mola na posição de equilíbrio final (depois que cessa o movimento oscilatório).

Respostas: (a) 12,25 cm;
(b) 6,125 cm;
(c) 2 Hz;
(d) 6.125 cm.

1.38

Um bloco de massa M está preso à extremidade de uma mola de constante k. A outra extremidade da mola está presa ao teto. Atira-se uma bala de baixo para cima com velocidade v. A bala possui massa m e fica presa no interior do bloco. Determine o período das oscilações, admitindo um movimento harmônico simples.

Resposta: $T = 2\pi[(m + M)/k]^{1/2}$

1.39

Uma certa mola de constante $k = 40$ N/m e massa $m = 300$ g possui uma de suas extremidades presa ao teto. Na outra extremidade existe um corpo de massa $M = 1$ kg. Calcule: (a) a massa efetiva deste oscilador harmônico; (b) o período das oscilações.

Respostas: (a) $m_{\text{efetiva}} = M + (m/3)$;
(b) $T = 1,04$ s.

1.40

Um pêndulo de comprimento L possui período de 2,5 s na superfície da Terra. O mesmo pêndulo é transportado para a superfície da Lua, onde a gravidade é igual a $g/6$. Considerando $g = 9,8$ m/s^2, calcule o período deste pêndulo na Lua.

Resposta: 6,12 s.

1.41

Chama-se *pêndulo de segundo* o pêndulo simples que possui período igual a 2 s. Determine o comprimento aproximado deste pêndulo em um local onde $g = 9,8$ m/s^2.

Resposta: 99 cm.

1.42

O período das pequenas oscilações de um pêndulo simples na superfície de um certo planeta é igual a 1,3 s. O comprimento deste pêndulo é dado por: $L = 0,6$ m. Calcule o valor aproximado do módulo da aceleração da gravidade na superfície deste planeta.

Resposta: 14,2 $\mathrm{m/s^2}$.

1.43

Um relógio de pêndulo mede corretamente o tempo em um local onde $g = 9,810\ \mathrm{m/s^2}$. Transporta-se este relógio para um local onde $g' = 9,805\ \mathrm{m/s^2}$. Pergunta-se: (a) o relógio passará a adiantar ou a atrasar? (b) se o período do pêndulo era de 2 s, qual seria o novo período do pêndulo?

Respostas: (a) Atrasará.
(b) 2,0005 s.

1.44

Se um pêndulo simples tivesse precisão suficiente, ele poderia ser usado para medir pequenas variações de gravidade (ver, como exemplo, o problema anterior). Na prática, isto se torna muito difícil devido a erros experimentais na medida do período, além das possíveis flutuações de temperatura que podem provocar variações do comprimento do pêndulo. Contudo, supondo que o comprimento do pêndulo permaneça constante e que a medida do tempo tenha precisão suficiente, obtenha a expressão que deveria ser usada para o cálculo das variações de g em função das variações do período medidas.

Resposta: $\Delta g/g = -2\Delta T/T$.

1.45

Em uma experiência para a determinação do valor local da aceleração da gravidade, um estudante usa um pêndulo simples. Diga a expressão que o estudante deve empregar para o cálculo de g nos seguintes casos: (a) a amplitude angular das oscilações é da ordem de 10°, (b) a amplitude angular das oscilações é de 30°.

Respostas: (a) $g = 4\pi^2 L/T^2$;
(b) $g = (4\pi^2 L/T^2)\left[1 + (\theta^2/16)\right]$.

1.46

Um pêndulo simples possui comprimento $L = 80$ cm. Para medir a aceleração local da gravidade um estudante provoca pequenas oscilações do pêndulo; com um cronômetro ele verifica que o pêndulo executa 50 oscilações completas em 89,7 s. Determine a aceleração da gravidade no local da experiência.

Resposta: 9,81 m/s^2.

1.47

Desejamos medir o momento de inércia de um corpo de massa M em relação a um eixo horizontal. Para isto suspendemos o corpo por um eixo metálico fino, coincidindo com o eixo em relação ao qual desejamos determinar o momento de inércia, e fazemos o corpo executar pequenas oscilações em torno deste eixo. Medimos o período T das oscilações e a distância d entre o centro de massa e o ponto de suspensão. Obtenha a fórmula que deve ser empregada para o cálculo do momento de inércia do corpo em relação a este eixo.

Resposta: $I = T^2 Mgd/4\pi^2$.

1.48

Um corpo de massa $M = 2$ kg está preso a um eixo horizontal. A distância entre o ponto de suspensão por onde passa este eixo e o centro de massa do corpo é dada por $d = 1$ m. O corpo executa pequenas oscilações em torno da posição de equilíbrio com um período igual a 1,2 s. Calcule o momento de inércia do corpo em relação a este eixo.

Resposta: 0,715 $\text{kg} \cdot \text{m}^2$.

1.49

O momento de inércia de um corpo que oscila como um pêndulo de torção é igual a 12 $\text{kg} \cdot \text{m}^2$. O período das pequenas oscilações de torção é igual a 0,5 s. Calcule o módulo de torção do material.

Resposta: 189,5 $\text{N} \cdot \text{m}$.

1.50

Um aro circular de raio R está apoiado em sua periferia sobre um prego preso a uma parede sem atrito. Calcule o período das pequenas oscilações do aro em torno do ponto de equilíbrio.

Resposta: $T = 2\pi(2R/g)^{1/2}$.

1.51

Um disco homogêneo de raio R e massa M está preso a um eixo perpendicular ao plano do disco. O disco executa pequenas oscilações em um plano vertical, paralelo ao plano do disco. Determine o período das oscilações do disco em função da distância d entre o ponto de suspensão e o centro do disco.

Resposta: $T = 2\pi\{[(R^2/2) + d^2]/gd\}^{1/2}$.

1.52

Um bloco de massa m apoiado sobre uma mesa horizontal sem atrito está ligado à extremidade de uma mola de constante k. A outra extremidade da mola está presa a um eixo vertical fixo. O corpo gira em torno deste eixo vertical com velocidade de módulo constante v. Sendo R o raio da circunferência descrita, determine a elongação da mola.

Resposta: $x = mv^2/kR$.

1.53

O coeficiente de atrito estático entre um corpo e uma prancha de madeira é igual a 0,2. Considerando uma amplitude igual a 0,6 m, calcule a freqüência mínima do movimento oscilatório necessário para que o corpo comece a deslizar.

Resposta: 0,3 Hz.

1.54

Uma certa mola possui constante $k = 200$ N/m. Prendemos esta mola ao teto de um elevador. Pendurado na mola existe um corpo de massa $m = 2$ kg. O elevador sobe com aceleração de módulo a. Sendo $a = 2$ m/s^2, calcule a elongação da mola no equilíbrio.

Resposta: 11,8 cm.

1.55

No problema anterior suponha que o elevador esteja descendo com aceleração de módulo $a = 1,8$ m/s^2. Calcule a elongação da mola no equilíbrio.

Resposta: 8 cm.

1.56

Existe um fio de comprimento L preso ao teto de um elevador. Obtenha uma expressão para a freqüência das oscilações de um pêndulo simples feito com este fio, sabendo que: (a) o elevador está subindo com aceleração a; (b) o elevador está descendo com aceleração a.

Respostas: (a) $f = (1/2\pi)[(g+a)/L]^{1/2}$;
(b) $f = (1/2\pi)[(g-a)/L]^{1/2}$.

1.57

Determine o período de oscilação de um pêndulo simples quando o ponto de suspensão se move: (a) verticalmente *para cima* com uma aceleração cujo módulo é a; (b) verticalmente *para baixo*, com uma aceleração cujo módulo é a; (c) horizontalmente, com uma aceleração cujo módulo é a.

Respostas: (a) $T = 2\pi[L/(g+a)]^{1/2}$;
(b) $T = 2\pi[L/(g-a)]^{1/2}$;
(c) $T = 2\pi[L/(a^2+g^2)^{1/2}]^{1/2}$.

1.58

Um pêndulo simples está preso ao teto de um elevador. Quando o elevador desce com aceleração constante o pêndulo possui um período duas vezes maior que o período das oscilações do elevador quando ele estava parado. Calcule o módulo da aceleração do elevador.

Resposta: $7{,}35\ \mathrm{m/s^2}$.

1.59

Um objeto de massa M executa pequenas oscilações em torno de um ponto situado a uma distância d do centro de massa do objeto. O momento de inércia em relação ao eixo de rotação é igual a I. Este pêndulo composto está preso ao teto de um elevador que sobe com aceleração cujo módulo a é constante. Determine o período das pequenas oscilações deste pêndulo.

Resposta: $T = 2\pi\{I/[M(g+a)d]\}^{1/2}$.

1.60

Suponha que no problema anterior o elevador esteja descendo com aceleração de módulo a. Qual é o período das oscilações neste caso?

Resposta: $T = 2\pi\{I/[M(g-a)d]\}^{1/2}$.

1.61

Liga-se um corpo de massa m à extremidade de uma associação de N molas ligadas em série. O corpo oscila com um movimento harmônico simples sobre um plano horizontal sem atrito. Deduza uma expressão para determinação da constante k da mola equivalente em função das constantes de cada uma das molas.

Resposta: $1/k = \sum_{n=1}^{n=N} 1/k_n$.

1.62

No problema anterior suponha que as N molas sejam idênticas. Determine a constante da mola equivalente, sendo k_0 a constante de cada uma das molas idênticas.

Resposta: $k = k_0/N$.

1.63

Determine a constante da mola equivalente para um conjunto de N molas ligadas em paralelo. Suponha que as oscilações sejam em uma dimensão.

Resposta: $k = \sum_{n=1}^{n=N} k_n$.

1.64

No problema anterior determine a constante da mola equivalente para um conjunto de molas idênticas, cada uma das quais possuindo constante igual a k_0.

Resposta: $k = Nk_0$.

1.65

Uma certa mola (cuja constante é igual a k) possui sua extremidade superior presa ao teto e a outra extremidade suporta um corpo de massa m, que por sua vez está ligado a uma segunda mola, cuja extremidade está presa ao solo. As duas molas são idênticas. Determine a freqüência das oscilações desta mola.

Sugestão: Considere as duas molas ligadas em paralelo.

Resposta: $f = (1/2\pi)(2k/m)^{1/2}$.

1.66

Diferentemente da ligação indicada no problema anterior, duas molas são ligadas em série na vertical e a mola inferior sustenta um bloco de massa m. Determine: (a) a constante da mola equivalente; (b) a amplitude das oscilações em função da constante da mola equivalente; (c) a freqüência das oscilações em função da constante da mola equivalente.

Respostas: (a) $k = k_1 k_2/(k_1 + k_2)$;
(b) $A = mg/k$;
(c) $f = (1/2\pi)(k/m)^{1/2}$.

1.67

A força que atua sobre uma partícula presa a uma mola possui módulo dado pela relação: $F = -10x$, onde a força é dada em newtons e a distância x é dada em metros, (a) Determine a energia potencial em função de x sabendo que $E_P = 0$, para $x = 0$. (b) Determine o valor da energia potencial, para $x = 0,4$ m.

Respostas: (a) $E_P = 5x^2$;
(b) $E_P = 0,8$ J.

1.68

Determine o valor médio (a) da energia cinética, (b) da energia potencial e (c) da energia total de um movimento harmônico simples.

Respostas: (a) $\langle E_c \rangle = kA^2/4$;
(b) $\langle E_P \rangle = kA^2/4$;
(c) $\langle E \rangle = kA^2/2$.

1.69

Uma certa mola de massa desprezível exerce uma força restauradora não linear cujo módulo é dado por:

$$F(x) = -2k_1 x - 3k_2 x^2$$

onde todas as unidades são do SI. Suponha $E_P = 0$, para $x = 0$. Deduza uma expressão para a energia potencial desta mola.

Resposta: $E_P = k_1 x^2 + k_2 x^3$.

1.70 O sistema indicado na Figura 1.3 está em equilíbrio. A constante da mola é igual a k. Determine a elongação x da mola em relação à posição de equilíbrio da mola antes de se colocar a mola.

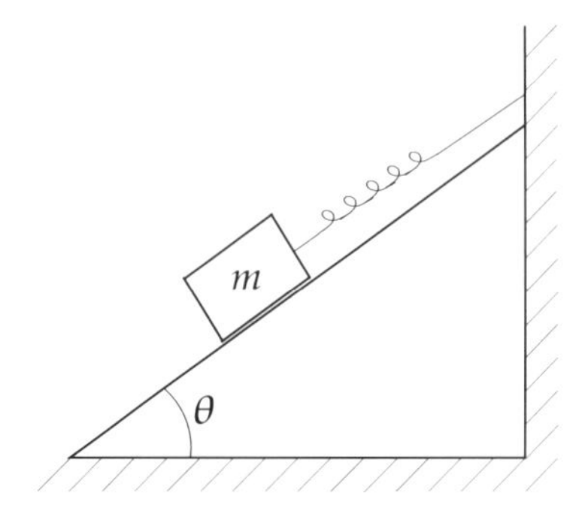

Fig. 1.3

Resposta: $x = mg(\text{sen}\,\theta)/k$.

1.71 Determine a dimensão da constante de amortecimento quando a força resistiva é diretamente proporcional à velocidade.

Resposta: $[\text{b}] = \text{MT}^{-1}$.

1.72 Obtenha uma expressão para o cálculo da variação da amplitude de um movimento harmônico amortecido em função do *número de períodos* (t/T), onde T é o período.

Resposta: $A = A_0 \exp[-h(t/T)]$; onde $h = bT/2m$.

1.73 A *constante de tempo* de um oscilador (algumas vezes também chamada de *tempo de relaxação*) é o tempo τ necessário para que a amplitude da oscilação se reduza a $1/e$ da amplitude inicial. Determine a constante de tempo de um oscilador harmônico amortecido: (a) em função de b e de m; (b) em função do fator de qualidade Q.

Respostas: (a) $\tau = 2m/b$;
(b) $\tau = 2Q/\omega_0$.

1.74

Determine a freqüência angular ω_1 do movimento harmônico amortecido em função da freqüência angular ω_0 do movimento harmônico simples de um sistema massa-mola com força de atrito porém não submetido a nenhuma outra força externa.

Resposta: $\omega_1 = \omega_0[1 - (b/2m\omega_0)^2]^{1/2}$.

1.75

Considere o problema anterior. Determine a variação relativa da energia de um oscilador harmônico amortecido durante um ciclo completo.

Resposta: $\Delta E/E = bT/m$.

1.76

Uma certa mola de constante $k_1 = 200$ N/m está ligada em paralelo a outra mola de constante $k_2 = 400$ N/m. Estas molas estão presas a um corpo de massa $m = 2$ kg que sofre a ação de uma força externa periódica. Calcule a freqüência desta força para que ocorra ressonância no sistema.

Resposta: 17,32 rad/s.

2

ONDAS EM MEIOS ELÁSTICOS

2.1 Ondas progressivas

As ondas transversais e as ondas longitudinais são os dois tipos fundamentais de ondas. Na *onda transversal* a direção de propagação da onda é perpendicular ao plano onde ocorre a vibração que produz a onda. Na *onda longitudinal* a direção da vibração é paralela à direção de propagação da onda. *Exemplos de ondas longitudinais*: as ondas produzidas pelas oscilações de uma mola presa ao teto e que suporta um bloco de massa m, as ondas sonoras, etc. *Exemplos de ondas transversais*: as ondas produzidas em uma corda de violão esticada, as ondas produzidas quando deixamos uma pedra cair sobre a superfície de um lago, as ondas luminosas, etc. Um exemplo de onda em que ocorre simultaneamente uma vibração longitudinal e uma vibração transversal é fornecido pelo movimento das ondas do mar.

Considere uma corda de comprimento L presa em suas extremidades. Use um sistema de coordenadas Oxy com o eixo coincidindo com a direção da corda e com o centro O em uma das extremidades da corda. Deslocando-se um ponto da corda na direção do eixo Oy produzimos uma *onda transversal*. Como as extremidades da corda são fixas, os *nós* desta onda são obviamente determinados pela seguinte condição: $y = 0$, para os pontos situados sobre o eixo Ox que obedecem à seguinte relação:

$$n\frac{\lambda_n}{2} = L \tag{2.1}$$

Cada valor do número inteiro n indicado na equação (2.1) determina um *modo normal de vibração*, ou, simplesmente, indica o modo *harmônico* considerado. Como o deslocamento transversal do ponto fixo da corda (y_n) é função de x e do tempo t, podemos escrever:

$$y_n = A_n \operatorname{sen}\left(\frac{2\pi x}{\lambda_n}\right)\cos \omega_n t \tag{2.2}$$

Na equação (2.2) A_n *é* a amplitude do modo normal de vibração de ordem n, λ_n é o comprimento de onda e ω_n *é* a freqüência angular deste modo. Considere a identidade:

$$2 \operatorname{sen} a \cos b = \operatorname{sen}(a+b) + \operatorname{sen}(a-b) \tag{2.3}$$

De acordo com a identidade (2.3) podemos escrever a equação (2.2) na forma:

$$y_n = \frac{A_n}{2}\operatorname{sen}(k_n x - \omega_n t) + \frac{A_n}{2}\operatorname{sen}(k_n x + \omega_n t) \tag{2.4}$$

Na equação (2.4) o *número de onda* (k_n) do modo normal de vibração de ordem n é dado por: $k_n = 2\pi/\lambda_n$. Vamos examinar o primeiro termo da equação (2.4). Omitindo o índice que caracteriza a ordem n, podemos escrever:

$$y(x,t) = y_{\text{máx}} \operatorname{sen}(kx - \omega t) \tag{2.5}$$

Na equação (2.5) $y_{\text{máx}}$ é a amplitude da vibração na direção y (valor máximo da ordenada y). Para interpretar esta equação fixe um tempo t. Observe que neste caso y varia em função de x, segundo uma função senoidal. Vamos calcular a velocidade do deslocamento da perturbação ao longo do eixo Ox (velocidade da onda). Para isto basta focalizar um ponto y da corda no instante t e focalizar o mesmo ponto y no instante $t + dt$, ou seja, queremos identificar dois pontos, tais que:

$$y(x,t) = y(x+dx, t+dt) \tag{2.6}$$

Considerando as equações (2.6) e (2.5), obtemos:

$$\operatorname{sen}(kx - \omega t) = \operatorname{sen}[k(x+dx) - \omega(t+dt)] \tag{2.7}$$

Da igualdade (2.7) concluímos que:

$$k\,dx - \omega\,dt = 0 \tag{2.8}$$

Como sabemos, $k = 2\pi/\lambda$. Por outro lado, $v = \lambda/T$, logo: $k = 2\pi/vT$. Além disto, sabemos que $\omega = 2\pi f = 2\pi/T$. Substituindo estes valores de k e de ω na equação (2.8), encontramos o resultado:

$$v = \frac{dx}{dt} = \frac{\omega}{k} \tag{2.9}$$

De acordo com o resultado (2.9) vemos que o ponto y focalizado *se desloca da esquerda para a direita com velocidade* $v = \omega/k$. Por esta razão, a equação (2.5) representa uma *onda progressiva*, propagando-se *da esquerda para a direita*. Portanto, o primeiro termo da equação (2.4) representa uma onda progressiva propagando-se *da esquerda para a direita,* e o segundo termo daquela equação representa uma onda progressiva propagando-se *da direita para a esquerda.* Levando em conta o *ângulo de fase* φ podemos escrever a equação (2.5) na forma:

$$y = y_m \operatorname{sen}(kx - \omega t + \varphi) \tag{2.10}$$

Na equação (2.10), em vez de $y_{\text{máx}}$, abreviamos por y_m a amplitude da vibração na direção y. A equação (2.5) é um caso particular da equação (2.10) quando o ângulo de fase φ é igual a zero. Estas duas equações representam ondas progressivas transversais. Uma *onda progressiva transversal* é um exemplo de uma *onda harmônica.* No *movimento harmônico simples* estudado no Capítulo 1, vimos que a equação de uma oscilação harmônica é análoga à equação (2.10). A designação de *onda harmônica* provém deste fato. Toda vez que fixamos uma extremidade (ou ambas as extremidades) de uma corda, podemos produzir ondas harmônicas na corda. Uma *onda harmônica* pode ser *transversal* (exemplo: uma onda produzida em uma corda de violão) ou *longitudinal* (exemplo: uma onda sonora produzida em um tubo fechado).

De acordo com a definição de velocidade de propagação de uma onda podemos escrever:

$$v = \lambda f = \frac{\lambda\omega}{2\pi} = \frac{\omega}{k}$$

Na equação anterior f é *a freqüência,* ω é *freqüência angular* da onda e k *é o número de onda.*

A velocidade de propagação de uma onda em um meio elástico pode ser determinada mediante o estudo das propriedades do meio e do tipo de onda que se propaga. Em geral uma simples análise dimensional envolvendo as grandezas físicas em jogo é suficiente para determinar a expressão algébrica da velocidade de propagação de uma onda em um meio elástico. A seguir vamos fornecer um exemplo desta técnica.

Suponhamos que você queira determinar a velocidade de propagação de uma onda transversal em uma corda esticada; seja F o módulo da tensão na corda e μ a massa por unidade de comprimento da corda. As dimensões destas duas grandezas são dadas por:

$$[\mathrm{F}] = \mathrm{MLT}^{-2}; \quad [\mu] = \mathrm{ML}^{-1}$$

Usando as relações anteriores, é fácil verificar que a dimensão de velocidade é dada por:

$$[\mathrm{v}] = \left[\frac{\mathrm{F}}{\mu}\right]^{1/2}$$

A experiência mostra que não existe nenhuma constante de proporcionalidade entre as grandezas indicadas na relação anterior, logo a velocidade de propagação de uma onda transversal em uma corda é dada por:

$$v = \sqrt{\frac{F}{\mu}} \tag{2.11}$$

A *intensidade* de um movimento ondulatório é definida pela *potência média* transportada pelas ondas dividida pela unidade de área perpendicular à direção de propagação da onda, ou seja,

$$Intensidade = \frac{P}{A}$$

Na equação anterior P *é* a potência média transmitida pela onda e A é a área da seção reta perpendicular à direção de propagação da onda. Seja u a densidade de energia transportada pela onda. De acordo com a definição de densidade de energia, a dimensão de densidade de energia é dada por:

$$[\mathrm{u}] = \left[\frac{\text{energia}}{\text{volume}}\right]$$

A potência transmitida pela onda é dada por:

$$P = \frac{dE}{dt}$$

A densidade de energia é definida pela seguinte equação:

$$u = \frac{dE}{dV}$$

Usando a regra de derivação em cadeia, podemos escrever:

$$P = \frac{dE}{dV}\frac{dV}{dt} = u\frac{dV}{dt} \tag{2.12}$$

Suponha que a onda se propague com velocidade $v$ao longo do eixo Ox. Então, podemos escrever para o módulo da velocidade: $v = dx/dt$. O elemento de volume de um cilindro cuja base, perpendicular ao eixo Ox, possui área A, e com uma das bases na origem, é dado por: $V = Ax$. Logo: $dV = A\,dx$. Substituindo dV na equação (2.12), encontramos:

$$P = uA\frac{dx}{dt} = uAv \tag{2.13}$$

A equação (2.13) mostra que a potência transportada por uma onda que se propaga na direção do vetor velocidade $\mathbf{v}$ é igual à densidade de energia u, multiplicada pela área ortogonal à direção de propagação da onda e multiplicada pelo módulo da velocidade v. Logo, a *intensidade* I de uma onda pode ser calculada mediante a seguinte equação:

$$I = \frac{P}{A} = uv \tag{2.14}$$

2.2 Interferência e ressonância

De acordo com o *princípio da superposição* podemos somar dois ou mais movimentos ondulatórios para obter uma única onda resultante. O fenômeno da *interferência* entre duas ou mais ondas ocorre quando as ondas possuem suas respectivas freqüências aproximadamente iguais, ou quando suas amplitudes são muito próximas, ou então quando estes dois fatores forem simultaneamente iguais (ou de mesma ordem de grandeza).

A onda representada pela equação (2.4) é a superposição de uma onda progressiva, que se desloca da esquerda para a direita, com uma onda progressiva, que se desloca da direita para a esquerda. Como estas duas ondas possuem a mesma amplitude e a mesma freqüência, concluímos que a onda resultante não se desloca nem da direita para a esquerda, nem da esquerda para a direita, ou seja, a onda resultante possui os *nós fixos*. Este movimento ondulatório resultante constitui uma *onda estacionária*.

Um *nó* corresponde a todo ponto x que anula a função expressa pela equação (2.4), e um *ventre* corresponde a todo ponto x que determina o valor máximo desta função. A equação (2.4) pode ser escrita na forma indicada pela equação (2.2). A equação (2.2) mostra claramente que os *nós* correspondem aos pontos:

$$x_n = n\frac{\lambda_n}{2}; \quad \text{para} \quad n = 0, 1, 2, 3, \ldots$$

Considere uma corda fixa somente em uma de suas extremidades. Se você produzir um *pulso* na extremidade livre, o pulso se propagará até a extremidade fixa e *retornará com uma mudança de fase de 180°*. Quando um pulso atinge um contorno livre (extremidade livre) *não ocorre mudança de fase na reflexão* (nem na transmissão do pulso para outro meio). Como o ponto não está fixo, a vibração da extremidade acompanha a vibração do pulso, de modo que, na reflexão, o pulso retorna com a mesma fase do pulso incidente sobre o contorno livre. Quando o ponto da extremidade da corda for um ponto fixo, o ponto não acompanhará o movimento de vibração da onda que chega à extremidade fixa. Portanto, o pulso deve retornar com uma *diferença de fase* igual a 180°. Quando uma onda se propaga de uma corda *fina* para uma corda *grossa* (de um mesmo material), tudo se passa como se o ponto de encontro das duas cordas fosse um nó, logo, a onda é refletida com uma diferença de fase de 180°. No caso contrário, quando a onda provém de uma corda *grossa* e incide sobre uma corda *fina*, a reflexão não produz mudança de fase, pois tudo se passa como se a extremidade da corda estivesse livre. Contudo, no caso da transmissão de uma onda de um meio para outro, *não há mudança de fase em hipótese alguma*, pois a vibração transmitida acompanha a vibração da onda incidente no ponto de separação entre os dois meios.

No capítulo anterior já falamos sobre o fenômeno da *ressonância*. A *ressonância* pode ocorrer toda vez que a *freqüência da excitação* de um sistema físico for igual *à freqüência natural* das oscilações do sistema. Ao contrário do sistema massa-mola estudado no capítulo anterior (o qual possui somente uma *freqüência natural*, ou modo normal de vibração), uma corda vibrante possui uma infinidade de *modos normais de vibração*. Se uma fonte externa excitar uma corda vibrante com uma freqüência igual a qualquer *destas freqüências naturais* da corda, ocorrerá o fenômeno da *ressonância* da corda vibrante. Não é ocioso ressaltar mais uma vez que o fenômeno da ressonância é geral e pode ocorrer em qualquer sistema físico (mecânico, elétrico, eletromagnético, etc.), desde que a freqüência da excitação externa seja igual à freqüência das oscilações naturais do respectivo sistema.

2.3 Problemas sobre ondas progressivas

2.01
RESOLVIDO

Obtenha expressões alternativas para o deslocamento de um ponto em uma onda progressiva.

SOLUÇÃO

O deslocamento de um ponto em uma onda progressiva pode ser representado pela equação (2.10). Considere $\varphi = 0$. Designando a amplitude da onda por A, a equação (2.10) pode ser escrita na forma:

$$y = A \operatorname{sen}(kx - \omega t)$$

Usando as definições de k, v, f, T e ω podemos escrever a equação anterior de diversas maneiras equivalentes. Fazendo pequenas transformações da equação anterior, você poderá obter as seguintes formas alternativas para a equação de onda:

$$y = A \operatorname{sen}(kx - 2\pi f t)$$

$$y = A \operatorname{sen}\left(kx - \frac{2\pi t}{T}\right)$$

$$y = A \operatorname{sen}\left(\frac{2\pi x}{\lambda} - \omega t\right)$$

$$y = A \operatorname{sen}\left[2\pi\left(\frac{x}{\lambda} - f t\right)\right]$$

$$y = A \operatorname{sen}\left[\left(\frac{2\pi}{\lambda}\right)(x - vt)\right]$$

$$y = A \operatorname{sen}\left[k(x - \lambda f t)\right]$$

$$y = A \operatorname{sen}\left[k(x - vt)\right]$$

$$y = A \operatorname{sen}\left[2\pi\left(\frac{x}{\lambda} - ft\right)\right]$$

$$y = A \operatorname{sen}\left[2\pi\left(\frac{x}{\lambda} - \frac{t}{T}\right)\right]$$

$$y = A \operatorname{sen}\left[\omega\left(\frac{x}{v} - t\right)\right]$$

Estas são as principais formas para a equação de uma onda progressiva se propagando ao longo do eixo Ox da esquerda para a direita. Elas valem tanto para uma onda progressiva *transversal* quanto para uma onda progressiva *longitudinal*. Quando a onda for *transversal*, o deslocamento y é ortogonal à direção de propagação da onda e, quando a onda for *longitudinal*, o deslocamento y é paralelo à direção de propagação da onda.

2.02 **RESOLVIDO**

Considere uma onda progressiva transversal escrita na forma (2.10). Determine: (a) a velocidade de propagação da onda; (b) a velocidade de vibração de uma partícula na direção ortogonal à direção de propagação da onda: (c) o módulo da velocidade máxima desta vibração ortogonal.

SOLUÇÃO

(a) A velocidade de propagação desta onda ao longo do eixo Ox é dada por:

$$v = \frac{\omega}{k}$$

(b) Para se calcular a velocidade de um ponto na direção y basta derivar parcialmente y em relação a t, mantendo v constante; usando a equação (2.10), encontramos o resultado:

$$v_y = \frac{\partial y}{\partial t} = -\omega y_m \cos(kx - \omega t + \varphi)$$

(c) Para se obter o módulo da velocidade máxima, basta lembrar que o módulo máximo da função co-seno é igual a um. Conseqüentemente, de acordo com a equação anterior, o módulo máximo da velocidade será dado por:

$$v_{y,M} = \omega y_m$$

RESOLVIDO

Uma onda progressiva é descrita pela equação

$$y_1 = y_m \operatorname{sen}(kx - \omega t + \varphi)$$

Esta onda se propaga em uma corda vibrante que possui extremidades fixas. O comprimento da corda é igual a L. Determine a onda progressiva que deve ser superposta à onda y_1 para que se obtenha uma *onda estacionária*. Considere depois o caso particular em que $\varphi = 0$; determine os *nós* e os *ventres* da onda estacionária que se propaga na corda para este caso particular.

SOLUÇÃO

Vimos que uma onda estacionária pode ser obtida pela superposição de ondas progressivas que se propagam em sentidos opostos. Deste modo, para se obter a onda estacionária desejada, devemos superpor com a onda descrita por y_1 uma outra onda descrita pela seguinte equação:

$$y_2 = y_m \operatorname{sen}(kx + \omega t + \varphi)$$

Somando y_1 com y_2 e usando a relação (2.3), encontramos o resultado:

$$y = 2y_m \operatorname{sen}(kx + \varphi) \cos \omega t$$

No caso particular em que $\varphi = 0$, obtém-se:

$$y = 2y_m \operatorname{sen} kx \cos \omega t$$

Os *nós* são os pontos fixos da onda estacionária, isto é, os pontos para os quais a onda se anula, ou seja, são os pontos x_n tais que:

$$x_n = \frac{n\pi}{k}; \quad \text{para} \quad n = 0, 1, 2, 3, \ldots$$

Os *ventres* correspondem aos pontos para os quais a amplitude da onda é máxima. É claro que os ventres estão situados no meio entre dois nós consecutivos, ou seja, os ventres estão situados nos pontos x_m tais que:

$$x_m = (2m+1)\frac{\pi}{2k}; \quad \text{para} \quad n = 0, 1, 2, 3, \ldots$$

A distância y correspondente a cada ventre é dada pela amplitude máxima (que é igual a $2y_m$). Como as extremidades da corda são fixas, os comprimentos de onda permitidos obedecem à seguinte regra de seleção:

$$L = \frac{n\lambda_n}{2}$$

2.04 RESOLVIDO

Partindo da função de onda $y(x,t)$ de uma onda progressiva, deduza a equação diferencial de uma onda harmônica ou, simplesmente, deduza a chamada *equação de onda* em uma dimensão.

SOLUÇÃO

Uma onda harmônica pode ser representada pela equação (2.10). Como estamos interessados no estudo *de uma única onda*, a defasagem φ não altera as propriedades físicas da onda, logo, sem perda de generalidade, podemos considerar $\varphi = 0$. Deste modo, a equação (2.10) pode ser escrita na forma:

$$y = A\,\text{sen}\,(kx - \omega t) \tag{1}$$

Derivando parcialmente em relação a x a equação (1), obtemos:

$$\frac{\partial y}{\partial x} = k y_m \cos(kx - \omega t) \tag{2}$$

Derivando novamente a equação (2) em relação x, encontramos o resultado:

$$\frac{\partial^2 y}{\partial x^2} = -k^2 y_m\,\text{sen}(kx - \omega t) \tag{3}$$

Comparando as relações (1) e (3), obtemos:

$$\frac{\partial^2 y}{\partial x^2} = -k^2 y \tag{4}$$

Derive duas vezes a equação (1) em relação a t; você encontrará o seguinte resultado:

$$\frac{\partial^2 y}{\partial t^2} = -k^2 v^2 y_m \operatorname{sen}(kx - \omega t) \tag{5}$$

Comparando as relações (1) e (5), obtemos:

$$\frac{\partial^2 y}{\partial t^2} = -k^2 v^2 y \tag{6}$$

Finalmente, comparando as equações (4) e (6), obtemos a *equação de onda* em uma dimensão:

$$\frac{\partial^2 y}{\partial x^2} = \frac{1}{v^2}\frac{\partial^2 y}{\partial t^2} \tag{7}$$

Na equação (7) v é a velocidade de propagação da onda. Observe que a *função de onda* (1) e a *equação de onda* (7) valem tanto para *ondas transversais* quanto para *ondas longitudinais*. No caso de ondas transversais y *é* perpendicular à direção de propagação da onda e, no caso de ondas longitudinais, y representa um deslocamento paralelo à direção de propagação da onda.

2.05 **RESOLVIDO**

Obtenha expressões para a potência e para a intensidade de uma onda harmônica.

SOLUÇÃO

As expressões que serão utilizadas neste exercício poderão ser usadas para problemas envolvendo *qualquer tipo de onda harmônica.* Contudo, para concretizar, vamos considerar as ondas transversais produzidas em uma corda vibrante. Seja dm um elemento de massa e dV um elemento de volume da corda vibrante. O elemento de massa considerado possui um movimento harmônico simples (pela definição de onda harmônica). Então, como $v = \omega y_m$, podemos dizer que a energia cinética associada ao elemento de massa é dada por:

$$dE = \frac{1}{2}\omega^2 y_m^2\, dm \tag{1}$$

A densidade de energia é definida por:

$$u = \frac{dE}{dV} \tag{2}$$

Portanto, pelas relações (1) e (2), concluímos que

$$u = \frac{1}{2}\omega^2 y_m^2 \frac{dm}{dV} \tag{3}$$

Porém, de acordo com a definição de densidade, temos:

$$\rho = \frac{dm}{dV} \tag{4}$$

De acordo com a relação (4), a equação (3) pode ser escrita como:

$$u = \frac{1}{2}\omega^2 y_m^2 \rho \tag{5}$$

Substituindo a equação (5) na relação (2.12), obtemos:

$$P = \frac{1}{2}\omega^2 y_m^2 \rho A v \tag{6}$$

Porém, sabemos que $\rho = m/V = m/(AL)$, onde L *é o* comprimento da corda. Como designamos por μ a massa por unidade de comprimento do fio, temos:

$$\rho = \frac{\mu}{A} \tag{7}$$

Na equação (7) A é a área da seção reta da corda. Substituindo a relação (7) na equação (6), encontramos o resultado:

$$P = \frac{1}{2}\omega^2 y_m^2 \mu v \tag{8}$$

Lembrando que $\omega = 2\pi f$, podemos escrever a equação (8) em função da freqüência do seguinte modo:

$$P = 2\pi^2 f^2 y_m^2 \mu v \tag{9}$$

De acordo com as relações (8) e (9) vemos que a *potência* (e também a *energia*) de uma onda harmônica é *diretamente proporcional ao quadrado da amplitude e diretamente proporcional ao quadrado da freqüência da onda*. Este resultado é geral e vale para qualquer tipo de onda harmônica.

Como a *intensidade* é a potência por unidade de área, levando em conta o resultado (8), podemos escrever para a *intensidade* de uma onda a seguinte expressão:

$$I = \frac{P}{A} = \frac{1}{2}\omega^2 y_m^2 \frac{\mu v}{A}$$

2.06 RESOLVIDO

Descreva uma experiência para a determinação da velocidade de propagação de uma onda transversal em uma corda cuja densidade linear é μ.

SOLUÇÃO

Sabemos que a velocidade de propagação de uma onda em um fio ou em uma corda é dada pela equação (2.11). Então, para determinarmos experimentalmente a velocidade v basta medir a tensão T na corda e a densidade linear μ. A medida da densidade linear é trivial: basta pesar a corda e medir o seu comprimento. Podemos produzir na corda uma tensão T facilmente mensurável (por exemplo, através do uso de um corpo cujo peso pode ser medido). A velocidade de propagação da onda será dada pela relação (2.11). Para confrontar a previsão teórica da velocidade calculada, mediante a fórmula (2.11), com o resultado experimental, você poderá medir diretamente a velocidade de propagação da onda mediante o seguinte procedimento. Seja L o comprimento total da corda e n o número de vezes que a onda percorre a corda. O percurso total da onda é dado por: $L' = 2nL$. Logo, a velocidade de propagação da onda na corda será:

$$v = \frac{2nL}{t}$$

onde *t é o* tempo que a onda leva para fazer n oscilações completas. Este tempo você pode medir com um cronômetro.

O dispositivo experimental é simples. Fixamos uma das extremidades da corda que, a seguir, passa por uma roldana fixa. Na outra extremidade da corda colocamos um corpo de massa m. A determinação do comprimento L pode ser feita diretamente. Deste modo, substituindo-se os valores de n, L e t na expressão anterior, podemos determinar a velocidade de propagação da onda v e, finalmente, cotejar o resultado teórico dado pela equação (2.11) com o resultado experimental.

2.4 Problemas sobre superposição de ondas e interferência

2.07
RESOLVIDO

Mostre como se pode representar uma onda harmônica por meio de um *fasor*. Mostre também como se pode usar um *número complexo* para especificar um *fasor* representativo de uma onda harmônica.

SOLUÇÃO

Sabemos que um movimento circular uniforme pode ser decomposto em dois movimentos harmônicos simples, quando projetamos o vetor posição da partícula que gira com velocidade angular constante sobre dois eixos ortogonais, com origem no centro da circunferência. Deste modo, a todo movimento harmônico simples e, por extensão, a qualquer onda harmônica, podemos associar um movimento circular uniforme tal que uma das projeções do vetor posição corresponda ao movimento harmônico simples ou à onda harmônica considerada. Como o vetor posição gira com velocidade angular constante, costumamos dizer que uma onda harmônica pode ser representada por um *vetor girante*.

As propriedades físicas de uma onda harmônica podem ter o caráter vetorial ou escalar. Tanto para uma grandeza escalar quanto para uma grandeza vetorial de uma onda é necessário especificar a *fase* da grandeza, principalmente quando calculamos a soma (ou superposição) de propriedades ondulatórias. As grandezas que necessitam da especificação da fase para sua completa determinação denominam-se *fasores*. Um *fasor* pode ser representado simbolicamente por um *vetor girante*. Outra maneira de se descrever um fasor é através do uso de um *número complexo*. Um número complexo z, de acordo com a relação de Euler, pode ser escrito na forma:

$$z = r\exp(j\theta) = r\cos\theta + r\,\mathrm{sen}\,\theta \qquad (1)$$

Na equação (1) r é o módulo do vetor posição $\boldsymbol{r}$, ou seja r é a distância do ponto P à origem, θ é o ângulo de fase (ângulo entre o fasor e o eixo Ox) e j é a unidade imaginária definida por:

$$j = \sqrt{-1}$$

Observe a analogia entre a descrição de uma onda usando a *notação complexa* e a descrição através do *vetor girante*. Multiplicar um número r pelo operador $\exp(j\theta)$ significa girar o vetor posição $\boldsymbol{r}$ que está inicialmente sobre o eixo Ox de um ângulo θ, no sentido anti-horário. (Ver a Figura 2.1). O numero complexo pode então ser representado pelo vetor posição $\boldsymbol{r}$ e os componentes deste vetor fornecem o número $r\cos\theta$ e o número $r\,\text{sen}\,\theta$ (ou melhor, sobre o eixo Oy, o componente fornece o número $jr\,\text{sen}\,\theta$). A vantagem deste tipo de representação ficará clara no próximo exercício resolvido.

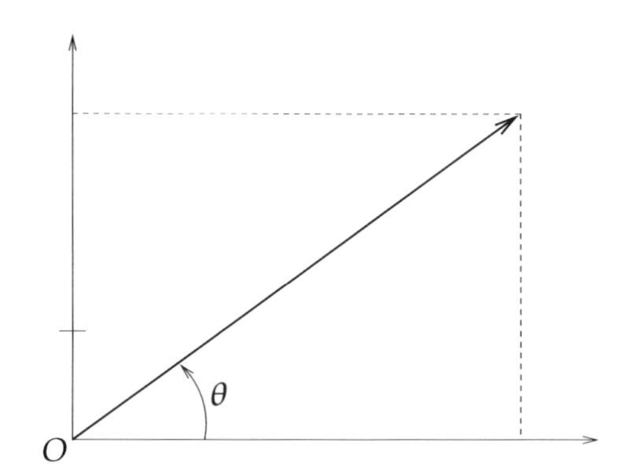

Fig. 2.1 *Esquema para explicar a definição de um fasor.*

Use o método dos fasores para a determinação da onda harmônica resultante da superposição de duas ondas harmônicas. Compare este método com o método algébrico.

2.08 RESOLVIDO

SOLUÇÃO

Considere as ondas:

$$y_1 = A_1\,\text{sen}\,\theta \tag{1}$$

$$y_2 = A_2\,\text{sen}(\theta + \phi) \tag{2}$$

A onda harmônica resultante será dada por:

$$y = A\,\text{sen}(\theta + \phi') \tag{3}$$

O *método algébrico* de solução consiste em somar as relações (1) e (2) e igualar o resultado desta soma com a equação (3), para obter uma relação entre A, A_1, A_2, θ, ϕ e ϕ'. Você notará que o método algébrico é mais trabalhoso do que o método que usaremos a seguir.

De acordo com o método vetorial, delineado no problema anterior, podemos representar a onda y_1 pelo vetor girante $\boldsymbol{A_1}$ e a onda y_2 pelo vetor girante $\boldsymbol{A_2}$. Logo, a onda resultante será dada pelo vetor $\boldsymbol{A}$ resultante da soma vetorial de $\boldsymbol{A_1}$ com $\boldsymbol{A_2}$ (ver a Figura 2.2). Portanto, o módulo do vetor resultante fornece a amplitude da onda resultante da equação (3), e o ângulo entre o vetor $\boldsymbol{A}$ e o vetor $\boldsymbol{A_1}$ fornece a diferença de fase ϕ'.

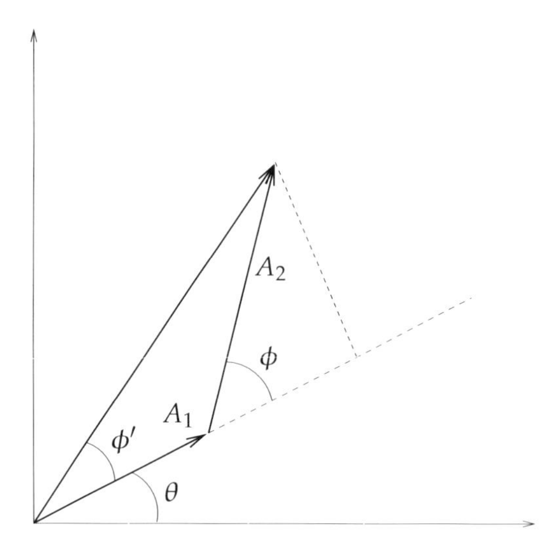

Fig. 2.2 *Esquema para exemplificar o uso do método dos fasores.*

A amplitude da onda resultante pode ser obtida pela regra do paralelogramo, ou seja, o módulo da soma vetorial de $\boldsymbol{A_1}$ com $\boldsymbol{A_2}$ é dado por:

$$A^2 = A_1^2 + A_2^2 + 2A_1A_2\cos\phi \tag{4}$$

Na equação (4) ϕ é o ângulo entre os vetores $\boldsymbol{A_1}$ e $\boldsymbol{A_2}$. Para calcular o ângulo de fase ϕ' basta examinar a Figura 2.2. Você concluirá que:

$$\tan\phi' = \frac{A_1 \operatorname{sen}\phi}{A_1 + A_2\cos\phi} \tag{5}$$

Observe que o método dos fasores é mais simples do que o método algébrico.

2.09 RESOLVIDO

Duas ondas progressivas de mesma amplitude e mesma freqüência possuem uma diferença de fase igual a $\langle j \rangle$. Determine a expressão da onda resultante da superposição destas duas ondas.

SOLUÇÃO

Considere as seguintes ondas progressivas:

$$y_1 = A\,\text{sen}(kx - \omega t) \tag{1}$$

$$y_2 = A\,\text{sen}(kx - \omega t + \phi) \tag{2}$$

A onda resultante deve ser obtida somando-se as equações (1) e (2). Para fazer esta operação algebricamente use a seguinte identidade trigonométrica:

$$\text{sen}\,a + \text{sen}\,b = 2\,\text{sen}\left(\frac{a+b}{2}\right)\cos\left(\frac{a-b}{2}\right) \tag{3}$$

Faça as seguintes substituições:

$$a = kx - \omega t$$

$$b = kx - \omega t + \phi$$

Substituindo os valores de a e de b na identidade (3) e somando as relações (1) e (2), encontra-se:

$$y = B\,\text{sen}\left(\frac{kx - \omega t + \phi}{2}\right) \tag{4}$$

Esta é a equação da onda progressiva resultante. Note que ela possui a mesma freqüência (ou o mesmo comprimento de onda) das ondas que interferem, mas a defasagem é igual a $\phi/2$ (avançada em relação a y_1 e atrasada em relação a y_2); além disto, a amplitude da onda resultante descrita pela equação (4) é dada por:

$$B = 2A\cos\left(\frac{\phi}{2}\right) \tag{5}$$

Observe que, quando estudamos *uma única onda*, a fase da onda não tem muita importância física. Contudo, quando analisamos *a superposição de duas ou mais ondas*, a *diferença entre as fases das ondas* é de importância primordial. As equações (4) e (5) exemplificam a superposição de duas ondas. Quando você desejar obter a onda resultante da superposição de três ou mais ondas, você deverá usar o método empregado neste problema para calcular a onda resultante de duas das ondas especificadas, a seguir você deverá fazer a superposição entre esta onda resultante e a terceira onda, e assim sucessivamente, até a última onda do conjunto de ondas considerado.

2.10

Resolva o problema anterior pelo método dos fasores.

SOLUÇÃO

Para resolver este problema pelo método dos fasores, vamos inicialmente simplificar as equações (1) e (2) do problema anterior, escrevendo:

$$\theta = kx - \omega t$$

Usando este ângulo as equações (1) e (2) do problema anterior são escritas na seguinte forma:

$$y_1 = A \operatorname{sen} \theta \qquad (1)$$

$$y_2 = A \operatorname{sen}(\theta + \phi) \qquad (2)$$

Podemos agora usar neste problema o método dos fasores indicado no problema 2.8. Neste caso, temos: $A_1 = A_2 = A$. Donde se conclui que a amplitude B da onda resultante pode ser obtida pela equação (4) do problema 2.8. Ou seja,

$$B^2 = 2A^2(1 + \cos \phi) \qquad (3)$$

Considere a seguinte identidade trigonométrica:

$$\cos a = 2\cos^2\left(\frac{a}{2}\right) - 1 \qquad (4)$$

Usando a equação (4) na relação (3), encontramos:

$$B = 2A\cos\left(\frac{\phi}{2}\right) \tag{5}$$

O resultado (5) concorda com a equação (5) do problema anterior (problema 2.9). A diferença de fase pode ser obtida usando-se a equação (5) do problema 2.8. Encontramos o resultado:

$$\tan\phi' = \frac{\operatorname{sen}\phi}{1+\cos\phi} \tag{6}$$

Lembrando seguinte a seguinte identidade trigonométrica:

$$\operatorname{sen}\phi = 2\operatorname{sen}\left(\frac{\phi}{2}\right)\cos\left(\frac{\phi}{2}\right) \tag{7}$$

Usando as identidades (7) e (4) na relação (6), obtemos: $\tan\phi' = \tan(\phi/2)$. Logo, $\phi' = \phi/2$, confirmando o resultado do problema anterior.

2.11

Discuta o fenômeno da *polarização* das ondas.

SOLUÇÃO

Em qualquer onda transversal, a direção da vibração é ortogonal à direção de propagação da onda. Portanto, para caracterizar uma onda *transversal*, além da direção de propagação da onda, devemos especificar o *plano* ao longo do qual se processa a vibração da onda. Existe uma infinidade de retas contidas no plano perpendicular à direção de propagação da onda. No caso de uma onda *longitudinal* não é necessário especificar a direção de propagação de vibração da onda porque só existe *uma* direção possível para esta vibração: a própria direção de propagação da onda. Nos problemas 2.9 e 2.10 determinamos a onda resultante da superposição de ondas com a mesma freqüência; os resultados destes dois problemas se aplicam para ondas *longitudinais*, sem exceção. Contudo, para ondas transversais estes resultados só valem quando as duas ondas consideradas estiverem *polarizadas em planos paralelos*. Quando a direção do plano de polarização de uma das ondas for diferente da direção do plano de polarização da outra onda, dever-se-á fazer a superposição de maneira diferente da indicada no problema 2.9.

2.5 Problemas propostos

2.12

A equação de uma onda progressiva transversal em uma corda vibrante é dada pela equação:

$$y = A\,\mathrm{sen}(ax + bt + \phi)$$

(a) A onda se propaga ao longo do eixo Ox da esquerda para a direita ou se propaga da direita para a esquerda? (b) Diga o significado físico das letras A, a, b e ϕ.

Respostas: (a) Se propaga da direita para a esquerda.
(b) A é a amplitude da onda, a é o número de onda, b é a freqüência angular e ϕ é o ângulo de fase.

2.13

A equação de uma onda progressiva transversal que se propaga da esquerda para a direita em uma corda vibrante é dada por:

$$y = 2\,\mathrm{sen}(ax - bt + \pi)$$

onde y é dado em cm, x é dado em cm, $a = 4\ \mathrm{cm}^{-1}$, $b = 4\ \mathrm{s}^{-1}$. Determine: (a) a amplitude da onda; (b) o número de onda; (c) a freqüência angular; (d) o ângulo de fase.

Respostas: (a) $y_m = 2$ cm;
(b) $k = 4\ \mathrm{cm}^{-1}$;
(c) $\omega = 4$ rad/s;
(d) $\varphi = \pi$.

2.14

Tome como referência o problema anterior. Calcule: (a) a velocidade de propagação da onda ao longo do eixo Ox; (b) a freqüência; (c) o período; (d) o comprimento de onda.

Respostas: (a) 1 cm/s;
(b) $f = 0{,}637$ Hz;
(c) $T = 1{,}57$ s;
(d) $\lambda = 1{,}57$ cm.

2.15

A freqüência de uma onda progressiva é igual a 282 Hz. O número de onda é igual a 800 cm^{-1}. Calcule a velocidade de propagação da onda.

Resposta: 2,2 cm/s.

2.16

A velocidade de uma onda progressiva que se propaga no eixo Ox da esquerda para a direita é igual a 100 cm/s. O comprimento de onda é igual a 4 cm. Calcule: (a) o número de onda desta onda; (b) a freqüência da onda.

Respostas: (a) 1,57 cm^{-1};
(b) 25 Hz.

2.17

Escreva a equação da onda progressiva do problema anterior, supondo que ela possua uma amplitude igual a 5 cm e que $\varphi = 0$.

Resposta: $y = 5\,\mathrm{sen}(1,57x - 157t)$.

2.18

Determine a equação de uma onda transversal que possui número de onda igual a 2 cm^{-1} freqüência angular igual a 4 rad/s, $\varphi = \pi$ e uma amplitude igual a 15 cm. Suponha que a onda se propague no eixo Ox da direita para a esquerda.

Resposta: $15\,\mathrm{sen}(2x + 4t + \pi)$.

2.19

Uma onda transversal é descrita pela seguinte equação

$$y = 0,7\,\mathrm{sen}\left(2x - -10t + \frac{\pi}{3}\right)$$

onde x e y são dados em cm e t é dado em segundos. Determine: (a) a amplitude da onda: (b) o número de onda: (c) a freqüência angular: (d) o ângulo de fase.

Respostas: (a) 0,7 cm;
(b) 2 cm^{-1};
(c) 10 rad/s;
(d) $\pi/3$.

2.20 Considerando os dados do problema anterior, calcule: (a) a velocidade de propagação da onda; (b) a freqüência; (c) o período: (d) o comprimento de onda.

Respostas: (a) 5 cm/s;
(b) 1,59 Hz;
(c) 0,69 s;
(d) 3,14 cm.

2.21 Uma corda de comprimento L está presa em ambas as extremidades. Determine o comprimento de onda do harmônico de ordem n, quando a corda estiver vibrando.

Resposta: $\lambda_n = 2L/n$.

2.22 Determine a velocidade de propagação da onda na corda do problema anterior em função do número n, sabendo que a freqüência da vibração é igual a f.

Resposta: $v = 2fL/n$.

2.23 Uma corda de violão possui comprimento igual a um metro. Calcule o comprimento de onda: (a) para o harmônico fundamental ($n = 1$); (b) para o quarto harmônico.

Respostas: (a) 2 m;
(b) 0,5 m.

2.24 Uma corda de comprimento L está presa em somente uma de suas extremidades. Determine o comprimento de onda para um harmônico de ordem n.

Resposta: $\lambda_n = 4L/n$.

2.25 Uma corda possui comprimento igual a 0,8 m e está presa somente em uma das suas extremidades. Calcule o comprimento de onda: (a) para o harmônico fundamental; (b) para o quarto harmônico.

Respostas: (a) 3,2 m;
(b) 0,8 m.

2.26

Considere uma onda transversal progressiva propagando-se da esquerda para a direita. Determine: (a) a velocidade de propagação da onda; (b) a velocidade de vibração de uma partícula desta onda; (c) o módulo da velocidade máxima da vibração da partícula.

Respostas: (a) $v = \omega/k = \lambda f$;
(b) $v_y = -\omega y_m \cos(kx - \omega t + \varphi)$;
(c) ωy_m.

2.27

No problema anterior, calcule para uma partícula da corda: (a) a aceleração; (b) o módulo da aceleração máxima.

Respostas: (a) $a_y = -\omega^2 y_m \operatorname{sen}(kx - \omega t + \varphi)$;
(b) $\omega^2 y_m$.

2.28

Uma onda se propaga em uma corda vibrante com amplitude igual a 0,02 m, com freqüência igual a 300 Hz e com velocidade igual a 500 m/s. A onda se propaga da esquerda para a direita. Escreva a equação desta onda.

Resposta: $y = 0,02 \operatorname{sen}(3,77x - 1885t)$, onde y é dado em metros.

2.29

Determine a equação da onda do problema anterior, supondo que a propagação seja da direita para a esquerda.

Resposta: $y = 0,02 \operatorname{sen}(3,77x + 1885t)$.

2.30

Uma onda transversal se propaga em uma corda vibrante. Determine o ângulo entre a direção da corda em um dado ponto e em um determinado instante e o eixo Ox. Dê a resposta em função da velocidade de propagação da onda e em função da velocidade da vibração transversal de uma partícula da onda, v_y.

Resposta: $\tan\theta = dy/dx = v_y/v$.

2.31

Uma onda harmônica transversal se propaga em uma corda vibrante. A equação desta onda é dada no SI (sistema MKS) por meio da expressão:

$$y = 0,09\,\text{sen}(0,8x - 0,3t)$$

Determine: (a) a velocidade de propagação da onda; (b) a velocidade de vibração de uma partícula da onda; (c) o módulo da velocidade máxima de vibração de uma partícula da onda.

Respostas: (a) 0,375 m/s;
(b) $v_y = -0,027\cos(0,8x - 0,3t)$;
(c) 0,027 m/s.

2.32

Escreva a equação da onda que deve ser superposta à equação do problema anterior, para que se obtenha uma onda estacionária na corda vibrante.

Resposta: $y = 0,09\,\text{sen}(0,8x + 0,3t)$.

2.33

Escreva a equação da *onda estacionária* que se propaga na corda do problema anterior.

Resposta: $y = 0,18\,\text{sen}\,0,8x\cos 0,3t$.

2.34

Determine para a onda estacionária mencionada no problema anterior os valores de x para os quais ocorrem os nós da corda.

Respostas: $x_n = n\pi/0,8$; para $n = 0, 1, 2, 3, \ldots$

2.35

Escreva a equação diferencial de uma onda transversal que se propaga em uma corda vibrante ao longo do eixo Ox com velocidade $v = 2$ m/s. Supor x e y dados em metros e t dado em segundos.

Resposta: $\partial^2 y/\partial x^2 = (1/4)(\partial^2 y/\partial t^2)$.

2.36

A equação de uma onda é dada no SI por:

$$\frac{\partial^2 y}{\partial x^2} = \frac{1}{9}\frac{\partial^2 y}{\partial t^2}$$

Determine a velocidade da onda.

Resposta: $3\ \text{m/s}$.

2.37

Obtenha uma expressão para a potência que é transmitida através de uma corda vibrante uniforme de seção reta A e comprimento L. Dê a resposta: (a) em função da densidade de energia u; (b) em função da energia total E dissipada ao longo do comprimento L da corda.

Respostas: (a) $P = uAv$;
(b) $P = Ev/L$.

2.38

Determine a potência de uma onda harmônica que se propaga em uma corda com densidade linear μ em função da velocidade de propagação e da freqüência da onda.

Resposta: $P = 2\pi^2 f^2 y_m^2 \mu v$.

2.39

Determine a expressão da potência transmitida por uma onda progressiva que se propaga em uma corda vibrante de densidade volumétrica ρ e de seção reta cuja área A é constante.

Resposta: $P = (1/2)\omega^2 y_m^2 \rho A v$

2.40

Uma corda de comprimento L possui uma seção reta com área A. Determine a expressão da densidade de energia transportada pela onda em função da massa da corda e da freqüência angular da onda.

Resposta: $u = (1/2)\omega^2 y_m^2 (m/AL)$.

2.41

Dê a resposta do problema anterior em função da densidade linear da corda e da freqüência angular.

Resposta: $u = (1/2)\omega^2 y_m^2 (\mu/A)$.

2.42 Determine a intensidade da onda do problema anterior.

Resposta: $I = uv = (1/2)\omega^2 y_m^2(\mu v/A)$.

2.43 Uma onda transversal se propaga em uma corda de comprimento $L = 2$ m e massa $m = 150$ g. A equação da onda é dada por:

$$y = 0,07\,\text{sen}(12x - 10t)$$

onde todas as unidades estão no SI (sistema MKS). Determine: (a) a potência transmitida pela onda; (b) a energia transmitida na corda.

Respostas: (a) 0,0153 W;
(b) $E = 0,037$ J.

2.44 Escreva a equação da onda que deve ser superposta à equação do problema anterior, para que se obtenha uma onda estacionária na corda vibrante.

Resposta: $y = 0,07\,\text{sen}(12x + 10t)$.

2.45 A intensidade de uma onda é igual a 200 W/m^2. Determine a potência transmitida pela onda, sabendo que a onda se propaga através de uma corda com seção reta uniforme de área $A = 7 \times 10^{-5}$ m^2.

Resposta: 0,014 W.

2.46 A velocidade de uma onda que se propaga em um meio homogêneo é igual a 2 m/s. A potência transmitida é igual a 0,5 W. Calcule a intensidade da onda, sabendo que a área da seção reta, através da qual a onda passa, é igual a 8×10^{-4} cm^2.

Resposta: 625 W/m^2.

2.47 Calcule a densidade de energia da onda do problema anterior.

Resposta: 312,5 J/m^3.

2.48

Escreva a equação de uma onda estacionária que percorre uma corda vibrante de comprimento L em função do harmônico de ordem n (ou do modo normal de vibração de ordem n).Suponha que a corda esteja fixa em ambas as extremidades.

Resposta: $y_n = A_n \operatorname{sen}(n\pi x/L) \cos \omega_n t$, para $n = 1, 2, 3, \ldots$

2.49

No problema anterior suponha que a corda esteja fixa em somente uma de suas extremidades. Determine a equação da onda estacionária.

Resposta: $y_m = A_m \operatorname{sen}(m\pi x/2L) \cos \omega_m t$, para $m = 1, 3, 5, \ldots$

2.50

Em uma corda fixa em ambas as extremidades se propaga uma onda estacionária dada pela seguinte equação:

$$y = 0,4 \operatorname{sen} 0,2x \cos 400t$$

onde x e y estão em centímetros e t é dado em segundos. Determine: (a) a amplitude da onda; (b) o comprimento de onda; (c) a freqüência angular.

Respostas: (a) 0,4 cm;
(b) 31,4 cm;
(c) 400 rad/s.

2.51

Uma corda de comprimento L possui seção reta de área A. Esta corda vibra sob uma tensão F. Determine a velocidade de propagação de uma onda transversal nesta corda: (a) em função de ρ; (b) em função da densidade linear μ.

Respostas: (a) $v = (F/\rho A)^{1/2}$;
(b) $v = (F\mu)^{1/2}$.

2.52

Um fio possui massa total m e comprimento L. Ele está submetido a uma tensão cujo módulo é igual a F. Determine a velocidade de propagação de uma onda transversal neste fio.

Resposta: $v = (FL/m)^{1/2}$

2.53

Um fio de aço possui comprimento igual a 4 m e está submetido a uma tensão de 0,8 N. A massa total do fio é igual a 70 g. Calcule a velocidade de propagação de uma onda transversal neste fio.

Resposta: 6,76 m/s.

2.54

Uma corda está presa em um suporte sobre uma mesa; a outra extremidade da corda passa por uma polia e sustenta um corpo de massa $m =$ 4 kg. A densidade linear da corda é dada por: $\mu = 0,01$ kg/m. (a) Obtenha a expressão da velocidade de propagação de uma onda transversal nesta corda. (b) Calcule o módulo desta velocidade.

Respostas: (a) $v = (mg/\mu)^{1/2}$;
(b) $v = 62,6$ m/s.

2.55

Uma corda vibrante possui comprimento L e está submetida a uma tensão F. Nestas condições a velocidade de propagação de uma onda transversal é igual a v_0. Suponha que a corda seja dividida em duas metades iguais. Sobre uma das metades aplica-se a mesma tensão F. Determine o módulo da velocidade de propagação da onda através desta metade.

Resposta: $v = v_0$.

2.56

Considere o problema anterior. Determine a tensão T que deveria ser aplicada à metade da corda para que a velocidade de propagação da onda, nesta metade, se tornasse igual a $v_0/2$?

Resposta: $T = 4F$.

2.57

Uma onda harmônica é produzida na extremidade de uma corda longa e horizontal por meio de um vibrador que oscila verticalmente com um movimento harmônico simples, de 6 cm de amplitude e com freqüência igual a 2 Hz. A densidade linear da corda é igual a 4 g/cm e ela está submetida a uma tração de 10 N. (a) Calcule a velocidade de propagação da onda na corda, (b) Determine a equação da onda, sabendo que para

$x = 0$, $y = 6$ cm no instante $t = 0$ e que a onda caminha da esquerda para a direita.

Respostas: (a) 0,05 m/s;
(b) $y = 0,06\,\text{sen}(251x - 4\pi t)$, onde x e y são dados em metros e t é dado em segundos.

2.58

Considere o problema anterior. Determine para uma partícula da corda: (a) a velocidade; (b) a aceleração.

Respostas: (a) $v_y = -0,75\cos(251x - 4\pi t)$;
(b) $a_y = -9,42\,\text{sen}(251x - 4\pi t)$.

2.59

No problema anterior, calcule: (a) o módulo da velocidade máxima; (b) o módulo da aceleração máxima.

Respostas: (a) 0,75 m/s;
(b) 9,42 m/s^2.

2.60

Uma corda possui a forma de um cilindro de comprimento L e raio R. Determine a velocidade de propagação de uma onda transversal nesta corda para uma tensão F aplicada.

Resposta: $v = (1/R)(F/\rho\pi)^{1/2}$.

2.61

Considere uma corda feita com o mesmo material da corda do problema anterior. Suponha que o raio desta corda seja igual a um terço do raio da corda do problema anterior. Qual deverá ser a nova tensão T nesta corda para que a velocidade de propagação seja a mesma que a velocidade de propagação da corda do problema anterior?

Resposta: $T = F/9$.

2.62

A tensão em uma corda vibrante é igual a F, a densidade da corda é igual a ρ, a área da seção reta é designada por A e o comprimento da corda é igual a L. Determine as freqüências naturais das oscilações: (a) em função da densidade ρ; (b) em função da densidade linear μ.

Respostas: (a) $f_n = (n/2L)(F/\rho A)^{1/2}$;
(b) $f_n = (n/2L)(F/\mu)^{1/2}$.

2.63

Determine, em função do número inteiro n e das variáveis pertinentes, as freqüências naturais das oscilações de uma corda de aço de comprimento L, diâmetro d e submetida a uma tensão F.

Resposta: $f = (n/Ld)(F/\rho\pi)^{1/2}$.

2.64

No problema anterior, calcule o valor aproximado da freqüência natural de oscilação de uma corda de aço sabendo que: $n = 2$, $L = 50$ cm, $d = 1$ mm, $F = 0,1$ N e $\rho = 7,8$ g/cm^3.

Resposta: 8 Hz.

2.65

Uma onda proveniente de uma corda com densidade igual a 0,2 g/cm^3 incide sobre uma corda com densidade igual a 6 g/cm^3. Determine: (a) a diferença de fase entre a onda incidente e a onda refletida; (b) a diferença de fase entre a onda incidente e a onda transmitida.

Respostas: (a) π;
(b) 0.

2.66

Uma onda proveniente de uma corda grossa (densidade igual a 5 g/cm^3) incide sobre uma corda fina (densidade 0,2 g/cm^3). Determine: (a) a diferença de fase entre a onda incidente e a onda refletida; (b) a diferença de fase entre a onda incidente e a onda transmitida.

Respostas: (a) 0;
(b) 0.

2.67

Uma corda fixa em ambas as extremidades possui comprimento igual a L. Em um determinado momento ela está vibrando com um modo normal de ordem n; a velocidade de propagação da onda na corda é igual a v. Determine a freqüência de uma excitação capaz de provocar *ressonância* nesta corda.

Resposta: $f_n = nv/2L$.

2.68

Considere um fio de 1 m de comprimento preso em suas extremidades. A velocidade de propagação de uma onda durante a ressonância do fio *é* igual a 10 cm/s. O harmônico excitado é o segundo modo normal de vibração. Determine a freqüência de ressonância.

Resposta: 0,1 Hz.

2.69

Suponha que o fio do problema anterior esteja preso somente em uma de suas extremidades e considere os demais dados iguais aos dados do problema anterior. Determine a freqüência de ressonância no fio.

Resposta: 0,05 Hz.

2.70

Duas ondas são representadas através das seguintes equações escritas em notação com números complexos:

$$z_1 = 2; \quad z_2 = 3\exp\left(\frac{\pi j}{2}\right)$$

onde j é a unidade imaginária. Determine a equação da onda resultante.

Resposta: $z = 13^{1/2}\exp(0,983j)$.

2.71

Determine a onda resultante da superposição das seguintes ondas:

$$y_1 = 5\,\text{sen}(kx - \omega t + 120°)$$
$$y_2 = 5\,\text{sen}(kx - \omega t + 240°)$$
$$y_3 = 5\,\text{sen}(kx - \omega t + 360°)$$

Resposta: $y = 0$.

2.72

Determine a onda resultante da superposição das seguintes ondas:

$$y_1 = 4\,\text{sen}(kx - \omega t)$$
$$y_2 = 6\,\text{sen}(kx - \omega t + 90°)$$

Resolva este problema usando vetores girantes (*fasores*) ou então usando notação complexa.
Sugestão: passando para notação complexa você pode escrever, simbolicamente, as ondas dadas, através das seguintes equações:

$$z_1 = 4$$
$$z_2 = 6\exp\left(\frac{\pi j}{2}\right)$$

A soma destes dois números complexos fornecerá a onda resultante.

Resposta: $y = 7,2\,\text{sen}(kx - \omega t + 56,3^\circ)$.

2.73 Considere duas ondas harmônicas transversais, propagando-se no eixo x com direções de vibração paralelas:

$$y_1 = 3\,\text{sen}(2x - 5t)$$
$$y_2 = 4\,\text{sen}(2x - 5t + 90^\circ)$$

Determine a onda resultante da superposição destas duas ondas, usando o conceito de fasor (vetor girante).

Resposta: $y = 5\,\text{sen}(2x - 5t + 53,13^\circ)$.

2.74 Duas ondas progressivas se propagam da esquerda para a direita com a mesma amplitude A, o mesmo comprimento de onda e a mesma freqüência. A diferença de fase entre as duas ondas é igual a β. Determine a equação da onda resultante.

Resposta: $y = 2A\cos(\beta/2)\,\text{sen}[kx - \omega t - (\beta/2)]$.

2.75 Duas ondas progressivas, que se propagam da esquerda para a direita ao longo de um mesmo eixo, possuem a mesma freqüência, a mesma amplitude A e o mesmo comprimento de onda. Suponha que a amplitude da onda resultante seja igual a $2A$. Neste caso, qual seria a diferença de fase das ondas componentes?

Resposta: As ondas estão em fase, portanto, a diferença de fase é igual a zero.

3

ACÚSTICA

3.1 Propriedades das ondas sonoras

Em geral quando uma camada de um meio elástico livre é estimulada por uma excitação mecânica externa, ela transmite a excitação para a camada seguinte, produzindo-se uma *onda longitudinal* no meio considerado. Um exemplo simples de vibração longitudinal é fornecido pelo sistema massa-mola. Outro importante exemplo prático é fornecido pela propagação do som em um meio homogêneo (sólido, líquido ou gasoso).

Qualquer vibração mecânica longitudinal que se propague em um certo meio e que possua freqüência entre 20 Hz e 20.000 Hz pode estimular o sentido da audição humana. Por esta razão este limite de freqüência constitui o *intervalo audível*. As vibrações mecânicas longitudinais menores do que 20 Hz constituem a região do *infra-som*; o *ultra-som* corresponde a uma vibração mecânica longitudinal com freqüência superior a 20.000 Hz.

Uma onda sonora é produzida por sucessivas compressões e descompressões de camadas adjacentes de um meio homogêneo. Portanto, concluímos que *a velocidade de propagação de uma onda de compressão longitudinal depende apenas da densidade do meio e da compressibilidade do meio onde o som se propaga*. Como uma onda sonora é um caso particular de onda longitudinal concluímos que a velocidade de propagação de uma onda sonora em um meio depende apenas da densidade e da compressibilidade do meio. A compressibilidade de um meio pode ser medida em termos do *coeficiente de compressibilidade k*, ou em termos do *módulo de elasticidade B*. Estes dois parâmetros se relacionam pela equação:

$$B = \frac{1}{k}$$

O *módulo de elasticidade B* é definido pela equação:

$$B = -V\frac{\partial P}{\partial V} \tag{3.1}$$

Contudo, quando B for constante e para variações pequenas a equação (3.1) pode ser escrita do seguinte modo:

$$B = -V\frac{\Delta P}{\Delta V} \tag{3.2}$$

De acordo com a equação (3.2), vemos que B possui dimensão de pressão, ou seja,

$$[B] = [\text{pressão}] = \text{ML}^{-1}\text{T}^{-2} \tag{3.3}$$

Ora, a velocidade de propagação de uma onda sonora depende apenas da densidade do meio e do módulo de elasticidade B. A densidade possui dimensão dada por: $[\rho] = \text{ML}^{-3}$. Usando esta relação e a equação (3.3), concluímos que a dimensão de velocidade é relacionada com a dimensão do módulo de elasticidade por meio da equação:

$$[v] = \left[\left(\frac{B}{\rho}\right)^{1/2}\right]$$

A expressão anterior mostra apenas a relação entre as dimensões das grandezas. Para transformá-la em uma equação fisicamente correta devemos introduzir uma constante de proporcionalidade adimensional. Mediante uma dedução teórica, ou usando dados experimentais verificamos que não existe nenhuma constante numérica multiplicando o segundo membro da equação anterior. Portanto, concluímos que a velocidade de propagação do som em um meio homogêneo é dada pela equação:

$$v = \sqrt{\frac{B}{\rho}} \tag{3.4}$$

Para descrever uma onda sonora plana que se propaga em uma dada direção (segundo o eixo Ox, por exemplo), podemos considerá-la como uma *onda harmônica longitudinal*. No Capítulo 2 vimos que uma *onda harmônica transversal* (ou *onda progressiva)* pode ser descrita pela equação (2.10). Uma onda harmônica longitudinal pode ser expressa por analogia com a equação (2.10), ou seja, designando por s um deslocamento longitudinal da partícula através do meio que está vibrando, temos:

$$s(x,t) = s_0 \operatorname{sen}(kx - \omega t) \quad (3.5)$$

Na equação (3.5) consideramos, por simplicidade, a diferença de fase igual a zero. Contudo, na equação (2.10) o deslocamento da partícula era ortogonal à direção de propagação da onda, ao passo que na equação (3.5) o deslocamento s ocorre na *mesma* direção do eixo Ox.

Uma onda sonora se propaga por efeito de sucessivas compressões e descompressões de um determinado meio. Uma onda sonora não se propaga no vácuo, porque neste caso não existe matéria para ser comprimida. Suponha uma onda sonora se propagando na.direção do eixo Ox da esquerda para a direita; a pressão em um dado ponto do eixo Ox varia também harmonicamente e pode ser calculada pela equação:

$$P = P_0 \operatorname{sen}(kx - \omega t) \quad (3.6)$$

Na equação (3.6) P_0 *é* a amplitude máxima da pressão. A *intensidade* de uma onda sonora pode ser calculada mediante a equação:

$$I = \frac{P_0^2}{2\rho v} \quad (3.7)$$

Na equação (3.7) ρ é a densidade do meio e v é o módulo da velocidade de propagação do som no meio. Observe que a *intensidade* da onda sonora é proporcional ao *quadrado da amplitude da pressão*. Note que a dependência da intensidade (e da potência) com o quadrado da amplitude da onda é uma característica comum de *todos* os fenômenos ondulatórios.

Como exemplo de ordem de grandeza de uma intensidade sonora, considere os seguintes dados. A densidade do ar é aproximadamente igual a $1,2 \times 10^{-3}$ g/cm^3; a velocidade do som é aproximadamente igual a 330 m/s; o menor som audível possui amplitude de pressão dada por:

$P_0 = 0,0002$ dinas/cm^2. Substituindo estes dados na relação (3.7) você encontrará:

$$I_0 = 10^{-16}\ \mathrm{W/cm^2} = 10^{-12}\ \mathrm{W/m^2}$$

A intensidade sonora máxima que o ouvido humano pode suportar é dada por:

$$I_m = 10^{-4}\ \mathrm{W/cm^2}$$

Comparando as duas relações anteriores, concluímos que o som mais forte tolerável é 10^{12} vezes maior do que o som audível mais baixo. Como este intervalo é muito grande, para se usar uma unidade prática de intensidade do som, costuma-se tomar o logaritmo na base 10 da razão entre a intensidade de som medida e a menor intensidade de som audível, e o resultado obtido é multiplicado por 10. A unidade assim definida denomina-se *decibel* (símbolo: db). A intensidade relativa I_{r} do som expressa em decibéis pode ser calculada pela equação:

$$I_{\mathrm{r}} = 10 \log \left(\frac{I}{I_0} \right) \tag{3.8}$$

Na equação (3.8) o símbolo log indica logaritmo na base 10, I é a intensidade do som considerado na medida e I_0 é a intensidade do som mais baixo que o ouvido humano pode detectar ($I_0 = 10^{-16}$ W/cm^2 $= 10^{-12}$ W/m^2). Uma intensidade sonora acima de 120 decibéis pode provocar dores no ouvido. O som emitido pelas caixas acústicas de uma discoteca (com o volume máximo do som emitido) pode atingir este limiar tolerável. O barulho de um avião a jato ou de um foguete em geral supera o limite tolerável de 120 decibéis.

3.2 Interferência de ondas sonoras e batimentos

No capítulo anterior aprendemos a fazer a composição de movimentos ondulatórios. A *superposição e a interferência* de ondas podem ocorrer com qualquer tipo de onda, inclusive com as ondas sonoras. Podemos dizer que na *interferência* ocorre uma superposição *espacial*, isto é, em uma mesma região do espaço chegam duas ondas idênticas, porém com uma diferença de fase igual a ϕ. Nesta mesma região surge uma única onda, obtida pela superposição das duas ondas iniciais. No Capítulo 2 estudamos a *superposição* de duas ondas *transversais*; os resultados obtidos também valem para ondas sonoras; a única diferença é que em vez do deslocamento ser transversal, para uma onda sonora o deslocamento é *longitudinal*. Como a diferença de fase é uma separação espacial entre as ondas, dizemos que este tipo de superposição constitui uma *interferência espacial*.

O raciocínio que faremos a seguir vale para qualquer tipo de onda. Contudo, no momento, consideraremos apenas ondas sonoras. Suponha que duas ondas possuam a mesma amplitude e o mesmo comprimento de onda; imagine, porém, que as freqüências sejam ligeiramente diferentes. Se você aplicar o princípio da superposição, você encontrará uma onda resultante que poderá ser escrita do seguinte modo:

$$y = 2y_m \cos(\pi \Delta f t) \cos(2\pi \langle f \rangle t) \tag{3.9}$$

Na equação (3.9) $\Delta f = f_2 - f_1$. A freqüência média $\langle f \rangle$ é dada por:

$$\langle f \rangle = \frac{f_1 + f_2}{2}$$

Como neste tipo de superposição a característica fundamental é a freqüência da onda, dizemos que neste caso ocorre uma *interferência temporal*. Quando duas fontes sonoras produzem ondas idênticas, mas com freqüências diferentes, a superposição destas ondas produz interferência construtiva e interferência destrutiva em nossos ouvidos; ouviremos alternadamente sons fracos e sons fortes. Trata-se de um fenômeno conhecido como *batimento*.

Em cada *batimento* ocorre um *máximo* de interferência. A freqüência da oscilação resultante, isto é, o inverso do período entre um som fraco (da interferência destrutiva) e um som forte (do batimento) é a *freqüência dos batimentos*. A freqüência dos batimentos é numericamente igual à diferença entre as freqüências das fontes ($\Delta f = f_2 - f_1$). A técnica dos batimentos pode ser usada na comparação de uma freqüência desconhecida com outra freqüência conhecida; medindo-se a freqüência dos batimentos podemos saber qual é a freqüência desconhecida. O limite audível para o fenômeno dos batimentos é de cerca de 10 batimentos por segundo.

3.3 Efeito Doppler

Outro fenômeno importante no estudo das ondas sonoras é o *efeito Doppler*. Considere uma fonte sonora em repouso em relação a diversos meios homogêneos que se sucedem (o ar, a água, uma parede, etc.). A velocidade de propagação do som em um meio homogêneo é dada pela equação (3.4). Como você pode notar, a velocidade do som varia ao passar de um certo meio para outro. Contudo, *a freqüência do som permanece constante*, quando o som passa de um meio homogêneo para outro. Esta é uma característica de qualquer fenômeno ondulatório: quando uma onda passa de um meio homogêneo para outro meio homogêneo, a *velocidade* de propagação da onda *varia* de um meio para outro, porém a *freqüência permanece constante*. Como $v = \lambda f$, você pode concluir facilmente que é somente a variação do comprimento de onda que provoca a variação da velocidade, pois não ocorre variação de freqüência.

Quando um observador e uma fonte sonora permanecem em repouso em relação a um meio homogêneo, vemos que a freqüência do movimento ondulatório permanece constante. Suponha que o observador esteja parado em relação ao meio, mas que a fonte se mova em relação a este meio, ou que o observador se mova em relação ao meio, ou então que ambos estejam em movimento em relação ao meio. Neste caso, a freqüência medida pelo observador não é igual à freqüência medida por um observador que se move no mesmo sistema da fonte. A variação de freqüência produzida pelo movimento relativo entre o observador e a fonte constitui o chamado *efeito Doppler*. Na Seção 3.6 resolveremos diversos problemas envolvendo o cálculo da variação da freqüência produzida pelo *efeito Doppler*.

3.4 Problemas sobre as propriedades das ondas sonoras

A profundidade h de um poço pode ser medida por meio da seguinte experiência. Deixamos uma pedra cair, sem velocidade inicial, a partir da borda externa do poço e, neste instante, começamos a cronometrar o movimento. No momento em que ouvimos o som produzido pelo barulho da pedra, quando esta atinge o fundo do poço (ou quando ela atinge a superfície livre da água, quando o poço contém água), desligamos o cronômetro. Deduza uma equação apropriada para a determinação da profundidade do poço em função do tempo t medido.

SOLUÇÃO

O tempo t medido pode ser decomposto em duas parcelas:

$$t = t_1 + t_2 \tag{1}$$

Na equação (1) onde t_1 *é* o tempo que a pedra leva até atingir o fundo do poço e t_2 *é* o tempo que o som leva para se propagar desde o fundo do poço até a borda do poço. Como o som se propaga com velocidade constante, temos:

$$t_2 = \frac{h}{u} \tag{2}$$

Na equação (2) u é a velocidade do som no ar. A relação entre a profundidade h e o tempo que a pedra leva para atingir o fundo do poço é dado por:

$$h = \frac{1}{2}gt_1^2 \tag{3}$$

Das relações (1), (2) e (3), obtemos:

$$gh^2 - (2u^2 + 2ugt)h + t^2gu^2 = 0 \tag{4}$$

A relação (4) é a equação apropriada para a determinação da profundidade h do poço em função do tempo t medido. Quando o problema envolver dados numéricos, como existem duas soluções para a equação (4), devemos testá-las, pois só deve existir uma solução fisicamente correta.

RESOLVIDO

Um sonar instalado em um navio está a uma altura $h = 4$ m acima da superfície da água. Em um dado instante o aparelho emite um som que retorna ao aparelho 1 s após ser emitido. Suponha que a velocidade de propagação do som no ar seja igual a 335 m/s e que a velocidade de propagação do som na água seja igual a 1.450 m/s. (a) Calcule a freqüência do som no ar, sabendo que o comprimento de onda do som emitido pelo sonar é igual a 0,8 cm. (b) Calcule a freqüência do som no mar. (c) Calcule o comprimento de onda do som no mar. (d) Qual é a profundidade do mar neste local?

SOLUÇÃO

(a) Seja u_1 a velocidade do som no ar. A freqüência do som no ar é dada por:

$$f_1 = \frac{u_1}{\lambda_1} = \frac{335 \text{ m/s}}{8 \times 10^{-3} \text{ m}} = 41.875 \text{ Hz}$$

Observe que esta freqüência não é audível, uma vez que a freqüência máxima que sensibiliza o ouvido humano é da ordem de 20.000 Hz. O sonar opera com freqüências ultra-sônicas não só para evitar que o som do aparelho seja ouvido, como também para tornar a medida mais fácil de ser realizada, pois quanto menor o comprimento de onda mais nítida será a reflexão; além disto a probabilidade da interferência com outras ondas sonoras porventura existentes na região é praticamente nula.

(b) A freqüência de qualquer movimento ondulatório é a mesma para qualquer meio material homogêneo; a freqüência de uma onda sonora depende apenas da freqüência da vibração da fonte e não do meio através do qual a onda se propaga. Logo, a freqüência da onda que se propaga no mar é a mesma freqüência da onda que se propaga no ar, ou seja, 41.875 Hz.

(c) O comprimento de onda depende do meio, uma vez que a velocidade de propagação de uma onda em um meio depende das características físicas do meio. Como $u = \lambda f$ e como a freqüência não depende do meio, quando o som passa de um meio (no caso o ar) para outro meio (no caso a água), podemos escrever a proporção:

$$\frac{u_1}{\lambda_1} = \frac{u_2}{\lambda_2}$$

Da equação anterior obtemos o comprimento de onda do som na água:

$$\lambda_2 = \frac{u_2 \lambda_1}{u_1} = 3,46 \text{ cm}$$

(d) O tempo que o som leva para ir até o fundo do mar e voltar ao aparelho é igual a 1 s. Este tempo é o dobro do tempo que ele leva para chegar até o fundo do mar. Portanto, para ir até o fundo do mar o som leva um tempo t igual a 0,5 s. Para ir do ponto onde se encontra a sirene até a superfície da água o som leva um tempo dado por:

$$t_1 = \frac{h}{u_1}$$

Ou seja, substituindo os dados numéricos na relação anterior, obtemos:

$$t_1 = 0,012 \text{ s}$$

Portanto, o tempo de propagação da onda sonora desde a superfície da água até o fundo do mar será dado por:

$$t_2 = t - t_1 = 0,5 \text{ s} - 0,012 \text{ s} = 0,488 \text{ s}$$

Portanto, a profundidade y do mar será dada por:

$$y = u_2 t_2 = 707,6 \text{ m}$$

3.03

Determine a expressão da velocidade de propagação do som no ar.

SOLUÇÃO

A velocidade de uma onda longitudinal é dada pela equação (3.4). Como uma onda sonora é uma perturbação longitudinal podemos calcular a velocidade de propagação do som mediante esta equação.

De acordo com a equação (3.1), o módulo de elasticidade B pode ser determinado pela seguinte equação de definição:

$$B = -V\frac{dP}{dV} \tag{1}$$

Dizemos que um processo é *adiabático* quando não há troca de calor entre o sistema e o ambiente. Portanto, o mecanismo de propagação do som constitui nitidamente um processo adiabático, porque ele é tão rápido que não permite uma troca de calor entre as partes que vibram e o ambiente onde ocorre a vibração. Sendo assim, para poder calcular a derivada da relação (1) é necessário escrever a equação de estado de um gás ideal durante um processo adiabático. Esta equação é conhecida pelo nome de *equação de Poisson* e será deduzida quando estudarmos a Termodinâmica (ver o Capítulo 8). Esta equação se escreve do seguinte modo:

$$PV^{\gamma} = \text{constante} \tag{2}$$

Na equação (2) $\gamma = C_P/C_V$, sendo C_P a capacidade calorífica à pressão constante e C_V a capacidade calorífica a volume constante. Derivando a equação (2), obtemos:

$$\frac{dP}{dV} = -\gamma\frac{P}{V} \tag{3}$$

Substituindo a relação (3) na equação (1) e usando a equação (3.4), obtemos a seguinte expressão para a velocidade de uma onda sonora que se propaga em um gás ideal:

$$v = \sqrt{\frac{\gamma P}{\rho}}$$

3.04
RESOLVIDO

Determine a pressão de uma onda acústica em função da densidade ρ e da velocidade v da onda.

SOLUÇÃO

Sabemos que o deslocamento longitudinal s *é* dado pela equação (3.5). Usando a equação (3.2) podemos escrever:

$$P = -B\frac{\Delta V}{V} \tag{1}$$

Considere um grupo de ondas se propagando no sentido positivo do eixo Ox. O elemento de volume espacial V é dado por:

$$V = A\Delta x$$

Na equação anterior A é a área de uma seção reta ortogonal ao eixo Ox. Para o grupo de ondas que atravessam a área A, o volume ΔV varrido em uma compressão da onda, é dado por:

$$\Delta V = A\Delta s$$

onde Δs é o espaço correspondente à compressão ocorrida no volume V. Substituindo V e ΔV na equação (1), obtemos:

$$P = -B\frac{\Delta s}{\Delta x}$$

Fazendo Δx tender a zero, obtemos:

$$P = -B\frac{ds}{dx} \tag{2}$$

Derivando a equação (3.5) em relação a x e substituindo ds/dx na equação (2) encontra-se:

$$P = Bks_0 \operatorname{sen}(kx - \omega t) \tag{3}$$

Usando a equação (3.4) na equação (3), podemos escrever:

$$P = k\rho v^2 s_0 \operatorname{sen}(kx - \omega t) \tag{4}$$

A equação (4) pode ser escrita na forma:

$$P = P_0 \operatorname{sen}(kx - \omega t) \tag{5}$$

A equação (5) mostra que a pressão de um ponto ao longo da direção de propagação de uma onda sonora também varia harmonicamente, ou seja, o som se propaga como uma onda de pressão progressiva. Na equação (5) a *amplitude* da onda de pressão é dada por:

$$P_0 = k\rho v^2 s_0 \tag{6}$$

RESOLVIDO

Determine a densidade de energia e a intensidade de uma onda harmônica acústica.

SOLUÇÃO

A solução do problema 2.5 também vale para uma onda harmônica acústica. A única diferença é que a onda acústica é *longitudinal*, ao passo que no Problema 2.5 consideramos y como um deslocamento *transversal*. Contudo, se em vez de um deslocamento y transversal, considerarmos um deslocamento longitudinal, poderemos escrever por analogia com a fórmula (3) do problema 2.5:

$$u = \frac{1}{2}\omega^2 \rho s_0^2 \quad (1)$$

Na equação (1) u é a densidade de energia e s_0 é a amplitude do deslocamento longitudinal da onda acústica. A intensidade da onda harmônica é dada em função da densidade de energia por meio da equação:

$$I = uv \quad (2)$$

Logo, de acordo com as relações (1) e (2), obtemos:

$$I = \frac{1}{2}\omega^2 \rho s_0^2 v \quad (3)$$

3.06 RESOLVIDO

Determine a densidade de energia, a potência e a intensidade de uma onda sonora em função da amplitude de pressão P_0.

SOLUÇÃO

A densidade de energia de uma onda sonora é dada em função da amplitude da onda s_0 pela equação (1) do problema anterior. Usando a equação (6) do problema 3.4, encontramos:

$$s_0 = \frac{P_0}{k\rho v^2} \quad (1)$$

Lembrando que $k = \omega/v$ e substituindo s_0 dado pela expressão (1) na equação (1) do problema anterior, encontramos:

$$u = \frac{P_0^2}{2\rho v^2} \quad (2)$$

A equação (2) fornece a densidade de energia de uma onda sonora em função da amplitude de pressão e da velocidade da onda. Substituindo a equação (2) deste problema na relação (2) do problema anterior, encontramos a intensidade da onda sonora em função da amplitude de pressão e da velocidade da onda:

$$I = \frac{P_0^2}{2\rho v} \quad (3)$$

A potência de uma onda sonora pode ser obtida da intensidade da onda mediante a equação: $P = IA$, onde A é a área da seção reta de um conjunto de ondas que se propagam na direção do eixo Ox. Para evitar confusão, neste problema estamos usando a letra P para potência e a letra P para pressão. Logo, de acordo com a relação (3), a potência da onda é dada por:

$$P = \frac{P_0^2 A}{2\rho v} \tag{4}$$

As equações (2), (3) e (4) mostram que a *densidade de energia*, a *intensidade* da onda e a potência da onda são diretamente proporcionais ao quadrado da amplitude de pressão da onda.

3.5 Problemas sobre interferência de ondas sonoras e batimentos

3.07 RESOLVIDO

Mostre como ocorre a interferência entre duas ondas sonoras de mesma amplitude, mesma freqüência, mas com uma diferença de fase igual a ϕ, dando origem a uma onda sonora resultante. Em que condições a interferência é *destrutiva*? Quando é que a interferência é *construtiva*? Em que condições estas interferências são detectadas por um observador?

SOLUÇÃO

No problema 2.9 aprendemos como se faz a superposição de duas ondas harmônicas de mesma freqüência, de mesma amplitude, de mesma velocidade, porém de fases diferentes. O resultado daquele problema vale para qualquer onda harmônica transversal ou longitudinal. Deste modo, duas ondas sonoras de mesma amplitude, mesma freqüência, mesma velocidade, porém com fases diferentes, superpõem-se de modo análogo ao descrito no problema 2.9. A única diferença é que, neste caso, o deslocamento da partícula é *longitudinal*. A onda sonora resultante, por analogia com a solução do problema 2.9, será dada por:

$$s = B \operatorname{sen}\left[kx - \omega t + \left(\frac{\phi}{2}\right)\right] \tag{1}$$

Na equação (1), sabemos que a amplitude B é dada por:

$$B = 2s_0 \cos\left(\frac{\phi}{2}\right) \tag{2}$$

Quando $\phi = \pi$, $B = 0$, ou seja, as duas ondas se cancelarão; trata-se portanto de uma *interferência destrutiva*. Quando $\phi = 0$, $B = 2s_0$, ou seja, as duas ondas estarão *em fase* e fornecerão uma única onda, cuja amplitude será o dobro da amplitude da onda original. Trata-se de uma *interferência construtiva*. Para que um observador possa detectar estes dois casos extremos é preciso, portanto, que a diferença de fase medida seja igual a zero ou igual a π. Um outro critério para saber se um observador pode detectar estes dois casos extremos consiste em estudar a diferença de percurso das ondas. A *diferença de fase* $\Delta\phi$ está ligada com a *diferença de percurso* ΔL das ondas através da relação:

$$\Delta\phi = \frac{2\pi}{\lambda}\Delta L$$

Quando $\Delta L = 0$, ou melhor, quando $\Delta L = 2n\pi$ (sendo $n = 0, 1, 2, 3, \ldots$), verificamos que a interferência é *construtiva*, fornecendo, portanto, um *máximo* de interferência sonora. Quando $\Delta L = \pi/2$, ou, de um modo geral, quando $\Delta L = (2n+1)(\pi/2)$, onde $n = 0, 1, 2, 3, \ldots$, verificaremos que a interferência é *destrutiva*, ou seja, o observador não ouvirá nenhum som, no caso da superposição de ondas de *mesma* freqüência. Quando as freqüências são diferentes surge o fenômeno dos *batimentos*. (ver o problema 3.12).

3.08
RESOLVIDO

Considere um tubo de comprimento L. Escreva as condições de contorno para que um grupo de ondas sonoras produza ressonância neste tubo; em outras palavras, determine as condições de contorno para que uma onda sonora estacionária se propague no interior deste tubo. Considere: (a) as duas extremidades do tubo fechadas; (b) as duas extremidades do tubo abertas; (c) uma das extremidades do tubo está fechada e a outra está aberta.

SOLUÇÃO

(a) A propagação de uma onda sonora no interior de um tubo pode ser estudada por analogia com a propagação de uma onda estacionária em uma corda vibrante. Deste modo, o problema da propagação de uma onda sonora em um tubo fechado é análogo ao problema da propagação de uma onda estacionária em uma corda fixa em ambas as extremidades. Sendo assim, a condição apropriada para este caso é a seguinte:

$$L = \frac{n\lambda}{2}; \quad \text{para} \quad n = 1, 2, 3, \ldots$$

(b) Para responder a pergunta formulada no item (b) devemos observar que, quando as duas extremidades estão abertas, formam-se dois *ventres* nestas extremidades. A distância entre um ventre e o primeiro nó adjacente é igual a um quarto de onda. Sendo assim, a distância total entre os dois ventres das extremidades dos tubos e os nós adjacentes corresponde a meio comprimento de onda. Então, o comprimento L do tubo deve ser igual a um número inteiro de comprimentos de onda, ou seja,

$$L = n\lambda; \quad \text{para} \quad n = 1, 2, 3, \ldots$$

(c) Na extremidade *aberta* do tubo existe um *ventre* e na extremidade *fechada* existe um *nó*. A distância entre o ventre da extremidade aberta e o nó da extremidade fixa é dada por:

$$L = \frac{\lambda_n}{4}$$

Então o comprimento total do tubo L deve ser um múltiplo inteiro ímpar do valor anterior, ou seja,

$$L = (2n + 1)\frac{\lambda_n}{4}; \quad \text{para} \quad n = 0, 1, 2, 3, \ldots$$

3.09 RESOLVIDO

Coloca-se um diapasão na extremidade aberta de um tubo cilíndrico de altura $h_0 = 80$ cm. A freqüência do diapasão é dada por: $f_0 = 500$ Hz. Começamos a introduzir água, lentamente, no interior do tubo. Determine os níveis da água para os quais ocorrerá ressonância.

SOLUÇÃO

Sabemos que quando a freqüência de uma excitação externa coincide com a freqüência natural de um sistema ocorre o fenômeno da *ressonância*. A ressonância acústica ocorrerá quando a freqüência f_0 do diapasão for igual a qualquer uma das freqüências naturais da coluna de ar acima da água no interior do tubo. Devemos procurar as freqüências naturais para a propagação do som no interior de um tubo fechado somente em uma de suas extremidades. Conforme vimos no item (c) do problema anterior, ocorrerá ressonância para todo comprimento da coluna de ar acima do líquido dado por:

$$L = (2n+1)\frac{\lambda_n}{4} \tag{1}$$

As freqüências naturais das ressonâncias mencionadas, de acordo com a relação (1) serão dadas por:

$$f_n = (2n+1)\frac{v}{4L_n} \tag{2}$$

Na equação (2) $v = 335$ m/s é a velocidade de propagação do som no ar. Substituindo o valor de v na equação (2), tem-se:

$$f_n = \frac{83,75(2n+1)}{L_n} \tag{3}$$

Para que ocorra a ressonância *é* preciso que a freqüência f_0 seja igual a f_n, como $f_0 = 500$ Hz, usando a relação (3), obtemos:

$$L_n = 0,1675(2n+1) \quad \text{(em metros)} \tag{4}$$

Agora vamos dar valores a n. Para $n = 0$, $L_1 = 0,1675$ m; para $n = 2$, $L_2 = 0,5025$ m; para $n = 3$, $L_3 = 0,8375$ m. Como o comprimento do tubo é igual a 0,80 m, concluímos que não ocorre a terceira ressonância ($n = 3$) e o nível do líquido em que ocorre cada ressonância pode ser determinado pelo comprimento da coluna de ar, onde ocorre a ressonância. Em função deste comprimento. o nível da água, medido pela distância até a borda superior do tubo, será dado por:

$$L_1 = 0,1675 \text{ m} \quad \text{para o primeiro harmônico}$$
$$L_2 = 0,5025 \text{ m} \quad \text{para o segundo harmônico}$$

Se desejarmos medir o nível da água em função da profundidade do líquido, chamando de h_n a profundidade, basta usar a relação:

$$h_n = L - L_n, \quad \text{onde} \quad L = 80 \text{ cm}$$

Observação: A velocidade do som pode ser determinada mediante o dispositivo descrito neste problema. Para isto basta medir a distância entre duas cristas de ondas consecutivas durante a ressonância.

3.10 RESOLVIDO

Considere duas ondas sonoras progressivas com amplitudes iguais, mas com freqüências e comprimentos de onda ligeiramente diferentes. Obtenha a equação da onda sonora resultante.

SOLUÇÃO

A solução deste problema vale tanto para ondas transversais quanto para ondas longitudinais. Contudo, faremos a dedução especificamente para ondas sonoras (ondas longitudinais). Considere as seguintes ondas sonoras:

$$s_1 = s_0 \cos(k_1 x - \omega_1 t) \tag{1}$$

$$s_2 = s_0 \cos(k_2 x - \omega_2 t) \tag{2}$$

Nos problemas 2.9 e 2.10 mostramos como se faz a composição de ondas que se propagam com vibrações paralelas, mas com fases diferentes. Naqueles problemas a freqüência e o comprimento de onda das ondas compostas eram iguais. Neste exercício vamos mostrar como se obtém a resultante da superposição de ondas com a mesma amplitude, porém com comprimento de onda e freqüências diferentes. Considere a seguinte identidade:

$$\cos a + \cos b = 2\cos\left(\frac{a+b}{2}\right)\cos\left(\frac{a-b}{2}\right) \tag{3}$$

Somando as ondas (1) e (2) e usando a relação (3), obtemos o seguinte resultado:

$$s = 2s_0 \cos\left[\frac{1}{2}(\Delta k x - \Delta\omega t)\right]\cos\left(\langle k\rangle x - \langle\omega\rangle t\right) \tag{4}$$

Na equação (4), temos:

$$\Delta k = k_2 - k_1; \qquad \Delta\omega = \omega_2 - \omega_1$$

$$\langle k\rangle = \frac{k_1 + k_2}{2}; \qquad \langle\omega\rangle = \frac{\omega_1 + \omega_2}{2}$$

Portanto, o resultado (4) representa uma onda de freqüência intermediária entre as duas freqüências das ondas componentes e com número de onda intermediário entre os números de onda das duas ondas componentes. A amplitude da onda sonora resultante é *modulada* pelo seguinte fator:

$$s_M = 2s_0 \cos\left[\frac{1}{2}(\Delta kx - \Delta\omega t)\right] \tag{5}$$

Ou seja, a onda resultante (4) pode ser escrita na forma:

$$s = s_M \cos\left(\langle k\rangle x - \langle\omega\rangle t\right) \tag{6}$$

A amplitude da onda resultante (6) é variável e assume seu valor máximo quando o co-seno da função indicada na relação (6) for igual a um e se anula quando o co-seno for igual a zero. Por isto dizemos que a onda resultante é *modulada* pelo fator co-seno indicado na relação (5).

3.11
RESOLVIDO

Explique a diferença entre a *velocidade de fase* e a *velocidade de grupo*. Como podemos determinar essas grandezas?

SOLUÇÃO

No problema anterior vimos que a onda resultante possui amplitude variável. Podemos então traçar uma curva *envoltória* passando pelos pontos máximos da onda resultante. Esta curva passa pelos pontos dados pela equação (5) do problema anterior. A velocidade de uma única onda é a *velocidade de fase* da onda. Quando existem duas ou mais ondas dando uma onda resultante, vimos, no problema anterior, que essa onda possui amplitude variável; deste modo podemos construir a *curva envoltória*. Pois bem, a *velocidade de fase* da onda resultante é a velocidade de propagação da onda resultante, e a *velocidade de grupo é* a velocidade de propagação da *onda envoltória*. De acordo com a equação (4) do problema anterior a velocidade de fase da onda resultante é dada por:

$$v = \frac{\langle\omega\rangle}{\langle k\rangle}$$

De acordo com a equação (5) do problema anterior, a *velocidade de grupo* é dada pela seguinte relação:

$$v_g = \frac{\Delta\omega}{\Delta k}$$

Quando fazemos a superposição de muitas ondas pode ocorrer a variação contínua de ω com k; neste caso a *velocidade de grupo* será dada por:

$$v_g = \frac{d\omega}{dk}$$

Porém, neste último caso, a velocidade de fase continuará sendo dada pela relação $\langle\omega\rangle/\langle k\rangle$ da onda resultante. Dizemos que um meio é *dispersor* ou *dispersivo* quando ω varia com k; neste caso a velocidade de grupo é *sempre diferente* da velocidade de fase.

3.12 RESOLVIDO

Discuta o fenômeno dos *batimentos*. Estude o caso particular de superposição de ondas sonoras de mesma amplitude, mas possuindo freqüências e comprimentos de onda ligeiramente diferentes.

SOLUÇÃO

Como a velocidade de propagação de qualquer onda sonora em um meio homogêneo é sempre a mesma quando consideramos duas ondas sonoras *de freqüências diferentes*, elas necessariamente devem possuir comprimentos de onda *desiguais*.

Quando duas ondas sonoras se superpõem nas circunstâncias do problema 3.10, o som que se escuta alterna-se entre um som forte e um som fraco. Cada pulsação constitui um *batimento*.

Considere duas fontes sonoras emitindo sons com freqüências f_1 e f_2. Se o ouvinte está fixo em um ponto afastado de uma distância x da fonte, as grandezas Δkx e $\langle k\rangle x$, que aparecem na equação (4) do problema 3.10 permanecerão constantes. Então, a dependência da onda resultante com o tempo pode ser escrita na forma:

$$s(t) = 2s_0 \cos(\pi\Delta f t)\cos(2\pi\langle f\rangle t)$$

O ouvido do observador escuta a freqüência média $\langle f\rangle = (f_1 + f_2)/2$ com a seguinte amplitude:

$$s_M = 2s_0 \cos(\pi\Delta f t)$$

Como a energia é proporcional ao quadrado da amplitude, o ouvido escutará uma intensidade *máxima* quando $\Delta f t = n$, para $n = 0, 1, 2, \ldots$ E o som terá intensidade mínima, quando:

$$\Delta f t = n + \frac{1}{2}, \quad \text{para} \quad n = 0, 1, 2, 3, \ldots$$

Note que neste tipo de interferência os máximos e mínimos *dependem do tempo*, ao passo que na interferência estudada no problema 3.7 a interferência ocorria para determinados *pontos do espaço*, em *qualquer instante de tempo*.

3.6 Problemas sobre efeito Doppler

3.13
RESOLVIDO

Um observador se encontra em repouso. Uma fonte emite ondas sonoras e se aproxima com velocidade u do observador. A freqüência do som emitido pela onda é igual f_0. Determine a freqüência do som medida pelo observador. Qual seria a freqüência medida pelo observador se a fonte se afastasse com velocidade u? Suponha que a velocidade u seja paralela à reta que une a fonte ao observador.

SOLUÇÃO

Seja N o número de ondas emitidas em um intervalo de tempo Δt. De acordo com a definição de freqüência podemos escrever:

$$N = f_0 \Delta t \tag{1}$$

A onda percorre uma distância $v\Delta t$, sendo v a velocidade da onda. Logo, pela equação (1) o comprimento de onda é dado por:

$$\lambda_0 = \frac{v\Delta t}{N} = \frac{v}{f_0} \tag{2}$$

Como a fonte se aproxima do observador com velocidade u, a distância percorrida por estas N ondas não é $v\Delta t$, mas sim $(v\Delta t - u\Delta t)$, porque no intervalo de tempo Δt a fonte se locomove de uma distância $u\Delta t$. Deste modo, em vez do comprimento de onda (2), o comprimento de onda medido pelo observador será:

$$\lambda = (v - u)\frac{\Delta t}{N} \tag{3}$$

Substituindo a equação (1) na relação (3), encontramos:

$$\lambda = \frac{v - u}{f_0} \tag{4}$$

De acordo com a equação (2), a equação (4) pode ser escrita na forma:

$$\lambda = \lambda_0 \left(1 - \frac{u}{v}\right) \tag{5}$$

A equação (5) fornece o comprimento de onda medido pelo observador em repouso, quando a fonte se aproxima com velocidade u. Este resultado mostra que o comprimento de onda λ medido pelo observador é menor do que o comprimento de onda λ_0 da onda emitida. Como $\lambda_0/\lambda = f/f_0$ a equação (5) pode ser escrita na forma:

$$f = \frac{f_0}{1 - (u/v)} \tag{6}$$

A equação (6) mostra que a freqüência medida f é *maior* do que a freqüência emitida f_0, quando a fonte se *aproxima* do observador. Quando a fonte se *afasta* do observador podemos fazer um raciocínio inteiramente análogo para deduzir a velocidade apropriada. Não repetiremos a dedução. Basta trocar u por $-u$ na equação (6) para obtermos o resultado solicitado:

$$f = \frac{f_0}{1 + (u/v)} \tag{7}$$

A equação (7) mostra que, quando a fonte se *afasta* do observador, a freqüência medida f é *menor* do que a freqüência emitida f_0.

3.14
RESOLVIDO

Uma fonte emite ondas sonoras com freqüência f_0. Um observador se aproxima da fonte com velocidade u. Determine a freqüência medida pelo observador. Suponha que a velocidade u seja paralela à reta que une o observador à fonte.

SOLUÇÃO

Se o observador estivesse parado, ele receberia um número N de ondas em um intervalo de tempo Δt dado por:

$$N = f_0 \Delta t = \frac{v \Delta t}{\lambda_0} \tag{1}$$

Contudo, como o observador se move no intervalo de tempo Δt, ele percorre um espaço $u\Delta t$, portanto, ele recebe, além do número N, um número de ondas adicionais dado por:

$$N' = \frac{u'\Delta t}{\lambda_0} \tag{2}$$

Logo, de acordo com a equação (2), o número efetivo de ondas N total medido pelo observador será:

$$N_{\text{total}} = N + N' = (v + u')\frac{\Delta t}{\lambda_0} \tag{3}$$

Pela definição de freqüência, a freqüência observada é dada por:

$$f = \frac{N_{\text{total}}}{\Delta t} \tag{4}$$

Logo, como $f_0 = v/\lambda_0$, usando as relações (3) e (4), encontramos:

$$f = f_0\left(1 + \frac{u'}{v}\right) \tag{5}$$

Observando a relação (5) notamos que a freqüência medida pelo observador quando ele se *aproxima* da fonte é *maior* do que a freqüência emitida pela fonte. Contudo, observe que o resultado anterior não é igual ao resultado (6) do problema anterior.

Quando o *receptor* se *afasta* da *fonte* podemos fazer um raciocínio inteiramente análogo para deduzir a velocidade apropriada. Não repetiremos a dedução. Basta trocar u por $-u$ na equação (5) para obtermos o resultado solicitado:

$$f = f_0\left(1 - \frac{u'}{v}\right) \tag{6}$$

Observando a relação (6) notamos que a freqüência medida pelo observador quando ele se *afasta* da *fonte* é *menor* do que a freqüência emitida pela fonte. Contudo, observe que o resultado anterior não é igual ao resultado (7) do problema anterior.

3.7 Problemas propostos

3.15

A velocidade de propagação do som em um gás é igual a 400 m/s. O comprimento de onda do som é igual a 2 m. Calcule a freqüência.

Resposta: 200 Hz.

3.16

O ouvido é sensível a sons com freqüências entre cerca de 20 Hz e 20.000 Hz. Calcule o intervalo de comprimentos de onda correspondente a sons audíveis no ar. Considere $v = 340$ m/s.

Resposta: de 17 m até 1,7 cm.

3.17

Um sonar colocado na parte externa de um submarino recebe as ondas sonoras refletidas pelo casco de um navio 4 s após a emissão das ondas. Qual e a distância entre o navio e o submarino? A velocidade de propagação do som na água do mar vale cerca de 1.450 m/s.

Resposta: 2900 m.

3.18

Uma pedra é largada da borda de um poço; 2,5 s após o instante inicial o observador ouve o barulho da pedra, quando ela atinge o fundo do poço. Calcule a profundidade do poço.

Resposta: 28,5 m.

3.19

Um som é emitido no ar com uma freqüência de 500 Hz. Para um observador que se encontra no fundo do mar, calcule: (a) a freqüência do som; (b) o comprimento de onda.

Respostas: (a) 500 Hz;
(b) 2,9 m.

3.20

O deslocamento longitudinal de uma onda sonora que se propaga no ar é dado por:

$$s = 2 \times 10^{-5} \operatorname{sen}(20x - \omega t)$$

Onde s *é* dado em cm e x é dado em cm. Considere $v = 335$ m/s. Calcule: (a) a amplitude do deslocamento; (b) o número de onda; (c) a freqüência angular.

Respostas: (a) 2×10^{-5} cm;
(b) 20 cm^{-1};
(c) 67 rad/s.

3.21

Uma onda sonora é representada pela seguinte expressão:

$$P = 1,5 \operatorname{sen}(2x - 4t)$$

Onde x *é* dado em m, t em segundos e P em N/m^2. Determine: (a) a freqüência da onda; (b) o comprimento de onda; (c) a pressão para $x = \pi/2$ e $t = \pi/8$; (d) o número de onda k.

Respostas: (a) $(2/\pi)\ \text{s}^{-1}$;
(b) π m;
(c) 1,5 N/m^2;
(d) 2 m^{-1}.

3.22

Calcule o valor aproximado da amplitude do deslocamento de uma onda sonora com freqüência igual a 200 Hz e amplitude de pressão dada por $P_0 = 10^{-3}$ atm. Sabemos que uma atm é aproximadamente igual a $10^5\ \text{N/m}^2$. Supor $v = 340$ m/s e $\rho = 1\ \text{kg/m}^3$.

Resposta: $s_0 = P_0/2\pi f \rho v = 2,3 \times 10^{-4}$ m.

3.23

Uma onda sonora possui uma freqüência igual a 500 Hz e sua amplitude de deslocamento é igual a 10^{-6} m. Calcule a amplitude de pressão. Considere $v = 340$ m/s e $\rho = 1\ \text{kg/m}^3$.

Resposta: $P_0 = 2\pi f \rho v s_0 = 2,13 \times 10^{-3}\ \text{N/m}^2$.

3.24

O módulo de elasticidade da água é dado por: $B = 2,1 \times 10^{-9}$ N/m^2. Calcule a velocidade do som na água.

Resposta: 1449 m/s.

3.25

A velocidade de propagação do som no mercúrio é igual a 1450 m/s; a massa específica do mercúrio igual a 13,6 g/cm^3. Calcule módulo de elasticidade do mercúrio.

Resposta: $2,86 \times 10^{10}$ N/m^2.

3.26

A equação de estado de um gás ideal é dada por $P = \rho RT/M$ onde ρ é a densidade do gás, R *é* a constante dos gases ideais e T é a temperatura absoluta do gás. Determine a velocidade de propagação do som no ar, sabendo que este processo é adiabático e supondo que o ar seja um gás ideal.

Resposta: $v = (\gamma RT/M)^{1/2}$.

3.27

Para o ar, temos: $M = 29$ g/mol, $R = 8,31$ J/mol.K, $\gamma = 1,4$. Calcule a velocidade de propagação do som no ar, para $T = 300$ K.

Resposta: 346 m/s.

3.28

Calcule o valor aproximado da velocidade do som no ar para uma temperatura igual a 15°C.

Resposta: 339 m/s.

3.29

O *módulo de elasticidade* de um sólido é medido pelo *módulo de Young*. O *módulo de Young* Y *é* determinado submetendo-se uma barra de um dado material sólido a uma tração (ou compressão) e medindo-se a deformação relativa produzida. Determine a velocidade de propagação do som em uma barra sólida em função de Y e de ρ.

Resposta: $v = (Y/\rho)^{1/2}$.

3.30 O módulo de Young do alumínio é dado por: $Y = 6 \times 10^{10}$ N/m^2. Calcule a velocidade de propagação do som em uma barra de alumínio.

Resposta: 5100 m/s.

3.31 Calcule a velocidade de propagação do som em uma barra de prata. O módulo de Young da prata é dado por $Y = 7,5 \times 10^{10}$ N/m^2.

Resposta: 2680 m/s.

3.32 A velocidade de propagação do som em um derivado de petróleo com densidade igual a 0,8 g/cm^3 é igual a 1340 m/s. Calcule o módulo de elasticidade B deste derivado do petróleo.

Resposta: $B = 1,44 \times 10^9$ N/m^2.

3.33 Para uma intensidade sonora relativa igual a 10 db, calcule: (a) a amplitude de pressão da onda sonora que se propaga no ar em condições normais de temperatura e pressão; (b) a intensidade desta onda.

Respostas: (a) 10^{-11} W/m^2;
(b) $9,2 \times 10^{-5}$ N/m^2.

3.34 A intensidade correspondente ao limiar de percepção acústico é aproximadamente igual a 10^{-12} W/m^2. Calcule a amplitude de pressão correspondente a este limiar audível. Considere $v = 330$ m/s.

Resposta: $2,9 \times 10^{-5}$ N/m^2.

3.35 O limite de intensidade sonora acima do qual o som pode provocar sensação dolorosa no ouvido é da ordem de 120 db. Determine a amplitude de pressão correspondente a este limite máximo.

Resposta: 29,2 N/m^2.

3.36 A amplitude da pressão de uma onda sonora de intensidade I_0 passa de P_0 para $2P_0$.Calcule a nova intensidade em função de I_0.

Resposta: $I = 4I_0$.

3.37

A intensidade de uma onda passa de I_0 para $9I_0$. Qual é a relação entre a nova e a antiga amplitude de pressão, sabendo que quando a intensidade era I_0, a amplitude de pressão era P_0?

Resposta: $P = 3P_0$.

3.38

Obtenha uma expressão para a determinação do nível relativo da intensidade sonora (em decibéis) em função da amplitude de pressão da onda sonora abaixo da qual o ouvido humano não é sensível.

Resposta: $I_r = 20\log(P/P_0)$.

3.39

Seja P_0 a pressão máxima da onda de compressão de uma onda sonora de intensidade I_0. Suponha que esta amplitude aumente de um fator n, isto é, a nova pressão é dada por: $P = nP_0$. Calcule a razão entre a intensidade I da onda sonora resultante e a intensidade I_0 de onda inicial.

Resposta: $I/I_0 = n^2$.

3.40

A intensidade I de uma onda sonora é o quádruplo da intensidade de uma outra onda sonora. Qual é a razão entre a pressão máxima da onda mais intensa e a pressão máxima de outra onda?

Resposta: $P/P_0 = 2$.

3.41

Uma onda sonora pode ser polarizada? Justifique sua resposta.

Resposta: Não, porque uma onda sonora é *longitudinal*.

3.42

Considere uma coluna de ar no interior de um tubo fechado. Determine, em função do comprimento do tubo: (a) os comprimentos de onda possíveis para a propagação de uma onda sonora no interior deste tubo; (b) as freqüências próprias destas oscilações.

Respostas: (a) $\lambda_n = 2L/n$;
(b) $f_n = nv/2L$.

3.43 Considere uma coluna de ar em um tubo fechado apenas em uma das suas extremidades. Determine: (a) os comprimentos de onda possíveis para a propagação do som no interior deste tubo; (b) as freqüências próprias destas oscilações.

Respostas: (a) $\lambda_n = 4L/(2n+1)$;
(b) $f_n = (2n+1)v/4L$.

3.44 Um tubo (ou qualquer cavidade) pode servir como filtro acústico. Por exemplo: o silencioso do automóvel. Considere um tubo fechado de comprimento L. Denomina-se *comprimento de onda de corte* o comprimento *acima* do qual não pode haver ressonância no tubo e, portanto, o som não se propaga. *Freqüência de corte* é a freqüência *abaixo* da qual o som não se propaga no tubo. Determine: (a) a freqüência de corte; (b) o comprimento de onda de corte.

Respostas: (a) $v/2L$;
(b) $2L$.

3.45 Um tubo aberto pode servir como filtro acústico. Determine: (a) o comprimento de onda de corte; (b) a freqüência de corte.

Respostas: (a) $4L$;
(b) $v/4L$.

3.46 Um tubo aberto em ambas as extremidades possui comprimento L. Calcule o *comprimento de onda de corte*, isto é, o comprimento de onda acima do qual a onda não produz ressonância acústica no interior do tubo.

Resposta: $2L$.

3.47 Um tubo de comprimento L possui uma extremidade aberta e a outra fechada. Qual é o *comprimento de onda de corte* para uma ressonância acústica?

Resposta: $4L$.

3.48

Na experiência descrita no Problema 3.9 o diapasão possui freqüência de 800 Hz. O comprimento do tubo é igual a um metro. A velocidade de propagação do som no ar da coluna é igual a 330 m/s; calcule: (a) a altura máxima da coluna de líquido para que ocorra ressonância; (b) a altura mínima da coluna; (c) a distância entre dois nós consecutivos durante a ressonância.

Respostas: (a) 89,69 cm;
(b) 7,19 cm;
(c) 20,625 cm.

3.49

A relação de dispersão para ondas acústicas no ar é dada pela seguinte expressão

$$\omega = k\sqrt{\frac{\gamma RT}{M}}$$

(a) Qual é a *velocidade de fase?* (b) Qual é a *velocidade de grupo?* (c) O ar é um meio *dispersivo?*

Respostas: (a) $v = \omega/k = (\gamma RT/M)^{1/2}$;
(b) $v_g = d\omega/dk = (\gamma RT/M)^{1/2}$;
(c) não.

3.50

Considere um corpo se movendo com velocidade supersônica no ar (isto é, com uma velocidade c maior do que $v = 340$ m/s). Determine o seno do ângulo formado entre *a frente de onda de choque* e a direção do movimento do corpo.

Resposta: $\operatorname{sen}\theta = c/v$.

3.51

O som da sirene de uma fábrica chega ao ouvido de um operário 2 s depois que a sirene começa a tocar. A freqüência do som da sirene é igual a 10.000 Hz. Calcule: (a) a distância entre a sirene e o operário; (b) o número de ondas existentes nesta distância; (c) o comprimento de onda.

Respostas: (a) $d = 670$ m;
(b) $N = 20.000$;
(c) $\lambda = 3,35$ cm.

3.52

Em um intervalo de tempo igual a $\Delta t = 4$ s, um observador mede um número de ondas $N = 10.000$, emitidas por uma fonte sonora em repouso; calcule: (a) a freqüência da onda; (b) o comprimento de onda.

Respostas: (a) 2500 Hz;
(b) 134 cm.

3.53

O apito de uma fábrica possui freqüência igual a 1000 Hz. Um automóvel se aproxima do apito em linha reta com velocidade igual a 120 km/h. Determine a freqüência do som ouvido pelo motorista do automóvel. Considere a velocidade do som igual a 333 m/s.

Resposta: 1100 Hz.

3.54

Um trem, com velocidade igual a 100 km/h, apita quando se aproxima de uma plataforma. A freqüência do som emitido pelo apito do trem é igual a 500 Hz. Qual é a freqüência do som ouvido por um observador na plataforma?

Resposta: 550 Hz.

3.55

Uma fonte em repouso emite som com uma freqüência f_0. Um observador se move com uma velocidade u na direção da reta que une a fonte ao observador. Calcule a variação percentual da freqüência medida pelo observador em relação à freqüência f_0: (a) quando o observador se *aproxima* da fonte; (b) quando o observador se *afasta* da fonte.

Respostas: (a) $\Delta f / f_0 = u/v$;
(b) $\Delta f / f_0 = -u/v$.

3.56

Seja u o módulo de velocidade de um observador e u' o módulo da velocidade de uma fonte, sendo os vetores $\boldsymbol{u}$ e $\boldsymbol{u}'$ orientados ao longo da reta que une o observador à fonte. A fonte em repouso possui freqüência

f_0 (medida por um observador também em repouso em relação à fonte). Determine a razão entre a freqüência f medida pelo observador e a freqüência f_0 nos seguintes casos: (a) o observador se move em sentido contrário ao da fonte (o observador e a fonte se *aproximam* entre si); (b) o observador se move em sentido contrário ao da fonte, mas os dois se *afastam* entre si; (c) o observador se *afasta* da fonte, mas a fonte se *aproxima* do observador; (d) o observador se *aproxima* da fonte, mas a fonte se *afasta* do observador.

Respostas: (a) $f/f_0 = (v + u')/(v - u)$;
(b) $f/f_0 = (v - u')/(v + u)$;
(c) $f/f_0 = (v + u')/(v + u)$;
(d) $f/f_0 = (v - u')/(v - u)$.

3.57

Suponha que uma fonte sonora se desloque com velocidade u da esquerda para a direita. A freqüência da fonte é f_0. Um observador se desloca com velocidade u' da esquerda para a direita, e o meio se desloca da esquerda para a direita com velocidade v_m (se o meio for o ar, v_m poderá ser a velocidade do vento). A freqüência medida pelo observador *é* f. Determine a razão f/f_0.

Resposta: $f/f_0 = (v + v_m - u')/(v + v_m - u)$.

3.58

Um observador se encontra em repouso. Uma fonte também em repouso emite uma onda sonora com freqüência f_0. Determine: a freqüência medida pelo observador, quando no local onde se encontra o observador sopra um vento com velocidade igual a 10 km/h.

Resposta: $f = f_0$.

3.59

Uma onda sonora com freqüência igual a 1000 Hz é emitida no ar por uma fonte em repouso e penetra em um meio homogêneo em repouso. Calcule para este meio homogêneo: (a) a freqüência do som; (b) o comprimento de onda, sabendo que a velocidade de propagação da onda neste meio é igual a 2000 m/s.

Respostas: (a) 1000 Hz;
(b) 2 m.

3.60 No problema anterior suponha que o meio se mova com velocidade $v_m = 100$ m/s, mas a fonte continue em repouso. Calcule para o meio homogêneo considerado: (a) a freqüência; (b) o comprimento de onda.

Respostas: (a) 1000 Hz;
(b) 2 m.

4

CAMPO GRAVITACIONAL

4.1 Lei da gravitação universal e variações da gravidade

As *leis de Kepler* descrevem o movimento dos planetas em torno do Sol e podem ser enunciadas de modo sucinto da seguinte maneira: (1) todos os planetas se movem em órbitas elípticas; (2) a taxa de variação da área descrita pela reta que une um planeta ao Sol permanece constante durante o movimento do planeta; (3) o quadrado do período de revolução de um planeta é proporcional ao cubo da distância média entre o planeta e o Sol.

A primeira teoria física sobre o campo gravitacional foi desenvolvida por Newton, que deduziu a expressão da força de atração entre dois corpos para explicar a queda dos corpos e o movimento dos astros. A *lei da gravitação universal* pode ser enunciada do seguinte modo: qualquer partícula de massa m_1 exerce sobre uma outra partícula de massa m_2 uma força de atração dada por:

$$\vec{F} = -\frac{Gm_1m_2}{r^2}\frac{\vec{r}}{r} \tag{4.1}$$

Na equação (4.1) $\vec{r}$ é o vetor que une a partícula de massa m_1 com a partícula de massa m_2 e r é a distância entre as duas partículas, ou seja, r é o módulo deste vetor; o sentido deste vetor é orientado de m_1 para m_2 e a força é contrária a este vetor, por isso existe um sinal negativo na expressão (4.1) que fornece a força que a partícula de massa m_1 exerce sobre a partícula de massa m_2. A força de atração que a partícula de massa

m_2 exerce sobre a partícula de massa m_1 é igual e contrária à força indicada na equação (4.1).

Observação: Neste capítulo identificaremos vetores através de uma seta sobre a letra do vetor como na equação (4.1) ou então, como de costume, usando a letra que caracteriza o vetor **em negrito**.

A constante G que aparece na equação (4.1) denomina-se *constante da gravitação universal*. Este nome decorre do fato de G possuir sempre o mesmo valor em qualquer lugar do Universo. O valor de G no SI é dado por:

$$G = 6,67 \times 10^{-11}\ \mathrm{N\,m^2/kg^2}$$

Para que o leitor aprenda logo a diferença entre a *constante da gravitação universal* G e o *módulo da aceleração local da gravidade* g, vamos definir esta última grandeza. Sabemos que o módulo do peso de uma partícula é definido por: $p = mg$, onde g é o *módulo da aceleração local da gravidade*. Suponha uma partícula de massa m sob a ação da força gravitacional da Terra. Desprezando-se todas as demais forças que possam atuar sobre a partícula, de acordo com a equação (4.1), podemos escrever para o módulo da força gravitacional que a Terra exerce sobre a partícula a seguinte expressão:

$$mg = \frac{GmM}{R^2}$$

Na equação (4.2) M é a massa da Terra e R é o raio da Terra. Logo, o *módulo da aceleração local da gravidade* é dado por:

$$g = \frac{GM}{R^2} \tag{4.2}$$

A equação (4.2) fornece o *módulo do vetor* **g** na superfície terrestre supondo que a Terra seja uma esfera homogênea e desprezando a força centrípeta e as atrações gravitacionais dos astros sobre a partícula.

De acordo com o *principio da equivalência*, uma aceleração constante é equivalente a um campo gravitacional uniforme. Conseqüentemente. podemos definir o *peso* de um corpo de forma mais geral, dizendo que *o peso de um corpo é dado pela soma vetorial de todas as forças gravitacionais e inerciais que atuam sobre o corpo.*

O valor de g pode variar com a distância ao centro da Terra. Suponha, por exemplo, que o ponto onde desejamos calcular o valor de g esteja situado a uma distância r do centro da Terra, então, em vez da relação (4.2), devemos ter:

$$g = \frac{GM}{r^2} \tag{4.3}$$

A equação (4.3) mostra que g varia com a distância r ao centro da Terra. Portanto, você já notou que a *aceleração local da gravidade* $\boldsymbol{g}$ *é* um *vetor* que pode variar em módulo e direção em cada ponto do Universo, contudo, a *constante da gravitação universal* G é uma grandeza *escalar* que permanece constante em qualquer ponto do Universo. Na Seção 4.3 resolveremos diversos problemas mostrando como g varia com a altura, com a latitude e com o tempo.

4.2 Campo gravitacional e energia potencial gravitacional

O *campo gravitacional é* uma região do espaço para a qual associamos em cada ponto um *vetor aceleração da gravidade* g. Considere uma partícula de massa m situada na origem de um sistema de coordenadas; seja m_0 uma partícula situada a uma distância r de m e seja $\boldsymbol{F}$ a força gravitacional de atração exercida por m sobre m_0. O campo gravitacional produzido no ponto onde se encontra a partícula de massa m_0 *é* definido pela relação:

$$\vec{g} = \frac{\vec{F}}{m_0}$$

De acordo com a relação (4.1) podemos escrever a equação anterior na forma:

$$\vec{g} = -\frac{Gm}{r^2}\frac{\vec{r}}{r} \tag{4.4}$$

A equação (4.4) fornece o campo gravitacional de uma *partícula* (*massa pontual* ou *massa puntiforme*) em função da distância r entre o ponto considerado e o ponto onde se encontra a partícula de massa m_0. Na equação (4.4) $\vec{r}$ é o vetor que une a partícula de massa m com o ponto onde se encontra a partícula de massa m_0. Para um conjunto de n *massas pontuais* o cálculo do campo gravitacional é feito mediante o *princípio da superposição*: o campo resultante é a soma dos campos produzidos por cada uma das n partículas, ou seja, o campo gravitacional resultante é dado por:

$$\vec{g} = -G \sum_{n=1}^{n} \frac{m_i}{r_i^2} \frac{\vec{r}_i}{r_i} \tag{4.5}$$

O campo gravitacional de um corpo pode ser calculado pela equação (4.4) para pontos muito afastados do corpo. Porém, nas vizinhanças de um corpo, ele não pode ser considerado como massa pontual. Como a equação (4.4) é válida somente para a aproximação de massa pontual, não poderemos usar esta equação para determinar o campo gravitacional nas vizinhanças de um corpo. Neste caso, devemos calcular o campo gravitacional resultante em um dado ponto, mediante a seguinte integral:

$$\vec{g} = -G \int \frac{dm}{r^2} \frac{\vec{r}}{r} \tag{4.6}$$

A diferencial da energia potencial de uma partícula de massa m_0, de acordo com a definição geral de energia potencial, é dada pela expressão:

$$dU = -dW = -\boldsymbol{F} \cdot d\boldsymbol{l} \tag{4.7}$$

Na equação (4.7) $\boldsymbol{F}$ é a força gravitacional produzida pelo campo gravitacional sobre a partícula de massa m_0 Ou seja, podemos dizer que a energia potencial é o trabalho, com o sinal contrário, realizado pela força do campo gravitacional para produzir um dado deslocamento na partícula. Para calcular a energia potencial da partícula devemos provocar um deslocamento na partícula, até que ela fuja completamente da atração de outra partícula; isto só ocorre no infinito. Então, para se calcular a energia potencial gravitacional de uma partícula, devemos realizar a seguinte integral:

$$\Delta U = -\int_0^{\infty} \vec{F} \cdot d\vec{l}$$

Substituindo a força gravitacional dada pela equação (4.1) na integral anterior e integrando entre zero e infinito, encontramos:

$$U(r) - U(\infty) = -Gm_0 m \frac{1}{r} \tag{4.8}$$

Como $U(\infty) = 0$, de acordo com a relação (4.8), a energia potencial da partícula de massa m_0, quando ela está situada a uma distância r da partícula de massa m, é dada por:

$$U(r) = -Gm_0 m \frac{1}{r} \tag{4.9}$$

Na equação (4.9) r é a distância entre as duas partículas. Repare que a energia potencial de m_0 no campo gravitacional produzido por m é igual à energia potencial de m no campo gravitacional produzido por m_0. Para determinar a energia potencial de um conjunto de partículas, você deve somar as energias potenciais de cada par de partículas, contando cada par somente uma vez.

O *potencial gravitacional* V produzido por uma partícula de massa m no ponto onde se encontra a partícula de massa m_0 é definido pela equação:

$$V(r) = \frac{U(r)}{m_0}$$

Então, usando o resultado (4.9), encontramos:

$$V(r) = -Gm \frac{1}{r} \tag{4.10}$$

O *potencial gravitacional* produzido por um conjunto de massas pontuais pode ser calculado mediante o *princípio da superposição*, ou seja, basta somar todos os potenciais de 1 até n:

$$V = -G \sum_{n=1}^{n} \frac{m_i}{r_i} \tag{4.11}$$

A relação (4.11) mostra que o potencial de um conjunto de partículas, em um ponto do espaço, é uma *soma algébrica* dos potenciais produzidos por cada uma das partículas no referido ponto. O campo gravitacional neste ponto será dado pela *soma vetorial* (4.5) de cada um dos campos produzidos pelas partículas no ponto considerado. Se em vez de *massas pontuais* considerarmos um *corpo*, o cálculo do *potencial gravitacional* nas vizinhanças do corpo deverá ser feito mediante a seguinte expressão:

$$V = -G \int \frac{dm}{r} \tag{4.12}$$

Na equação (4.12) a integração deverá ser estendida a todos os pontos do corpo (onde existe massa).

Entre o *potencial gravitacional* e o *campo gravitacional* existe a seguinte relação:

$$g = -\operatorname{grad} V \tag{4.13}$$

Entre a energia *potencial gravitacional* e a *força gravitacional* existe a seguinte equação:

$$\boldsymbol{F} = -\operatorname{grad} U \tag{4.14}$$

4.3 Problemas sobre a lei da gravitação universal e sobre variações do campo gravitacional

4.01
RESOLVIDO

Sugira um método simples para a comprovação de que a *massa gravitacional é* igual à *massa inercial.*

SOLUÇÃO

Denomina-se *massa inercial* m a constante de proporcionalidade entre a força exercida e a aceleração dada pela segunda lei de Newton ($m = F/a$). A *massa gravitacional* m_g *é* a massa da mesma partícula quando ela responde a uma solicitação gravitacional. De acordo com a lei da gravitação universal, podemos escrever para o módulo da força gravitacional:

$$F_g = \frac{G m_g M}{R^2} \tag{1}$$

Na equação (1) M é a massa da Terra e R é o raio da Terra. Como a força gravitacional *é* a única força aplicada sobre o corpo, de acordo com a segunda lei de Newton podemos escrever:

$$F_g = ma \tag{2}$$

Das relações (1) e (2) resulta:

$$g = \frac{m_g}{m} \frac{GM}{R^2} \tag{3}$$

Vamos examinar a relação (3). Verifica-se experimentalmente (por exemplo, pela experiência de Cavendish) que G *é* uma constante que não depende da natureza dos corpos usados na experiência; portanto, aceitamos que G seja uma constante adimensional. A massa da Terra também é constante, e fazendo-se experiências num mesmo local, a distância ao centro da Terra R também permanece constante. Deste modo, a aceleração da gravidade em um determinado local, de acordo com a relação (3), varia proporcionalmente à razão (m_g/m). Se a massa gravitacional m_g não fosse igual a m, teríamos para g um valor diferente de (GM/R^2).

Na discussão simplificada acima mencionada não levamos em conta a contribuição da força centrípeta. Esta contribuição foi levada em conta por Eötvos, que com sua famosa experiência mostrou que a massa gravitacional é igual à massa inercial com uma precisão de cinco partes em 10^9. Experiências mais recentes mostraram a igualdade entre a massa gravitacional e a massa inercial com uma precisão muito mais elevada. Estas experiências mostram que a igualdade entre a massa gravitacional e a massa inercial é uma das teorias físicas mais bem fundamentadas experimentalmente.

4.02 RESOLVIDO

Duas esferas feitas com o mesmo material e que possuem o mesmo raio são largadas da mesma altura no ar. Uma das esferas é maciça e a outra é oca. Qual das duas chegará primeiro ao solo?

SOLUÇÃO

A resposta a este problema seria imediata se a queda livre ocorresse no vácuo. Pelo exposto no problema anterior, conclui-se que *todos os corpos caem com a mesma aceleração no vácuo, independentemente da massa*. Contudo, quando os corpos caem no ar atmosférico é preciso levar em conta a interação com o ar. A força resultante, que atua sobre uma esfera que cai no ar, é dada por:

$$\boldsymbol{F} = \boldsymbol{p} - \boldsymbol{E} - \boldsymbol{R} - \boldsymbol{A} \qquad (1)$$

onde $\boldsymbol{p}$ é o peso, $\boldsymbol{E}$ é a força de empuxo, $\boldsymbol{R}$ *é* a força de resistência do ar devida à forma do corpo e $\boldsymbol{A}$ é a resistência devida ao atrito viscoso. Vamos analisar cada um destes termos. O empuxo $\boldsymbol{E}$ depende do volume do corpo, e como as duas esferas consideradas possuem o mesmo raio, concluímos que a força $\boldsymbol{E}$ *é a* mesma para as duas esferas.

A resistência $\boldsymbol{R}$ devida à forma do corpo, depende da seção reta do corpo ortogonal ao movimento, logo $\boldsymbol{R}$ também é a mesma tanto para a esfera oca quanto para a esfera maciça. Finalmente o atrito viscoso também é o mesmo para as duas esferas porque elas são feitas com o mesmo material, logo a força $\boldsymbol{A}$ possui o mesmo módulo para as duas esferas. Reunindo as três forças que se opõem à força gravitacional em uma única força $\boldsymbol{R'}$, podemos escrever:

$$\boldsymbol{R'} = \boldsymbol{E} + \boldsymbol{R} + \boldsymbol{A} \tag{2}$$

Note que, pelas considerações anteriores, o valor de R' é o mesmo para as duas esferas. De acordo com as equações (1) e (2) o módulo da força resultante que atua sobre a partícula é dado por:

$$F = p - R' \tag{3}$$

Como $p = mg$, de acordo com a segunda lei de Newton, a equação (3) pode ser escrita na forma:

$$ma = mg - R' \tag{4}$$

De acordo com a relação (4), a aceleração da esfera oca será:

$$a_1 = g - \frac{R'}{m_1} \tag{5}$$

Como g possui o mesmo valor para as duas esferas, porém as massas são diferentes, de acordo com a relação (4), a aceleração da esfera maciça será:

$$a_2 = g - \frac{R'}{m_2} \tag{6}$$

Conforme mostramos, o valor de R' é o mesmo para as duas esferas. Como m_2 *é* maior do que m_1, as relações (5) e (6) mostram que a_2 é maior do que a_1, ou seja, a esfera maciça chega ao solo antes da esfera oca. Contudo, R' *é* normalmente muito menor do que o peso, logo a diferença entre as duas acelerações é muito pequena e não pode ser detectada na prática para pequenas diferenças de altura. Mas se a altura de onde os corpos são largados for suficientemente grande, esta diferença poderia ser detectada experimentalmente.

4.03 RESOLVIDO

Mostre que no vácuo todos os corpos caem com a mesma aceleração na superfície terrestre.

SOLUÇÃO

No Problema 4.1 já provamos que a massa inercial é igual à massa gravitacional, então, de acordo com a relação (3) do Problema 4.1, vemos que a massa do corpo desaparece do valor local de g, que é dado na superfície terrestre por: $g = GM/R^2$. Esta expressão fornece o módulo da aceleração da gravidade na superfície terrestre. Como vemos, *g não depende da massa do corpo quando o corpo cai no vácuo.* Este resultado concorda com o resultado do problema anterior. Fazendo $R' = 0$ nas relações (5) e (6) do problema anterior, você observará que as duas esferas caem exatamente com a mesma aceleração g.

4.04 RESOLVIDO

Uma nave espacial se encontra fora da atmosfera terrestre. Em que condições os objetos e pessoas no interior da nave não exercem pressão sobre as paredes da nave?

SOLUÇÃO

Quando os objetos e pessoas no interior de um veículo não exercem pressão sobre as paredes do veículo, dizemos que existe o "estado de imponderabilidade". Na divulgação científica popular se costuma dizer que os "corpos não possuem peso" no interior de uma nave espacial. Devemos esclarecer melhor esta situação. Um corpo não exerce nenhuma pressão sobre a parede de um veículo quando a soma de todas as forças que atuam sobre o veículo (por unidade de massa) for igual à força (por unidade de massa) que atua sobre uma pessoa no interior do veículo. Por exemplo, quando um elevador sobe (ou desce) com aceleração diferente de g, exercemos pressão sobre o piso do elevador. Suponha agora que o elevador esteja em queda livre. Neste caso, a aceleração do elevador é igual à aceleração de qualquer objeto no interior do elevador; então nenhum corpo no interior do elevador exerce força sobre as paredes do elevador. Analogamente, podemos dizer que em uma nave espacial, um corpo não exerce pressão sobre nenhuma parede da nave, quando sua aceleração for igual à aceleração da nave. No espaço sideral, como não existe resistência do ar, a única força externa existente é a força gravitacional; conseqüentemente, para que a força por unidade de massa sobre o foguete seja igual à força por unidade de massa sobre uma pessoa no interior da nave é preciso que os motores da nave espacial estejam desligados.

4.05
RESOLVIDO

Um astronauta, juntamente com suas vestes e equipamentos, possui massa total m. Na superfície terrestre o astronauta consegue pular até uma altura de 0,5 m, desenvolvendo seu esforço máximo. Calcule a altura máxima aproximada atingida pelo mesmo astronauta quando ele pular na superfície da Lua. Suponha que o diâmetro da Lua seja igual a um quarto do diâmetro da Terra e que a densidade da Lua seja igual a 2/3 da densidade da Terra.

SOLUÇÃO

Fazendo o seu esforço muscular máximo, o astronauta atinge uma altura h_T dada por:

$$v_0^2 = 2g_T h_T \tag{1}$$

Na equação (1) v_0 é a velocidade inicial e os índices inferiores T e L serão usados para designar grandezas referentes à Terra e à Lua, respectivamente. Quando o astronauta pula na superfície lunar desenvolvendo seu esforço máximo, a velocidade inicial é a mesma que a da Terra. Deste modo, na superfície lunar, teremos:

$$v_0^2 = 2g_L h_L \tag{2}$$

Dividindo a equação (2) pela relação (1), encontramos:

$$h_L = \frac{g_T h_T}{g_L} \tag{3}$$

A aceleração da gravidade na superfície da Terra é dada por:

$$g_T = \frac{GM_T}{R_T^2} \tag{4}$$

A aceleração da gravidade na superfície da Lua é:

$$g_L = \frac{GM_L}{R_L^2} \tag{5}$$

Dividindo a equação (4) pela relação (5), encontramos:

$$\frac{g_T}{g_L} = \frac{M_T R_L^2}{M_L R_T^2} \tag{6}$$

Usando a definição de densidade, obtemos:

$$\frac{M_T}{M_L} = \frac{\rho_T R_T^3}{\rho_L R_L^3} \tag{7}$$

Substituindo o resultado (7) na relação (6), encontramos

$$\frac{g_T}{g_L} = \frac{\rho_T R_T}{\rho_L R_L} \tag{8}$$

Substituindo os dados do problema na relação (8), resulta:

$$g_T = 6g_L \tag{9}$$

Substituindo o resultado (9) na relação (3), encontramos:

$$h_L = 6h_T = 3 \text{ m} \tag{10}$$

Observe que na relação (1) desprezamos a resistência do ar, ao passo que a relação (2) é exata, uma vez que a Lua não possui atmosfera. Portanto, o resultado final (10) é razoável.

4.06 **RESOLVIDO**

Um satélite gira em torno de um planeta com velocidade angular constante numa órbita circular. Determine a velocidade angular de rotação do satélite em função da massa do planeta M, da distância r entre o planeta e o satélite e da constante G.

SOLUÇÃO

Sobre o satélite só existe uma força atuando: é a força de atração universal exercida pelo planeta sobre o satélite. Como o satélite está em uma órbita circular com velocidade angular constante, de acordo com a segunda lei de Newton, devemos igualar esta força com a massa multiplicada pela aceleração centrípeta do satélite, ou seja,

$$F_\text{g} = m\omega^2 r \tag{1}$$

O módulo da força gravitacional *é* dada por

$$F_g = \frac{GmM}{r^2} \tag{2}$$

Das relações (1) e (2), encontramos:

$$\omega^2 = \frac{GM}{r^3} \tag{3}$$

Ou seja, o resultado (3) mostra que o quadrado da velocidade angular é inversamente proporcional ao cubo da distância entre o planeta e o satélite.

4.07
RESOLVIDO

Mostre como é possível determinar a massa de um planeta, sabendo-se o período de rotação de um satélite que gira em uma órbita circular em torno deste planeta.

SOLUÇÃO

A força exercida pelo planeta sobre o satélite é dada por:

$$F_g = \frac{GmM}{r^2} \tag{1}$$

Esta é a única força que atua sobre o satélite. Como o satélite possui movimento circular uniforme, de acordo com a segunda lei de Newton, devemos igualar a força gravitacional com a massa multiplicada pela aceleração centrípeta do satélite. Ou seja, usando as relações (1) e (3) do problema anterior e a equação (1), encontramos:

$$M = \frac{4\pi^2 r^3}{GT^2} \tag{2}$$

A equação (2) é a expressão apropriada para a determinação da massa do planeta em função do período de revolução do satélite.

4.08
RESOLVIDO

Duas esferas se atraem mutuamente no espaço de acordo com a lei da atração universal. Uma das esferas possui massa m_1 e a outra possui massa m_2. Prove que para um observador situado em um sistema de referência inercial as duas esferas giram em torno do centro de massa do sistema com a mesma velocidade angular ω.

SOLUÇÃO

Para facilitar os cálculos vamos supor que as órbitas sejam circulares. Seja r_1 o raio da órbita da esfera de massa m_1 e r_2 o raio da órbita da esfera de massa m_2. A soma destas distâncias é igual à distância r entre os dois centros de massa, ou seja,

$$r_1 + r_2 = r \tag{1}$$

Para concretizar podemos supor que o sistema de dois corpos seja constituído por uma estrela dupla ou por uma estrela e um planeta. Igualando a força que atua sobre m_1 com a força centrípeta, resulta:

$$\frac{Gm_1m_2}{(r_1 + r_2)^2} = m_1\omega_1^2 r_1 \tag{2}$$

Das equações (1) e (2) concluímos que o quadrado da velocidade angular do corpo de massa m_1 é dado por:

$$\omega_1^2 = \frac{Gm_2}{r_1 r^2} \tag{3}$$

Pela definição de centro de massa, temos:

$$r_1 = \frac{m_2 r}{m_1 + m_2} \tag{4}$$

Substituindo a equação (4) na relação (3) resulta:

$$\omega_1^2 = \frac{G(m_1 + m_2)}{r^3} \tag{5}$$

Analogamente, igualando a força de gravitação sobre m_2 com o produto da massa pela aceleração centrípeta, resulta:

$$\frac{Gm_1m_2}{(r_1 + r_2)^2} = m_2\omega_2^2 r_2 \tag{6}$$

Porém, pela definição de centro de massa, temos:

$$r_2 = \frac{m_1 r}{m_1 + m_2} \tag{7}$$

Considerando as relações (1), (6) e (7), encontramos:

$$\omega_2^2 = \frac{G(m_1 + m_2)}{r^3} \tag{8}$$

Comparando a relação (8) com a equação (5), concluímos que:

$$\omega_1 = \omega_2 \tag{9}$$

Pela equação (9) verificamos que ambos os corpos giram com a mesma velocidade angular em torno do centro de massa. Quando uma das massas for muito maior do que a outra, por exemplo, quando $m_1 \gg m_2$, podemos desprezar m_2 no termo $(m_1 + m_2)$. Deste modo, pela relação (7), vemos que r_2 *é* aproximadamente igual a r, em outras palavras, neste caso tudo se passa como se o corpo de massa m_2 girasse com uma velocidade angular $\omega = \omega_2$ em torno do centro do corpo de massa do corpo m_1. Neste caso a velocidade angular ω pode ser obtida usando-se a relação (8), desprezando-se m_2 perante m_1. Logo, substituindo ω_2 por ω e substituindo m_2 por m, obtemos:

$$\omega^2 = \frac{Gm}{r^3} \tag{10}$$

O resultado (10) concorda com o resultado (3) obtido no Problema 4.6.

4.09
RESOLVIDO

Deduza uma expressão para o cálculo de g em função da altura h acima da superfície da Terra, para valores de h muito menores do que o raio da Terra.

SOLUÇÃO

O valor do módulo da aceleração da gravidade g para um ponto cuja distância ao centro da Terra seja r é dado por:

$$g = \frac{GM}{r^2} \tag{1}$$

Fazendo $r = R + h$ na relação (1), podemos escrever:

$$g = \frac{g_0}{1 + (h/R)^2} \tag{2}$$

Na equação (2) g_0 é o valor de g na superfície terrestre, ou seja

$$g_0 = \frac{GM}{R^2} \tag{3}$$

Supondo $h \ll R$, podemos usar o seguinte desenvolvimento em série:

$$(1 + x)^b = 1 + bx + \cdots \tag{4}$$

Este desenvolvimento vale para qualquer valor de b e para $x \ll 1$. Neste problema $x = h/R$ e $b = -2$, logo, usando apenas a aproximação de primeira ordem, de acordo com a relação (4), encontramos:

$$\frac{1}{1 + (h/R)^2} = 1 - \frac{2h}{R} \tag{5}$$

Substituindo a equação (5) na relação (2), obtemos:

$$g = g_0 \left(1 - \frac{2h}{R}\right) \tag{6}$$

A expressão (6) fornece os valores aproximados de g em função da altura h acima da superfície terrestre.

4.10 **RESOLVIDO**

Deduza uma expressão para o cálculo de g em função da profundidade h abaixo da superfície terrestre.

SOLUÇÃO

Conforme demonstraremos mais adiante, o campo gravitacional no interior de uma esfera de raio R possui módulo dado por:

$$g = \frac{GMr}{R^3} = \frac{g_0 r}{R} \tag{1}$$

Na equação (1) g_0 é o valor de g na superfície da esfera, ou seja

$$g_0 = \frac{GM}{R^2} \tag{2}$$

Considerando a Terra como uma esfera homogênea de raio R, podemos usar as relações (1) e (2) para determinar o campo gravitacional no interior da Terra. Fazendo $r = R - h$ na relação (1) e usando a equação (2), encontramos o resultado:

$$g = g_0 \left(1 - \frac{h}{R}\right) \quad (3)$$

Observe que o resultado (3) é *exato* ao passo que o resultado (6) do problema anterior é apenas *aproximado*.

4.11
RESOLVIDO

Supondo que a Terra possua forma esférica, mostre como o *peso aparente* de um corpo varia em função da latitude. Particularize o estudo para os pólos terrestres e para o equador terrestre.

SOLUÇÃO

Considere um corpo situado a uma latitude medida pelo ângulo θ entre a vertical do lugar e o plano equatorial. Seja $\boldsymbol{F}_g$ a força exercida pela Terra sobre o corpo. Suponha que o objeto esteja apoiado sobre uma balança em uma superfície horizontal. Seja $\boldsymbol{F}$ a força de reação da superfície sobre o objeto. O módulo desta força $\boldsymbol{F}$ fornece o *peso aparente*. Caso a Terra não girasse o peso aparente seria igual ao módulo da força $\boldsymbol{F}_g$. Contudo, devido ao movimento de rotação da Terra, o corpo sobre a balança está descrevendo um movimento circular uniforme; conseqüentemente, pela segunda lei de Newton, a soma vetorial das forças que atuam sobre o corpo deve ser igual à força centrípeta $\boldsymbol{F}_c$,ou seja, conforme indicado na Figura 4.1,

$$\boldsymbol{F}_c = \boldsymbol{F} + \boldsymbol{F}_g \quad (1)$$

De acordo com a equação (1), podemos escrever para o peso aparente a seguinte expressão vetorial:

$$\boldsymbol{F} = \boldsymbol{F}_c - \boldsymbol{F}_g \quad (2)$$

Nas relações (1) e (2), o módulo da força centrípeta é dado por:

$$F_c = ma_c = m\omega^2 r \quad (3)$$

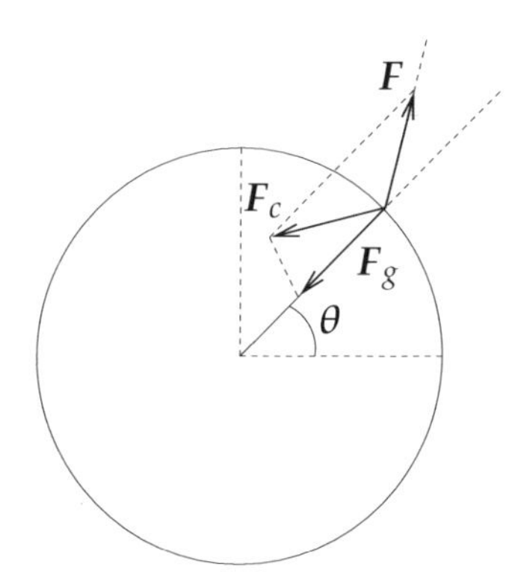

Fig. 4.1 *Esquema mostrando as forças que atuam sobre um corpo na superfície terrestre situado em um ponto de latitude θ.*

Na equação (3) r é a distância ao eixo de rotação da Terra e ω é a velocidade angular da Terra. Observando a Figura 4.1, concluímos que $r = R\cos\theta$, logo

$$a_c = m\omega^2(R\cos\theta) \tag{4}$$

Na equação (4) R é o raio da Terra. A relação (2) é a equação apropriada para a determinação do peso aparente em função da latitude. Ao usar a relação (2) note que se trata de uma equação *vetorial* e que para calcular o módulo da força centrípeta você deve usar as relações (3) e (4). Vamos particularizar o estudo para os pólos terrestres e para o equador terrestre.

Sobre o equador, temos $\theta = 0°$. Então, pelas relações (3) e (4), encontramos:

$$F_c = ma_c = m\omega^2 R \tag{5}$$

Para a determinação do peso aparente devemos usar a equação (2). Note que no equador terrestre as forças $\boldsymbol{F}$, $\boldsymbol{F}_c$ e $\boldsymbol{F}_g$ estão sobre a mesma direção; como o módulo da força centrípeta é muito menor do que o módulo da força gravitacional, de acordo com as relações (2) e (5), concluímos que o módulo do peso aparente é dado por:

$$F = F_g - F_c = mg_0 - m\omega^2 R \tag{6}$$

Na equação (6) o valor de g_0 é dado por:

$$g_0 = \frac{GM}{R^2} \tag{7}$$

No Pólo Norte ou no Pólo Sul, como $\theta = 90°$, de acordo com a relação (4), temos: $a_c = 0$. Logo, pelas relações (2) e (6), concluímos que:

$$F = F_g = mg_0 \tag{8}$$

De acordo com a fórmula (2) vemos que o *peso aparente* varia em função da latitude e, de acordo com os resultados anteriores, concluímos que o *peso aparente* é máximo nos pólos e mínimo no equador terrestre, supondo que a Terra possua forma esférica. A mesma conclusão obtemos para o valor de g em função da latitude: a *aceleração da gravidade* é máxima nos pólos e mínima no equador, supondo a Terra esférica. Contudo, como sabemos, a Terra é ligeiramente achatada nos pólos; ou seja, o raio R nos pólos é menor do que o raio R no equador; deste modo, supondo a Terra em repouso, de acordo com as relações (7) e (8) concluímos que a aceleração da gravidade (ou o peso de um corpo) nos pólos deve ser maior do que a aceleração da gravidade no equador porque o raio R em qualquer um dos pólos é menor do que R_0. Então o efeito do achatamento da Terra produz uma variação da gravidade no mesmo sentido que a variação da gravidade produzida pelo efeito de rotação da Terra. Donde se conclui que estes efeitos se somam e, como resultado, concluímos que a *aceleração da gravidade é máxima nos pólos e mínima no equador.*

4.12
RESOLVIDO

Estude qualitativamente o problema das variações da gravidade com o tempo.

SOLUÇÃO

Nos problemas anteriores vimos que a gravidade varia de um ponto a outro da superfície terrestre e também varia com a altura e com a profundidade. Neste problema vamos considerar as variações da gravidade com o tempo em um ponto fixo da Terra. Como explicar as variações da gravidade com o tempo? Vamos esclarecer qualitativamente as causas desta variação. Considere um ponto fixo na Terra e suponha que a distância d do centro de massa do Sol ao centro de massa da Terra permaneça constante durante um dia. Quando o Sol está a pino (ao meio-dia) a distância entre o ponto considerado e o centro de massa do Sol será $(d - R)$, onde R *é* o raio da Terra. Doze horas depois (à meia-noite), a distância considerada passa para $(d + R)$. Como a força gravitacional depende do inverso do quadrado da distância, *concluímos que em um ponto fixo da Terra g varia* *com o tempo devido ao movimento de rotação da Terra*. Ainda com relação à força gravitacional do Sol, podemos também concluir que g varia durante o movimento de *translação* da Terra em redor do Sol, uma vez que a órbita descrita é uma elipse.

Podemos estender o raciocínio acima para o movimento relativo entre o ponto da Terra considerado e o centro de massa da Lua. Utilizando-se dados astronômicos sobre a massa do Sol, a massa da Lua, a distância entre a Terra e o Sol e a distância entre a Terra e a Lua, verifica-se facilmente que as variações de gravidade produzidas pelo movimento relativo entre a Terra e a Lua são aproximadamente o dobro das variações produzidas pelo movimento relativo entre a Terra e o Sol. Evidentemente, os outros planetas do sistema solar e os demais corpos celestes também influenciam sobre o peso de um corpo na Terra. Contudo, os efeitos preponderantes são produzidos pelo Sol e pela Lua.

4.4 Problemas sobre campo gravitacional e energia potencial gravitacional

4.13
RESOLVIDO

Indique como podemos calcular o campo gravitacional de um corpo contendo buracos. Como exemplo, calcule o campo produzido por uma esfera de raio R que possui um buraco de raio igual a $R/2$, com centro a uma distância igual a $R/2$ do centro da esfera maior. Determine o campo desta esfera com buraco em um ponto situado a uma distância d do centro da esfera maior, para d maior do que R. O ponto considerado está sobre a linha reta que une os dois centros.

SOLUÇÃO

No livro "Física 1 – Mecânica", de nossa autoria, mostramos como se calcula o centro de massa e o momento de inércia de figuras com buracos. Vamos agora exemplificar esse método para a determinação do campo gravitacional de uma distribuição de massas com buracos.

Para pontos no exterior da esfera podemos calcular o módulo do campo resultante aplicando a seguinte expressão:

$$g = g_{\text{cheia}} - g_{\text{buraco}} \tag{1}$$

Na equação (1) o termo g_{cheia} é o campo gravitacional produzido pela esfera cheia, isto é, pela esfera considerada sem o buraco e g_{buraco} é o campo gravitacional produzido por uma esfera de mesmo material que preenche o buraco. Na equação (1) estamos usando o princípio da superposição, pois se o buraco for tapado por uma esfera do *mesmo material*, o campo resultante será dado pela soma de g com g_{buraco}. Este método é geral e deve ser usado para a determinação do campo gravitacional de configurações com buracos. Evidentemente como o campo é um vetor, a operação indicada na equação (1) deve ser uma *subtração vetorial*; contudo, no problema que desejamos resolver, o ponto onde desejamos calcular o campo *está alinhado com os centros das duas esferas*. Basta, portanto, subtrair os *módulos* dos campos conforme indicado na equação (1). O campo da esfera cheia é o campo de uma massa pontual situada a uma distância d do ponto considerado. O campo da esfera que tapa o buraco também é dado pelo campo de uma partícula (massa pontual) situada a uma distância $(d - R/2)$ do ponto considerado. Deste modo, usando a relação (1), concluímos que

$$g = \frac{GM}{d^2} - \frac{GM'}{[d - (R/2)]^2} \tag{2}$$

Na equação (2) M é a massa da esfera cheia e M' é a massa da esfera referente ao buraco. Como a densidade é a mesma, a massa da esfera da esfera cheia é dada por: $M = \rho V$ e a massa da esfera oca é dada por: $M' = \rho V'$. Sabemos que o volume de uma esfera é dado por: $V = (4/3)\pi R^3$. Como V' é o volume da esfera de raio $R/2$, concluímos facilmente que

$$M' = \frac{M}{8} \tag{3}$$

Substituindo a relação (3) na equação (2). obtemos:

$$g = \frac{GM(7d^2 + 2R^2 - 8Rd)}{8d^2\,[d - (R/2)]^2} \tag{4}$$

4.14 RESOLVIDO

Em uma esfera homogênea de raio R existe um buraco esférico de raio $R/2$ cujo centro está situado a uma distância $R/2$ do centro da esfera maior. Seja M a massa total da esfera maciça (sem o buraco). Determine o módulo da força de atração entre a esfera considerada e uma partícula de massa m situada a uma distância d do centro da esfera maior, sendo d maior do que

R, sabendo-se que a partícula está situada em um ponto alinhado com os centros das duas esferas.

SOLUÇÃO

Seja g o módulo do campo gravitacional no local onde se encontra a partícula de massa m. De acordo com a definição de campo gravitacional, o módulo da força que atua sobre a partícula de massa m *é* dada por:

$$F = mg$$

onde g é o módulo do campo gravitacional indicado na equação (4) do problema anterior. Não escreveremos explicitamente a expressão de F, pois basta multiplicar o valor de g do problema anterior pela massa m da partícula.

4.15 RESOLVIDO

Sobre uma casca esférica de raio R existe uma distribuição uniforme de massa. Fazendo uma integração direta sobre a esfera, determine o potencial gravitacional produzido por esta esfera de raio R em um ponto situado a uma distância r do centro de massa da esfera. Considere: (a) $r > R$; (b) $r < R$.

SOLUÇÃO

(a) Suponha $r > R$ (pontos exteriores à esfera). Considere uma tira sobre a superfície esférica de largura $R\,d\theta$ delimitada pelas duas setas na Figura 4.2. Esta figura representa um corte da esfera com o plano do papel. A área hachureada representa a interseção da tira esférica considerada com o plano do papel; esta última interseção produz o arco infinitesimal de comprimento $R\,d\theta$ delimitado pelas duas setas na Figura 4.2.

De acordo com a relação (4.12) o potencial no ponto P situado a uma distância r do centro da esfera será dado por:

$$V = -G \int \frac{dm}{r} \tag{1}$$

Seja σ a densidade superficial de massa. O elemento de massa será dado por:

$$dm = \sigma\, dA = \sigma 2\pi R^2 \operatorname{sen}\theta\, d\theta \tag{2}$$

Do triângulo indicado na Figura 4.2, obtemos:

$$s^2 = R^2 + r - 2rR\cos\theta \tag{3}$$

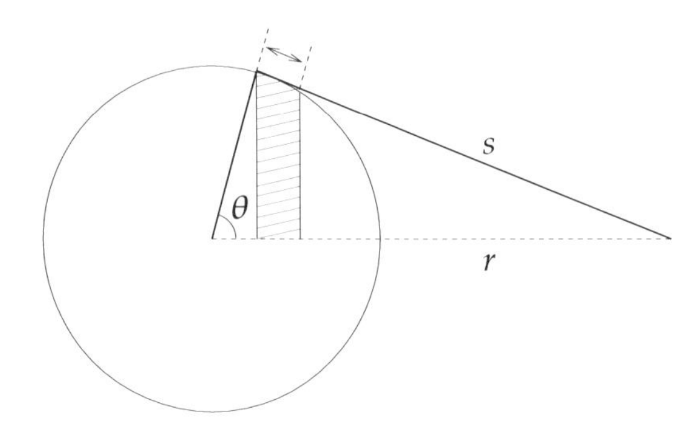

Fig. 4.2 *Esquema mostrando as variáveis para a determinação do potencial gravitacional produzido por uma casca esférica de raio R em um ponto P situado a uma distância r do centro da casca esférica.*

Diferenciando a relação (3), obtemos:

$$2s\,ds = 2rR\,\mathrm{sen}\,\theta\,d\theta \tag{4}$$

Das relações (2) e (4), concluímos que

$$dm = 2\pi\sigma R s\frac{ds}{r} \tag{5}$$

Substituindo a relação (5) na equação (1) e introduzindo os limites de integração, encontramos:

$$V = -\frac{2G\pi\sigma R}{r}\int_{r-R}^{r+R} ds \tag{6}$$

Na integral (6) passamos r para fora da integral, porque r é uma constante (r é a distância do ponto considerado até o centro da esfera). Integrando ds entre os limites considerados, encontramos:

$$V = -\frac{4G\pi\sigma R^2}{r} \tag{7}$$

Seja M a massa total da esfera; a densidade superficial desta casca esférica será dada por:

$$\sigma = \frac{M}{4\pi R^2} \tag{8}$$

Substituindo a relação (8) na expressão do potencial (7), obtemos:

$$V = -\frac{GM}{r} \tag{9}$$

Da equação (9) concluímos que o potencial de uma casca esférica para pontos externos à esfera *é* igual ao potencial produzido por uma massa pontual M situada no centro da esfera. Sobre a superfície da esfera, ou seja, para $r = R$, de acordo com a relação (9), encontramos:

$$V = -\frac{GM}{R} \tag{10}$$

(b) Vamos agora supor $r \leq R$. Como se trata de um ponto interno à esfera e só existe massa na superfície da esfera, podemos concluir facilmente que *todos os pontos do interior da esfera estão no mesmo potencial.* Logo, *o potencial no interior da esfera é igual ao potencial da superfície da esfera.* A verificação desta afirmação pode ser feita por absurdo. Se houvesse variação do potencial surgiria um campo no interior da esfera, mas isto *é* absurdo, porque pela simetria da esfera é fácil provar que o campo é nulo para qualquer ponto do interior da casca esférica. Obviamente este potencial do interior só pode ser igual ao potencial da superfície, pois, em caso contrário, haveria uma diferença de potencial que produziria um deslocamento de massa, o que contradiz a hipótese do equilíbrio e da distribuição uniforme na superfície. Portanto, o potencial para todos os pontos, $r < R$, é dado pela relação (10).

4.16 **RESOLVIDO**

Considere uma esfera maciça e homogênea de raio a e massa M. Determine o potencial produzido por esta distribuição nos pontos externos a esta esfera.

SOLUÇÃO

Podemos tomar como referência a Figura 4.2. Porém, neste caso, em vez da densidade superficial σ, devemos considerar uma densidade de carga volumétrica ρ ou seja,

$$dm = \rho \, d\tau \tag{1}$$

Na equação (1), para não confundir com o potencial V, designamos o volume pela letra grega τ. O elemento de volume é portanto designado por $d\tau$. O elemento de volume em coordenadas esféricas é dado por:

$$d\tau = R^2 \operatorname{sen}\theta \, d\theta \, d\varphi \, dR \tag{2}$$

Como neste problema existe simetria em relação ao ângulo φ podemos escrever a relação (2) na forma:

$$d\tau = 2\pi R^2 \operatorname{sen}\theta \, d\theta \, dR \tag{3}$$

Usando a definição de potencial de uma distribuição contínua, dada pela relação (4.12), substituindo o elemento de massa dm dado pela equação (1) e levando em conta a relação (3) podemos escrever a seguinte expressão para o potencial infinitesimal dV em um ponto externo à esfera:

$$dV = \frac{2G\pi\rho R^2 \operatorname{sen}\theta \, d\theta}{s} dR \tag{4}$$

De acordo com a relação (4) do problema anterior, temos:

$$\operatorname{sen}\theta d\theta = \frac{s\,ds}{rR} \tag{5}$$

Substituindo a relação (5) na equação (4), tem-se:

$$dV = \frac{2G\pi\rho R \, dR \, ds}{r} \tag{6}$$

As únicas variáveis são R e s. Como se trata de uma integral com duas diferenciais (integral dupla), vamos integrar primeiramente na variável s. Vamos determinar inicialmente o potencial de uma casca esférica de raio R. Neste caso devemos integrar ds, desde $r - R$ até $r + R$. O resultado é igual a $2R$. Logo o potencial infinitesimal da casca esférica passa a ser:

$$dV = \frac{4G\pi\rho R^2 \, dR}{r} \tag{7}$$

Vamos agora integrar a relação (7) para todos os pontos das cascas esféricas da esfera maciça, ou seja, o potencial total no ponto P será dado por uma integração da diferencial (3), desde $R = 0$ até o raio $R = a$, onde a é o raio da esfera, ou seja, integrando a equação (7) entre estes limites, obtemos:

$$V = \frac{4G\pi\rho a^3}{r} \tag{8}$$

A densidade da esfera é dada por:

$$\rho = \frac{3M}{4\pi a^3} \tag{9}$$

Substituindo a relação (9) na equação (8), encontramos:

$$V = -\frac{GM}{r} \tag{10}$$

Da equação (10) concluímos que o potencial de uma esfera homogênea para pontos $r > a$, é o mesmo potencial de uma massa pontual, igual à massa total da esfera, situada no centro da esfera. Esta conclusão pode ser generalizada do seguinte modo: Para pontos $r > a$ *o potencial de qualquer distribuição de massa com simetria esférica é igual ao potencial de uma única massa pontual situada no centro de simetria da distribuição.* Esta massa pontual possui um valor igual à massa total da distribuição esférica considerada. Esta conclusão só vale para pontos *no exterior* da distribuição. *Ela também vale para* $r = R$, *isto é, sobre a superfície da esfera.* No Problema 4.19 veremos como se pode calcular o potencial para pontos *no interior* da esfera.

4.17 **RESOLVIDO**

Determine o potencial gravitacional de uma casca esférica de massa M e raio R para pontos situados: (a) no exterior da casca, ou seja, para $r > R$; (b) no interior da casca, ou seja, para $r < R$.

SOLUÇÃO

A determinação do campo de uma distribuição contínua de massas pode ser feita diretamente pela aplicação da equação (4.6). Contudo, em vez de se fazer a integração diretamente, é mais vantajoso determinar primeiro o potencial mediante a equação (4.12). Depois de se calcular o potencial, o campo poderá ser calculado mediante a equação que liga o potencial com o campo, ou seja, pelo uso da equação (4.13). Vamos determinar o campo solicitado neste problema aplicando o método acima referido, (a) Para $r > R$, o potencial da casca esférica é dado pela equação (9) do Problema 4.15. Como existe simetria esférica, o campo e o potencial dependem apenas da distância r ao centro da esfera. Deste modo o gradiente de potencial é dado por dV/dr, e pela relação entre o campo e o potencial (4.13), obtemos: $g = -dV/dr$. Quando o resultado desta operação der sinal positivo, isto significa que o campo aponta para fora da distribuição; se o resultado for negativo, isto significa que o campo aponta para dentro da distribuição. Derivando a relação (9) do Problema 4.15 em relação a r, obtemos facilmente o valor de g para o item (a):

$$g = -\frac{GM}{r^2} \qquad (1)$$

Na equação (1) o sinal de subtração indica que o vetor campo gravitacional é orientado para dentro da distribuição.

(b) Para se obter o campo gravitacional no interior da casca esférica basta derivar a equação (10) do Problema 4.15 em relação a r. Como o potencial é constante para $r < R$, esta derivada é igual a zero, fornecendo um campo nulo, como era de se esperar por causa da simetria do problema.

4.18 RESOLVIDO

Determine o campo gravitacional produzido por uma esfera homogênea de massa M e raio a, para pontos situados no exterior da esfera, ou seja, para $r > a$.

SOLUÇÃO

Vamos usar o método indicado no problema anterior. Para $r > a$, o potencial da esfera é dado pela expressão (10) do Problema 4.16; derivando-se esta equação em relação a r e usando a equação $g = -dV/dr$, encontramos:

$$g = -\frac{GM}{r^2} \qquad (1)$$

A expressão (1) mostra que o campo da esfera para pontos $r > a$ é idêntico ao campo de uma massa pontual situada no centro da esfera. Esta conclusão é geral e vale para qualquer distribuição com simetria esférica: *para pontos no exterior da distribuição o campo pode ser sempre calculado pela relação (1), desde que você entenda que a massa M é a massa total da distribuição.*

4.19 RESOLVIDO

Determine o módulo do campo gravitacional produzido por uma esfera homogênea de massa M e raio a para todos os pontos situados no interior da esfera, ou seja, para $r < a$.

SOLUÇÃO

Já sabemos que o campo no interior de uma casca esférica é igual a zero. Portanto, no interior de uma esfera com uma distribuição de massa uniforme em todo o volume da esfera, a uma distância r do centro, a camada esférica externa à superfície esférica de raio r não contribui para o campo, logo, chamando de m a massa contida em uma esfera de raio r, temos:

$$g = -\frac{Gm}{r^2} \tag{1}$$

Na equação (1) m (letra minúscula) indica a massa contida na esfera de raio r (letra minúscula), ao passo que designamos por M (letra maiúscula) a massa *total* contida na esfera de raio R (letra maiúscula).

De acordo com a definição de densidade, temos:

$$dm = \rho\, d\tau \tag{2}$$

Na equação (2), para não confundir com o potencial V, designamos o volume pela letra grega τ. O elemento de volume é portanto designado por $d\tau$. Neste caso, como existe simetria esférica, o elemento de volume em coordenadas esféricas é dado por:

$$d\tau = 4\pi r^2\, dr \tag{3}$$

Substituindo o elemento de volume (3) e integrando a equação (2) desde 0 até r, encontramos:

$$m = \frac{4\pi\rho r^3}{3} \tag{4}$$

Substituindo o resultado (4) na equação (1), obtém-se:

$$g = -\frac{4\pi\rho G r}{3} \tag{5}$$

A relação (5) mostra que o módulo do campo no interior da esfera cresce com a distância r ao centro da esfera. O sinal negativo indica que o vetor $\boldsymbol{g}$ é orientado para dentro da esfera. No centro da esfera, $r = 0$, logo, no centro da esfera $g = 0$, como era de se esperar, por causa da simetria esférica em torno do centro. Para se obter o campo em função da massa total da esfera basta usar a densidade da esfera, ou seja, em função da massa total da esfera a densidade é dada por:

$$\rho = \frac{3M}{4\pi\rho a^3} \tag{6}$$

Substituindo a equação (6) na relação (5), obtemos:

$$g = -\frac{GMr}{a^3} \tag{7}$$

O resultado (7) fornece o campo gravitacional em função da massa total M da esfera e do raio a, ao passo que o resultado (5) fornece o campo gravitacional em função da densidade ρ da esfera.

4.20 RESOLVIDO

Determine o potencial de uma esfera homogênea de raio a e de massa M, para pontos situados no interior da esfera, isto é, para $r < a$.

SOLUÇÃO

Nos problemas 4.17, 4.18 e 4.19 determinamos o campo a partir do conhecimento do potencial gravitacional. Podemos também aplicar o método inverso: conhecendo o campo gravitacional podemos determinar o potencial gravitacional. Para exemplificar este procedimento vamos resolver este problema através deste método. Como o problema possui simetria esférica, a relação entre o potencial gravitacional e o campo gravitacional é dada por: $g = -dV/dr$. Podemos escrever:

$$dV = -\mathbf{g} \cdot d\mathbf{l} \tag{1}$$

A equação (1) pode ser obtida diretamente da definição da energia potencial, dividindo-se a variação infinitesimal da energia potencial dada pela equação (4.7) pela massa do corpo (faça você mesmo esta verificação simples). Vamos integrar a relação (1), desde um ponto da superfície da esfera até um ponto situado a uma distância r do centro da esfera. Obtemos:

$$V(r) - V(a) = -\int_a^r \vec{g} \cdot d\vec{l} \tag{2}$$

Como o vetor deslocamento possui o mesmo sentido do vetor campo gravitacional, podemos escrever:

$$\vec{g} \cdot d\vec{l} = g\,dl \tag{3}$$

Porém o deslocamento dl possui sentido contrário a dr, logo:

$$dl = -dr \tag{4}$$

Usando o módulo do vetor g dado pela relação (5) do problema anterior na equação (2) deste problema, levando em conta que o módulo deste vetor é sempre positivo e cresce com a variável r e considerando as relações (3) e (4), fazendo a integral (2) entre os limites indicados, obtemos:

$$V(r) - V(a) = \frac{2\pi\rho G(r^2 - a^2)}{3} \tag{5}$$

Para se obter a expressão de $V(r)$ em função de M basta usar a definição de densidade, ou seja,

$$\rho = \frac{3M}{4\pi\rho a^3} \tag{6}$$

Substituindo a relação (6) na equação (5), obtemos:

$$V(r) - V(a) = \frac{GM(r^2 - a^2)}{2a^3} \tag{7}$$

O potencial na superfície da esfera, de acordo com a relação (10) do Problema 4.16, é dado por:

$$V(a) = -\frac{GM}{a} \tag{8}$$

Substituindo a equação (8) na relação (7), encontramos:

$$V(r) = -\frac{GM(3a^2 - r^2)}{2a^3} \tag{9}$$

Fazendo $r = a$ na relação (9), confirmamos a fórmula (8), que dá o potencial na superfície da esfera. Embora o campo no centro da esfera seja igual a zero, o potencial no centro da esfera não é nulo, como você pode verificar fazendo $r = 0$ na expressão (9).

4.21
RESOLVIDO

Considere uma esfera de raio a e massa total M. Suponha que esta esfera possua uma densidade esfericamente simétrica dada por:

$$\rho = Br$$

onde B é uma constante com dimensão de massa por (comprimento)^4 e r é a distância ao centro da esfera. Determine o módulo do campo gravitacional produzido por esta distribuição em pontos situados: (a) no exterior da esfera ($r > a$); (b) no interior da esfera ($r < a$).

SOLUÇÃO

(a) Como a distribuição é esfericamente simétrica, para pontos situados no exterior da esfera, conforme sabemos, o campo é igual ao campo de uma massa pontual situada no centro da distribuição, possuindo massa M igual à massa da distribuição. Logo, para $r > a$, obtemos:

$$g = -\frac{GM}{r^2} \tag{1}$$

(b) Para pontos no interior da esfera ($r < a$), o campo será dado por:

$$g = -\frac{Gm}{r^2} \tag{2}$$

Na equação (2) m é a massa da esfera de raio r, ao passo que na equação (1) M é a massa total da esfera de raio a. O elemento de massa dm é dado pela relação:

$$dm = \rho 4\pi r^2\, dr \tag{3}$$

Substituindo $\rho = Br$ na relação (3) e integrando esta equação de zero até o raio r encontramos a seguinte relação para a massa da esfera de raio r:

$$m = \pi B r^4 \tag{4}$$

Substituindo a relação (4) na equação (2), encontramos:

$$g = -\pi B G r^2 \tag{5}$$

Vemos que o módulo do campo cresce com o quadrado da distância r ao centro da esfera. No centro da esfera, $r = 0$, logo $g = 0$, como era de se esperar, por causa da simetria esférica. Para se obter o campo em função da massa da esfera basta integrar a equação (3) de 0 até a; obtemos facilmente:

$$M = \pi B a^4 \tag{6}$$

Da equação (6) se conclui que $B = M/\pi a^4$. Substituindo este valor na equação (5) obtém-se:

$$g = -\frac{GMr^2}{a^4} \tag{7}$$

Deixamos para o leitor verificar que na superfície da esfera ($r = a$), a solução (7) concorda com o resultado (1) do item (a) para $r = a$.

4.22 **RESOLVIDO**

Determine a velocidade mínima para que um corpo lançado verticalmente para cima possa fugir à atração da Terra. Essa velocidade *mínima* denomina-se *velocidade de escape*.

SOLUÇÃO

Para que uma partícula atinja o infinito a sua energia cinética deve ser igual ou maior do que a sua energia potencial. A condição da velocidade mínima para fugir da atração terrestre será dada portanto pela seguinte condição: $E_c = U(R)$, onde E_c é a energia cinética inicial da partícula lançada da superfície terrestre e $U(R)$ é a energia potencial da partícula na superfície terrestre. Portanto, a determinação da velocidade de escape (v_E) pode ser obtida pela relação:

$$\frac{mv_E^2}{2} = \frac{GmM}{R} \tag{1}$$

Na equação (1) v_E é o módulo da *velocidade de escape*, R é o raio da Terra e M é a massa da Terra. Portanto, de acordo com a equação (1) a velocidade de escape será dada por:

$$v_E = \sqrt{\frac{2GM}{R}} \tag{2}$$

Usando o módulo de g na superfície terrestre, a equação (2) pode ser escrita na forma:

$$v_E = \sqrt{2gR} \tag{3}$$

Observe que a velocidade de escape não depende da massa do corpo. Neste problema desprezamos a resistência do ar. A velocidade indicada na equação (3) deveria ser a velocidade inicial de escape de um corpo lançado verticalmente da superfície terrestre sem considerar a resistência do ar. Contudo, na prática, para fazer um corpo fugir da atração terrestre o melhor método não é lançá-lo com velocidade inicial maior do que v_E e sim ir acelerando o corpo lentamente, até que ele atinja um valor igual ou maior do que v_E. Além disso, a direção vertical não seria a melhor direção de lançamento pois não usufrui do fato de que a Terra gira de Oeste para Leste.

4.5 Problemas propostos

4.23

Uma partícula de massa $m = 20$ kg se encontra na origem de um sistema de coordenadas Oxy. Outra partícula de massa M igual a 50 kg se encontra no ponto $x = 3$ m, $y = 4$ m. Calcule o módulo da força de atração entre estas duas partículas.

Resposta: $2,67 \times 10^{-9}$ N.

4.24

Uma esfera maciça de raio R e massa igual a 2 kg é largada juntamente com outra esfera de raio R e massa igual a 0,03 kg. As esferas são largadas em um recipiente contendo ar atmosférico. Qual das duas esferas chegará primeiro à base do recipiente?

Resposta: Elas atingirão a base do recipiente no mesmo instante.

4.25

Um astronauta, usando sua força máxima na superfície lunar, consegue lançar uma esfera verticalmente para cima até uma altura igual a 120 m. Calcule a altura máxima atingida pela mesma esfera quando o mesmo astronauta faz o lançamento da superfície terrestre. Despreze a resistência do ar da atmosfera terrestre. A aceleração da gravidade na superfície lunar é aproximadamente iguala $g/6$, onde g *é* a aceleração da gravidade na superfície terrestre.

Resposta: 20 m.

4.26

Suponha que você queira detectar variações da aceleração da gravidade usando um gravímetro constituído simplesmente por uma massa pendurada em uma mola colocada na direção vertical. Sendo x o comprimento inicial da mola, obtenha uma expressão para o módulo da variação relativa da gravidade medida por este gravímetro em função da variação Δx do comprimento da mola.

Resposta: $\Delta g/g = \Delta x/x$.

4.27

Suponha que um pêndulo simples seja usado para medir as variações de gravidade. Admitindo-se que o comprimento do pêndulo permaneça constante, determine as variações relativas da gravidade em função das variações do período T do pêndulo.

Resposta: $\Delta g/g = -2\Delta T/T$.

4.28

Suponha que você pretenda construir um gravímetro usando uma coluna de um líquido de densidade ρ mantido em um recipiente cilíndrico fechado, medindo as variações da pressão manométrica na base da coluna. Qual é a expressão que você usaria para a medida das variações da gravidade em função das variações relativas de pressão? Considere a temperatura constante no líquido e em todas as partes do gravímetro.

Sugestão: A pressão manométrica na base da coluna é dada por: $P = \rho g h$.

Resposta: $\Delta g/g = \Delta P/P$.

4.29

Descreva um modo para se determinar a massa da Terra.

Resposta: Basta saber o valor do raio da Terra, medir o valor de g na superfície terrestre e usar a equação: $M = gR^2/G$.

4.30

Considere os seguintes dados: $g = 9,8$ m/s^2; $R = 6,37 \times 10^6$ m; $G = 6,67 \times 10^{-11}$ N m^2/kg^2. Calcule o valor aproximado da massa da Terra pela fórmula obtida no problema anterior.

Resposta: $M = 5,9 \times 10^{24}$ kg.

4.31

Indique outra fórmula para a determinação da massa da Terra em função da distância r_L entre a Terra e a Lua e em função do período T_L da translação da Lua em torno da Terra.

Resposta: $M = 4\pi^2 r_L^3 / G T_L^2$.

4.32

(a) Deduza uma expressão para a determinação da massa do Sol em função do período de rotação da Terra em torno do Sol ($T_S = 1$ ano) e em função da distância entre a Terra e o Sol ($r_S = 1,49 \times 10^{11}$ m). (b) Calcule a massa aproximada do Sol.

Resposta: (a) $M_S = 4\pi^2 r_S^3 / G T_S^2$;
(b) $M_S = 1,9 \times 10^{30}$ kg.

4.33

O raio da Terra é aproximadamente igual a 6400 km e o raio da Lua é aproximadamente igual a 1750 km. A massa da Terra é 12,3 vezes maior do que a massa da Lua. Calcule: (a) a razão entre a aceleração g_L na superfície da Lua e a aceleração g_T na superfície da Terra; (b) o valor aproximado de g_L.

Respostas: (a) $g_L / g_T = 1/6$;
(b) $g_L = 1,63$ m/s^2.

4.34

Suponha que o raio da Terra possa variar. Determine uma expressão para o cálculo da variação relativa da gravidade na superfície terrestre em função da variação relativa do raio da Terra.

Resposta: $\Delta g / g = -2\Delta R / R$.

4.35

O raio da Terra é aproximadamente igual a 6400 km. A distância entre a Terra e a Lua é aproximadamente 60 vezes maior do que o raio da Terra. A massa da Lua é cerca de 0,013 vezes a massa da Terra. Calcule a distância entre o centro de massa do sistema Terra-Lua e o centro da Terra.

Resposta: $4,9 \times 10^6$ m.

4.36

Determine em que altura aproximada acima da superfície terrestre a variação relativa da gravidade: (a) é da ordem de 2%; (b) é da ordem de 1%.

Respostas: (a) 64 km;
(b) 32 km.

4.37

Suponha que a Terra seja uma esfera perfeita de raio igual a 6370 km. (a) Obtenha uma relação para a diferença da aceleração da gravidade entre um pólo e o equador. (b) Calcule o valor aproximado da diferença da aceleração da gravidade entre um pólo e o equador, considerando o período de rotação da Terra igual a 24 h.

Resposta: (a) $\Delta g = \omega^2 R = 4\pi^2 R/T^2$;
(b) $\Delta g = 0,0337\ \mathrm{m/s^2}$.

4.38

Determine o valor aproximado da força gravitacional entre a Lua e o oceano. A massa da Lua é aproximadamente igual a $7,34 \times 10^{22}$ kg. A área do oceano é aproximadamente igual a $3,63 \times 10^{14}\ \mathrm{m}^2$ e a profundidade média do oceano é aproximadamente igual a 3770 m.

Resposta: $4,5 \times 10^{16}$ N.

4.39

Explique o fenômeno das *marés* do oceano.

Resposta: Devido ao movimento de rotação da Terra, ocorre uma variação da força gravitacional produzida pela Lua e pelo Sol sobre qualquer elemento de massa da Terra. Embora esta variação seja pequena (ordem de grandeza $\Delta g/g = 10^{-7}$), a força total sobre o oceano é bastante elevada (ver o resultado do problema anterior). Concluímos, portanto, que a variação da força de atração entre a Lua e a massa total do oceano é suficiente para produzir um movimento oscilatório do oceano, conhecido pelo nome de *maré*.

4.40

Qual é a causa das marés da atmosfera? Qual é a causa das marés da crosta terrestre?

Resposta: As causas das marés da atmosfera e das marés da crosta terrestre são as mesmas que produzem as marés do oceano (ver a explicação dada no problema anterior).

4.41

O valor *máximo* da gravidade em um ponto da Terra ocorre nas vizinhanças de um eclipse da Lua (a ação da Lua é contrária à ação do Sol). Quando ocorre um eclipse do Sol o valor da gravidade na superfície terrestre é *mínimo* (o Sol e a Lua exercem atrações no mesmo sentido). Determine a ordem de grandeza da variação diária da gravidade (em relação ao valor da gravidade na superfície terrestre g_0) nas vizinhanças: (a) de um eclipse da Lua; (b) de um eclipse do Sol.

Respostas: (a) $\Delta g/g_0 = 10^{-7}$;
(b) $\Delta g/g_0 = 3,2 \times 10^{-7}$.

4.42

Ao longo do eixo Ox, no ponto $x = b$, existe uma partícula de massa m, e no ponto $x = -b$ existe uma partícula de massa $2m$. Determine o módulo do campo gravitacional nos seguintes pontos: (a) $x = 0$, $y = 0$; (b) $x = 2b$, $y = 0$.

Respostas: (a) Gm/b^2;
(b) $10Gm/9b^2$.

4.43

Tome como referência o problema anterior. Existe somente um ponto sobre o eixo Ox no qual o campo gravitacional se anula. Determine este ponto. Explique por que não existe mais de um ponto onde o campo se anula.

Resposta: O campo gravitacional só pode se anular para pontos situados no segmento de reta *entre* as duas massas. Você encontrará duas soluções para a equação do segundo grau correspondente à condição $g = 0$, contudo, somente a solução $0,17b$ corresponde a uma solução física correta porque está *entre* as duas massas; a outra solução ($x = 5,83b$) corresponde a um ponto *fora* do segmento de reta *entre* as massas.

4.44

Considere duas partículas de massas iguais. Diga quais são os pontos para os quais o campo gravitacional se anula.

Resposta: O campo gravitacional se anula em todos os pontos do plano perpendicular ao segmento da linha reta que une as duas massas.

4.45

Considere duas massas m_1 e m_2 separadas por uma distância d. Verifique em quantos pontos situados sobre a reta que une as duas massas o campo gravitacional se anula e localize esses pontos.

Respostas: O campo se anula em *somente um ponto* da reta que une as duas massas e este ponto está localizado *entre* as duas massas e situado em um ponto mais próximo da partícula de maior massa.

4.46

Uma partícula de massa igual a $4m$ está situada a uma distância b de uma outra partícula de massa m. (a) Calcule as distâncias entre o centro de massa deste conjunto e o ponto onde o campo gravitacional é igual a zero. (b) Existe algum ponto em que o potencial gravitacional da partícula de massa igual a $4m$ se anula? (c) Qual é a energia potencial deste sistema?

Respostas: (a) $x_1 = 2b$, $x_2 = 2b/3$;
(b) Não, o potencial gravitacional de uma partícula só é nulo no infinito;
(c) $U = Gm_1m_2/b$.

4.47

Nos vértices de um quadrado de lado $L = 2$ m existem quatro massas iguais. Cada massa é dada por: $m = 1$ kg. (a) Determine a expressão do trabalho necessário para colocar uma partícula de massa $m' = 2m$ no centro deste quadrado, (b) Calcule o valor numérico deste trabalho.

Respostas: (a) $W = 8(2)^{1/2}Gm^2/L$;
(b) $W = 3,77 \times 10^{-10}$ J.

4.48

Uma partícula se move sob a ação de uma força de atração que varia com o inverso do quadrado da distância a uma dada origem ($F = -k/r^2$). Suponha que a trajetória seja uma circunferência de raio r. Determine: (a) a energia total; (b) a velocidade da partícula.

Respostas: (a) $E = -k/2r$;
(b) $v = (k/mr)^{1/2}$.

4.49

Considere uma esfera oca de raio interno a e de raio externo b. No interior desta esfera coloca-se uma partícula de massa m. (a) Calcule o campo gravitacional no centro da esfera, (b) Determine a força gravitacional exercida entre a esfera externa e a partícula de massa m.

Respostas: (a) 0;
(b) 0.

4.50

Denomina-se *primeira velocidade cósmica* a velocidade inicial que se deve imprimir a um corpo em uma direção paralela à direção horizontal, para que o corpo gire em torno da Terra numa órbita circular. Determine o valor aproximado da primeira velocidade cósmica para um corpo lançado da superfície terrestre.

Resposta: $v = (gR)^{1/2} = 7,9$ km/s.

4.51

Calcule a primeira velocidade cósmica para Marte. O raio de Marte é aproximadamente igual a $3,36 \times 10^6$ m. A massa de Marte é igual a $6,44 \times 10^{23}$ kg.

Resposta: $v = 3,57$ km/s.

4.52

Suponha que um projétil seja lançado verticalmente de baixo para cima com uma velocidade inicial igual a v. Se a velocidade v for suficientemente grande, o projétil fugirá da atração terrestre. A velocidade mínima para que isto ocorra denomina-se *velocidade de escape* (v_e) ou *segunda velocidade cósmica*. Desprezando a resistência do ar, determine a velocidade de escape v_e de um projétil lançado da superfície terrestre.

Resposta: $v = (2gR)^{1/2} = 11,2$ km/s.

4.53

Desejamos lançar um satélite de modo que ele descreva uma órbita circular com um período de duas horas. Calcule a altura acima da superfície terrestre necessária para que isto ocorra.

Resposta: $h = 1700$ km.

4.54

Considere uma esfera de massa M e raio R. (a) Em que ponto exterior à esfera o módulo do campo gravitacional se reduz à metade do módulo do campo na superfície da esfera? (b) Em que ponto interior à esfera o módulo do campo gravitacional se reduz à metade do seu valor na superfície da esfera?

Respostas: (a) $r = R(2)^{1/2}$.
(b) $r = R/2$.

4.55

Um corpo de massa m se encontra no fundo do oceano a uma distância r do centro da Terra. Suponha que a Terra possua densidade constante e igual a ρ. Qual é o módulo da força gravitacional entre a Terra e o corpo?

Resposta: $F = 4\pi\rho GmMr/3$.

4.56

Considere um aro com densidade linear uniforme. Seja M a massa e R o raio do aro. O aro está no plano yz e a origem O do sistema $Oxyz$ coincide com o centro do aro. O eixo Ox é o eixo central do aro (ortogonal ao plano do aro). Determine o potencial gravitacional produzido pelo aro sobre os pontos do eixo Ox.

Resposta: $V(x) = -GM/(x^2 + R^2)^{1/2}$.

4.57

Considere o aro do problema anterior. Determine o potencial gravitacional produzido pelo aro sobre um ponto do eixo Ox muito afastado do centro do aro, ou seja, para um ponto $x \gg R$.

Resposta: $V(x) = -GM/x$.

4.58

Determine o campo gravitacional produzido pelo aro do problema anterior sobre todos os pontos do eixo Ox.

Resposta: O vetor campo gravitacional possui a mesma direção do eixo Ox, porém o sentido aponta para a origem. O módulo do campo (e o sentido) pode ser obtido através da derivada de $V(x)$ em relação a x. A resposta é

$$g(x) = -\frac{GMx}{(x^2 + R^2)^{3/2}}$$

onde o sinal de subtração indica que o campo é orientado da esquerda para a direita, para $x > 0$, e da direita para a esquerda, para $x < 0$.

4.59

Considere o aro do problema anterior. (a) Determine o campo gravitacional produzido pelo aro no centro do aro. (b) Determine o módulo do campo gravitacional produzido pelo aro sobre um ponto do eixo Ox muito afastado do centro do aro, ou seja, para um ponto $x \gg R$.

Respostas: (a) $g = 0$;
(b) $g(x) = GM/x^2$.

4.60 Determine o potencial gravitacional produzido por um disco homogêneo de raio R nos pontos do eixo ortogonal ao plano do disco que passa pelo centro de massa do disco. Suponha um disco muito fino com densidade superficial σ uniforme.

Resposta: $V(x) = 2\pi\sigma G[x - (x^2 + R^2)^{1/2}]$.

4.61 Considere o problema anterior. Determine o campo gravitacional produzido pelo disco do problema anterior sobre todos os pontos do eixo Ox.

Resposta: $g(x) = -2\pi\sigma G\{1 - [x/(x^2 + R^2)^{1/2}]\}$.

4.62 Considere os dois problemas anteriores. Suponha que a distância x ao centro do disco seja muito maior do que o raio do disco. Determine: (a) o potencial gravitacional; (b) o campo gravitacional. Suponha que a massa total do disco seja igual a M.

Respostas: (a) $V = -GM/x$;
(b) $g = -GM/x^2$.

4.63 Uma esfera de massa M e raio R possui densidade dada por: $\rho = Ar$, onde A é uma constante e r é a distância ao centro da esfera. Determine o campo gravitacional produzido por esta esfera: (a) para pontos exteriores ($r > R$) da esfera, (b) para pontos no interior da esfera ($r < R$).

Respostas: (a) $g = -GM/r^2$;
(b) $g = -\pi AGr^2$.

4.64 Escreva a expressão do item (b) do problema anterior em função da massa M da esfera.

Resposta: $g = -GMr^2/R^4$.

5

HIDROSTÁTICA

5.1 Pressão barométrica e lei de Arquimedes

A *pressão hidrostática* ou simplesmente *pressão* de um fluido pode ser calculada em qualquer ponto de um fluido em repouso através da relação:

$$P = \frac{dF}{dA} \tag{5.1}$$

Da equação (5.1), concluímos que para calcularmos o módulo da força que atua sobre uma área A devemos fazer a seguinte integral estendida sobre toda a área A considerada:

$$F = \int P \, dA \tag{5.2}$$

De acordo com a definição de *densidade* (ou *massa específica*), temos:

$$\rho = \frac{dm}{dV} \tag{5.3}$$

A pressão na base de um elemento de massa dm de um fluido é dada pelo peso infinitesimal por unidade de área dA, ou seja, de acordo com a relação (5.1),

$$P = g\frac{dm}{dA} \tag{5.4}$$

Considere uma pequena coluna do fluido com área dA e altura h. Multiplique o numerador e o denominador do segundo membro da relação (5.4) por h, você obterá:

$$P = gh\frac{dm}{h\,dA} \tag{5.5}$$

O elemento de volume da coluna de fluido é dado por $dV = h\,dA$. Logo, substituindo esta relação na relação (5.5), obtemos:

$$P = gh\frac{dm}{dV}$$

Usando agora a equação (5.3) na expressão anterior, encontramos:

$$P = \rho gh \tag{5.6}$$

Na equação (5.6) a pressão na base da coluna é devida somente ao peso por unidade de área da coluna. Considere agora uma coluna de líquido. Se sobre a superfície livre do líquido não existir pressão externa, poderemos usar a relação (5.6) para calcular a pressão no seio do líquido em função da profundidade h.

Um líquido é um fluido *incompressível*. Para *fluidos incompressíveis* vale o *princípio de Pascal* enunciado do seguinte modo:

Exemplos práticos de aplicação do *princípio de Pascal*: (a) em um *freio hidráulico* a pressão aplicada ao pedal do freio se transmite integralmente até as rodas do veículo. (b) em um *elevador hidráulico* a pressão aplicada se transmite integralmente até o cilindro que eleva o automóvel.

Seja P_0 a pressão externa sobre a superfície livre de um líquido; como o líquido transmite integralmente a pressão recebida, a pressão em um ponto qualquer no seio do líquido é dada por:

$$P = P_0 + \rho gh \tag{5.7}$$

Na equação (5.7) h é a profundidade do líquido medida a partir da sua superfície livre e a pressão externa P_0 geralmente é a pressão atmosférica.

Considere um corpo submerso em um fluido qualquer (*compressível* ou *incompressível*). A *diferença de pressão* exercida sobre o corpo de baixo para cima pode ser calculada a partir da equação (5.7). A diferença de pressão entre a parte inferior do corpo e a parte superior em função da altura h do corpo é dada por:

$$\Delta P = \rho g h \tag{5.8}$$

Geralmente se diz que a fórmula (5.7) fornece a *pressão barométrica* (ou *pressão absoluta*) em um fluido porque esta pressão se mede com um *barômetro*. Por outro lado, um *manômetro* é um aparelho que fornece a *diferença de pressão* entre a pressão absoluta do fluido e a pressão atmosférica. Portanto a equação (5.8) fornece a *pressão manométrica*. Com base na definição (5.1) podemos escrever:

$$\Delta P = \frac{dE}{dA} \tag{5.9}$$

onde dE é o módulo da força infinitesimal exercida pelo fluido sobre um elemento de área dA. Deste modo, usando as equações (5.8) e (5.9), encontramos:

$$dE = \rho g h \, dA = \rho g \, dV \tag{5.10}$$

Integrando a equação (5.10), supondo uma densidade ρ constante, obtemos:

$$E = \rho g V = mV \tag{5.11}$$

onde V é o volume do fluido deslocado pelo corpo, m é a massa do fluido deslocado pelo corpo e E é o módulo da força de baixo para cima exercida pelo fluido sobre o corpo.

A força $\mathbf{E}$ exercida pelo fluido sobre um corpo denomina-se *força de empuxo*. A chamada *lei de Arquimedes* afirma que *todo corpo imerso em um fluido sofre a ação de uma força de empuxo exercida de baixo para cima e cujo módulo é dado pela relação* (5.11). A equação (5.11) mostra que o módulo da *força de empuxo* é numericamente igual ao módulo do *peso do fluido deslocado pelo corpo*.

5.2 Tensão superficial e capilaridade

Vimos que a pressão no seio de um fluido é dada pela força por unidade de área. Na superfície de um líquido, devido a interações moleculares, surge uma tensão ao longo da superfície; esta grandeza denomina-se *tensão superficial* e pode ser medida pela força por unidade de complemento.

Então, designando por γ a *tensão superficial* e por dl o comprimento de arco infinitesimal sobre o qual atua a força $d\mathbf{F}$, podemos escrever:

$$\gamma = \frac{dF}{dl} \tag{5.12}$$

Logo, pela relação (5.12), a unidade de *tensão superficial* pode ser dada em termos da força por unidade de área. O trabalho necessário para fazer a área de uma superfície variar é dado por:

$$dW = \gamma\, dA \tag{5.13}$$

A relação (5.13) mostra que a tensão superficial pode ser também calculada em termos do trabalho por unidade de área.

A diferença de pressão entre o lado côncavo (sob pressão P) e o lado convexo (sob pressão P_0) de uma interface é dada pela *equação de Laplace*:

$$P - P_0 = \gamma \left(\frac{1}{R_1} + \frac{1}{R_2} \right) \tag{5.14}$$

A relação (5.14) mostra que a pressão P do lado côncavo de uma interface é sempre maior do que a pressão P_0 do lado convexo. Na equação (5.14) R_1 e R_2 são os *raios de curvatura principais* da superfície no ponto da superfície onde determinamos as pressões. No caso de uma interface *esférica*, $R_1 = R_2 = R$ e podemos escrever a equação de Laplace na forma

$$P - P_0 = \frac{2\gamma}{R}$$

Em virtude da diferença de pressão dada pela equação de Laplace (5.14) é que um líquido sobe (ou desce) pelas paredes de um tubo capilar. Este fenômeno denomina-se *capilaridade*. Quando o líquido *molha* as paredes do tubo (como no caso da água) ocorre o fenômeno da *ascensão capilar*; quando o líquido não molha as paredes do tubo (como no caso do mercúrio) ocorre a *depressão capilar*. Este mesmo fenômeno é responsável pela aglutinação de duas placas de vidro, quando existe entre elas uma película de água. É também a capilaridade a responsável pela aglutinação dos grãos de areia, quando existe água nos interstícios dos grãos de areia.

Uma aplicação extremamente importante da equação de Laplace (5.14) é a determinação da chamada *pressão capilar*, isto é, a diferença de pressão causada pela *capilaridade*. Considere um líquido que *molha* as paredes do tubo (como no caso da água). Neste caso, a determinação experimental da *pressão capilar* é feita medindo-se a altura atingida pelo líquido no interior de um tubo cilíndrico de raio r muito pequeno (tubo capilar). Seja θ o ângulo de contato entre o líquido que molha a superfície interna de um tubo capilar; no Problema 5.13 mostraremos que, devido à *pressão capilar*, a altura atingida pelo líquido no interior de um tubo capilar de raio r é dada pela relação:

$$h = \frac{2\gamma \cos\theta}{\rho g r}$$

5.3 Problemas sobre pressão hidrostática e lei de Arquimedes

5.01 RESOLVIDO

Um recipiente contendo água repousa sobre uma balança de molas. Se introduzirmos um dedo na água, sem tocar em nenhum ponto do recipiente, a balança indicará um peso maior ou menor do que o peso indicado no equilíbrio anterior?

SOLUÇÃO

O dedo sofre uma força de empuxo de baixo para cima igual em módulo ao peso da água deslocada pelo dedo. Pela lei da ação e reação existe uma força igual à do empuxo exercida pelo dedo sobre a água. Como os líquidos são incompressíveis, esta força se transmite até o fundo do recipiente. Portanto, a balança deverá acusar um peso maior do que o peso apontado antes da introdução do dedo.

Você também pode chegar à mesma conclusão de que a balança deverá acusar um peso maior do que o peso indicado antes da introdução do dedo fazendo o seguinte raciocínio. O peso indicado antes da introdução do dedo é dado pela soma do peso do recipiente vazio mais o peso da água contida no recipiente. De acordo com a equação (5.8) o peso da água é dado pela relação:

$$P = \rho g h A$$

onde h é a altura do nível da água e A é a área interna da base do recipiente. Quando você introduz o dedo na água, a altura h aumenta, portanto p aumenta e a balança deverá acusar um peso maior do que o peso indicado antes da introdução do dedo.

5.02 RESOLVIDO

Um balão ascende porque o gás do seu interior é menos denso do que o ar ambiente. Isto pode ser facilmente conseguido com a combustão de uma bucha, pois o ar quente é menos denso do que o ar ambiente. Suponha que o volume total do balão seja igual a 10 m^3 e que a massa total do material do balão mais a massa da bucha seja igual a 2 kg. A densidade do ar exterior ao balão é igual a 1,2 g/L. Sabendo-se que a aceleração inicial do balão é igual a 0,5 m/s^2, calcule a força de empuxo sobre o balão e a densidade do gás do interior do balão.

SOLUÇÃO

A força de empuxo é dada pela relação (5.11), ou seja,

$$E = \rho_{\text{ar}} V_{\text{ar}} g \tag{1}$$

Na equação (1) onde ρ_{ar} é a densidade do ar e V_{ar} é o volume de ar deslocado pelo balão (que é igual ao volume do balão). Substituindo os valores dados no enunciado na relação (1), temos:

$$E = \frac{1,2 \times 10^{-3}\ \text{kg} \times 9,8\ \text{m} \times 10\ \text{m}^3}{10^{-3} m^3\ \text{s}^2} \tag{2}$$

Portanto, da equação (2), encontramos: $E = 117,6$ N. De acordo com a segunda lei de Newton,

$$E - mg = ma$$

Logo, pela relação anterior

$$m = \frac{E}{a+g} = \frac{117,6}{0,5+9,8}\ \text{kg}$$

Portanto a massa total é dada por: $m = 11,42$ kg. Como a massa da bucha mais a massa total do balão é igual a 2 kg, conclui-se que a massa do gás no interior do balão é dada por $m' = 9,42$ kg. Concluímos que a densidade do gás no interior do balão é dada por:

$$p = \frac{m'}{V} = \frac{9,42\ \text{kg}}{10\ \text{m}^3} = 0,94\ \text{kg/m}^3 = 0,94\ \text{g/L}$$

5.03 RESOLVIDO

Em um elevador hidráulico um automóvel se apóia sobre um eixo cilíndrico de raio R e comprimento L. O automóvel possui massa igual a m. Determine o *módulo de Young* do material, conhecendo-se a deformação ΔL produzida no cilindro.

SOLUÇÃO

O *módulo de Young* de um material é definido como a pressão dividida pela deformação relativa ($\Delta L/L$). Ou seja, se F for a força que age perpendicularmente à seção reta de um cilindro (ou de uma barra), o *módulo de Young* do material é definido pela relação:

$$Y = \frac{F/A}{\Delta L/L}$$

Neste problema a força F é o peso do automóvel e A é a área da seção reta do cilindro, logo,

$$Y = \frac{mgL}{\pi R^2 \Delta L}$$

Esta é a expressão que deve ser usada para se calcular o módulo de Young do material em função dos dados literais do problema.

5.04 RESOLVIDO

Quando misturamos massas iguais de duas substâncias, a densidade da mistura resultante é ρ.Quando misturamos volumes iguais das mesmas substâncias, a densidade da mistura resultante é d. Seja d_1 a densidade de uma das substâncias e d_2 a densidade da outra. Determine o produto das densidades das duas substâncias em função das densidades das misturas (ρ e d).

SOLUÇÃO

No primeiro caso, como a massa m de cada componente é a mesma, a densidade da mistura será:

$$\rho = \frac{2m}{V_1 + V_2} \qquad (1)$$

Estamos supondo que o volume total da mistura seja a soma dos volumes dos componentes. Como $d_1 = m/V_1$ e $d_2 = m/V_2$, temos: $V_1 = m/d_1$ e $V_2 = m/d_2$. Substituindo V_1 e V_2 na equação (1), encontramos:

$$\rho = \frac{2d_1 d_2}{d_1 + d_2} \qquad (2)$$

No segundo caso, como o volume de cada componente é o mesmo obtemos:

$$d = \frac{m_1 + m_2}{2V} \tag{3}$$

Neste caso, $m_1 = d_1 V$ e $m_2 = d_2 V$. Substituindo estes valores na relação (3), encontramos:

$$d = \frac{d_1 + d_2}{2} \tag{4}$$

Da relação (4), obtemos: $(d_1 + d_2) = 2d$. Substituindo este resultado na equação (2), encontramos:

$$d_1 d_2 = \rho d \tag{5}$$

A relação (5) fornece o produto solicitado no problema.

5.05

Determine o valor aproximado da massa da atmosfera terrestre.

SOLUÇÃO

A pressão atmosférica é aproximadamente igual a 10^5 Pa. Um Pa é igual a 1 $\mathrm{N/m^2}$. Portanto o peso da coluna da atmosfera de 1 $\mathrm{m^2}$ de área é aproximadamente igual a 10^5 N. Considerando g aproximadamente igual a 10 $\mathrm{m/s^2}$, a massa desta coluna de 1 $\mathrm{m^2}$ de área é aproximadamente igual a 10^4 $\mathrm{kg/m^2}$. A área da superfície terrestre é igual a $4\pi R^2$. Logo a massa total da atmosfera terrestre é igual a $(4\pi R^2 \times 10^4)$ kg. O raio médio da terra é igual a $6,37 \times 10^6$ m. Substituindo o valor de R na relação anterior encontra-se a seguinte massa aproximada para a atmosfera terrestre: $M = 5 \times 10^{18}$ kg $= 5 \times 10^{15}$ toneladas.

5.06
RESOLVIDO

Suponha que a temperatura seja constante em todos os pontos da atmosfera. Determine a pressão atmosférica em função da altura a partir da superfície terrestre. Suponha que o ar seja um gás ideal.

SOLUÇÃO

Supondo P constante em um elemento de volume do ar atmosférico e diferenciando ou a equação (5.6) ou a equação (5.7), encontramos:

$$dP = \rho g \, dh \tag{1}$$

Como estamos admitindo que o ar atmosférico seja um gás ideal podemos usar a equação de estado de um gás ideal (ver o Capítulo 6). Podemos escrever a equação de estado de um gás ideal na forma:

$$P = \frac{\rho RT}{M} \tag{2}$$

onde R é a constante dos gases ideais, T é a temperatura absoluta e M é a massa molecular do gás. Explicitando o valor de ρ da equação (2) e substituindo o resultado na relação (1) achamos:

$$\frac{dP}{P} = -\frac{Mg}{RT}\,dh \tag{3}$$

Integrando a equação (3) entre os limites P_0 *para* $h = 0$, *e* P, para $h = H$, obtemos para P o seguinte resultado:

$$P = P_0 \exp\left(-\frac{Mgh}{RT}\right)$$

O resultado encontrado mostra que a pressão cai exponencialmente com a altitude. Esta relação é algumas vezes chamada de *equação barométrica*.

5.07
RESOLVIDO

Um líquido possui densidade variável dada por:

$$\rho = \rho_0(1 + bz)$$

onde ρ_0 é a densidade na superfície livre do líquido, b é uma constante com dimensão m^{-1} e z é a profundidade em metros. Determine a pressão no seio do líquido em função da profundidade h.

SOLUÇÃO

Considere um eixo Oz orientado de cima para baixo a partir da superfície livre do líquido. De acordo com a diferencial da equação (5.6) ou da equação (5.7), obtemos:

$$dP = \rho g\,dz$$

Substituindo a expressão dada no enunciado do problema e integrando a equação diferencial obtida entre os limites P_0 (pressão externa) para $z = 0$ (superfície livre do líquido) e P para $z = h$, encontramos:

$$P - P_0 = \int_0^h \rho_0 g(1 + bz)\,dz$$

Integrando entre os limites indicados obtemos a seguinte expressão para a pressão em função da profundidade h e da pressão externa P_0:

$$P = P_0 + \rho_0 g h + \rho_0 g b \frac{h^2}{2}$$

5.08
RESOLVIDO

Um cilindro contendo um líquido gira com velocidade angular constante em torno de um eixo vertical que coincide com o eixo de simetria do cilindro. Determine a variação de pressão com a distância r ao eixo de rotação e com a profundidade. Mostre que as isóbaras são parabolóides de revolução.

SOLUÇÃO

Considere um eixo vertical Oz coincidindo com o eixo de rotação do cilindro. Sobre um elemento de fluido atua a força centrípeta:

$$dF = \omega^2 r\, dm \tag{1}$$

onde r é a distância ao eixo de rotação. Como a pressão é a força por unidade de área podemos dizer que a força infinitesimal dF *é o* produto do gradiente de pressão dP pela área A da seção reta do elemento considerado. Então, usando a relação (1), podemos escrever:

$$A\, dP = \omega^2 r\, dm \tag{2}$$

Porém, sabemos que

$$dm = \rho\, dV = \rho(A\, dr) \tag{3}$$

Substituindo a relação (3) na equação (2), encontramos:

$$\frac{dP}{dr} = \rho \omega^2 r \tag{4}$$

Na direção do eixo Oz a única força aplicada é a força gravitacional. Orientando o eixo Oz de cima para baixo e usando a relação (5.6) ou a relação (5.7), obtemos:

$$\frac{dP}{dz} = \rho g \tag{5}$$

A relação (4) mostra que a pressão varia com a distância r ao eixo de rotação. A relação (5) mostra que a pressão também varia com a profundidade z abaixo da superfície livre do líquido. A pressão é, portanto, uma função de duas variáveis e, a rigor, deveríamos usar a notação de derivada parcial nessas duas relações. Contudo, vamos analisar o que ocorre separadamente em cada uma dessas duas direções. Começaremos analisando a variação da pressão com a profundidade. Integrando a equação (5), desde a superfície livre do líquido ($z = 0$) até uma profundidade z, encontramos para o componente da pressão que depende de z:

$$P = P(r) + \rho g z \tag{6}$$

onde $P(r)$ é uma função da distância r ao eixo de rotação. De fato, fazendo a derivada parcial da equação (6) em relação a z, mantendo r constante, obtemos a equação (5). Vamos agora analisar a variação da pressão com a distância r ao eixo de rotação, isto é, vamos determinar a pressão $P(r)$. Integrando a equação (4), obtemos para o componente da pressão que depende de r:

$$P(r) = P_0 + \rho\omega^2 \frac{r^2}{2} \tag{7}$$

Na equação (7) P_0 é a pressão externa para $r = 0$. Combinando as equações (6) e (7), encontramos para a pressão total o seguinte resultado:

$$P(r,z) = P_0 + \rho\omega^2 \frac{r^2}{2} + \rho g z \tag{8}$$

Vamos agora mostrar que as isóbaras são parabolóides de revolução. Denomina-se *isóbara* uma superfície ao longo da qual a pressão permanece *constante*. Fazendo $P(r,z) =$ constante na equação (8), verificamos que a derivada parcial de z em relação a r na equação (8) fornece o módulo:

$$\frac{dz}{dr} = \omega^2 \frac{r}{g} \tag{9}$$

Integrando a equação (9), desde a superfície livre do líquido ($z = 0$) até uma profundidade z, encontramos:

$$z = \omega^2 \frac{r^2}{2g} = Br^2 \tag{10}$$

Na equação (10) $B = \omega^2/2g$. A equação (10) mostra que *todas* as *isóbaras* são parabolóides de revolução em torno do eixo Oz. Portanto, a superfícies livre do líquido também é um parabolóide de revolução em torno do eixo Oz, visto que ao longo da superfície livre do líquido a pressão é constante e igual à pressão externa (que geralmente é a pressão atmosférica).

5.09
RESOLVIDO

Determine a força resultante sobre a parede da barragem de uma represa contendo água até uma altura H medida a partir da base da represa.

SOLUÇÃO

Considere um eixo Oy orientado de baixo para cima. A pressão em um nível de altura y contada a partir da base da represa é dada por:

$$P = \rho g(H - y) \tag{1}$$

A força que atua sobre um elemento de massa é dada pela relação (5.1), ou seja:

$$dF = P\,dA \tag{2}$$

Designando por L o comprimento da parede da barragem, o elemento de área dA é dado por: $dA = L\,dy$. Usando esta forma diferencial dA e substituindo a equação (1) na relação (2), obtemos:

$$dF = \rho g(H - y)L\,dy \tag{3}$$

Integrando a equação (2) desde $y = 0$ até $y = H$, encontramos:

$$F = \frac{\rho g L H^2}{2} \tag{4}$$

O resultado (4) fornece o módulo da força resultante sobre a parede da barragem de uma represa contendo água até uma altura H.

5.10
RESOLVIDO

Determine o torque da força resultante sobre a parede de uma represa contendo água até uma altura H em relação a um ponto O situado na base da represa. Determine em que profundidade devemos aplicar a força $\boldsymbol{F}$ calculada no problema anterior para que esta força produza um torque igual ao momento total das forças em relação à base da represa.

SOLUÇÃO

Considere o mesmo eixo Oy descrito no problema anterior. O torque total é dado pela integral:

$$\tau = \int_0^H y\,dF \tag{1}$$

Substituindo a equação (3) do problema anterior na equação (1), obtemos:

$$\tau = \int_0^H \rho g L y (H - y)\,dy \tag{2}$$

Integrando a equação (2) desde $y = 0$ até $y = H$, encontramos para o módulo do torque

$$\tau = \frac{\rho g L H^3}{6} \tag{3}$$

O resultado (3) fornece o módulo do torque resultante em relação à base da parede da barragem de uma represa contendo água até uma altura H. Vamos agora determinar o ponto onde devemos aplicar a força $\boldsymbol{F}$ calculada no problema anterior para que esta força produza um torque igual ao momento total das forças em relação à base da represa. Seja H a altura (contada a partir da base da represa), onde a força $\boldsymbol{F}$ deve ser aplicada para produzir um momento total dado pela relação (3), então,

$$\tau = F\hat{H} \tag{4}$$

Comparando as relações (3) e (4) e usando o valor de F, dado pela relação (4) do problema anterior, encontramos:

$$\hat{H} = \frac{H}{3} \tag{5}$$

Em geral, costuma-se dar o resultado (5) em função da profundidade do ponto de aplicação da força. O ponto de aplicação da força $\boldsymbol{F}$ denomina-se *centro de pressão*. Vamos designar por y_{CP} o *centro de pressão*. É claro que esta profundidade é dada por:

$$y_{CP} = H - \hat{H} \tag{6}$$

Das equação (5) e (6) concluímos que:

$$y_{CP} = 2\frac{H}{3} \tag{7}$$

A equação (7) indica a profundidade do *centro de pressão* neste problema.

5.4 Problemas sobre tensão superficial e capilaridade

5.11 RESOLVIDO

Determine a diferença de pressão entre o interior e o exterior de uma gota esférica de raio R.

SOLUÇÃO

De acordo com a equação de Laplace (5.14), para interfaces esféricas, como $R_1 = R_2 = R$ podemos escrever a equação de Laplace na forma

$$P - P_0 = \frac{2\gamma}{R}$$

Portanto, a relação anterior fornece a diferença entre a pressão interna da gota P e a pressão externa da gota P_0.

5.12 RESOLVIDO

Determine a diferença de pressão existente entre um ponto no interior de uma bolha de sabão e a pressão atmosférica existente em qualquer ponto no exterior da bolha.

SOLUÇÃO

Neste caso existem duas interfaces esféricas: a interface externa, que separa a película de sabão do ar atmosférico, e a interface interna, que separa a película de sabão do ar do interior da bolha. Vamos designar pela letra P a pressão existente em um ponto no interior da bolha de sabão; seja P_1 a pressão na região interna da película de sabão e seja P_0 a pressão atmosférica. Aplicando a equação de Laplace na interface externa, obtemos:

$$P_1 - P_0 = \frac{2\gamma}{R} \tag{1}$$

onde R é o raio da bolha. Desprezando a pequena espessura da película da bolha de sabão, podemos dizer que o raio interno da bolha também é igual a R. Aplicando a equação de Laplace na interface interna, encontramos:

$$P - P_1 = \frac{2\gamma}{R} \tag{2}$$

Explicitando P_1 na equação (1) e substituindo P_1 na equação (2) Somando as equações (1) e (2), encontramos:

$$P - P_0 = \frac{4\gamma}{R} \tag{3}$$

Portanto, a diferença entre a pressão interna P e a pressão atmosférica P_0, no caso da bolha, é o dobro da diferença de pressão existente no caso da gota (ver o problema anterior).

5.13 RESOLVIDO

Deduza a expressão que dá a altura h atingida por um líquido em um tubo capilar de raio r, no caso de um líquido que molha a superfície do tubo. Qual seria a fórmula para o cálculo da profundidade atingida por um líquido que não molha a superfície do tubo?

SOLUÇÃO

A diferença de pressão entre o lado côncavo e o lado convexo da interface de separação entre dois meios é dada pela famosa fórmula de Laplace (5.14). No caso de uma interface esférica, como $R_1 = R_2 = R$ podemos escrever a equação de Laplace na forma

$$P_1 - P_0 = \frac{2\gamma}{R} \tag{1}$$

Na figura seguinte mostramos, esquematicamente, o corte de um tubo capilar de raio r para o caso de um líquido que molha a superfície interna do tubo (como a água, por exemplo). Podemos considerar uma interface esférica de raio R para a interface que se forma em virtude da adesão do líquido com a superfície interna do tubo. Vamos designar pela letra

θ ângulo de contato e por h a altura atingida pelo líquido no tubo capilar em virtude da pressão capilar.

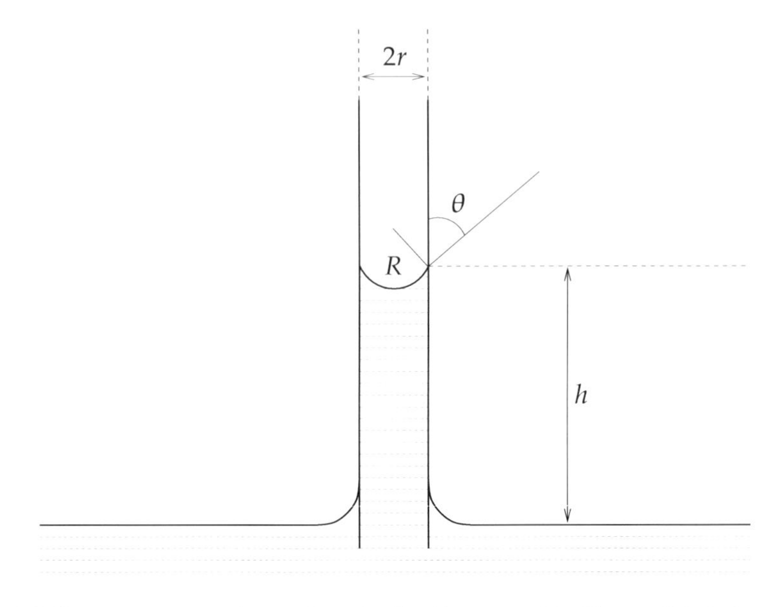

Fig. 5.1 *Esquema para mostrar a altura h atingida por um líquido em virtude da pressão capilar para o caso de um líquido que molha a parede do tubo.*

Inicialmente, quando o tubo é mergulhado no líquido, forma-se uma interface com a concavidade voltada para o lado da atmosfera. Conforme sabemos, a pressão no lado côncavo é maior do que a pressão no lado convexo. Portanto, a pressão inicial no lado do líquido é menor do que a pressão atmosférica. Sendo assim, a pressão atmosférica existente na parte externa do tubo empurra o líquido para dentro do tubo até que a coluna de líquido dentro do tubo atinja uma altura h tal que a diferença de pressão $\rho g h$ compense a diferença de pressão dada pela equação (1). Portanto, no equilíbrio, podemos escrever:

$$\rho g h = \frac{2\gamma}{R} \tag{2}$$

Observando a figura deste problema, vemos que o raio da interface esférica é dado em função do raio R do tubo pela relação:

$$R = \frac{r}{\cos\theta} \tag{3}$$

Substituindo a relação (3) na equação (2), obtemos a expressão solicitada:

$$h = \frac{2\gamma \cos\theta}{\rho g r} \tag{4}$$

Esta é a relação que fornece a altura atingida por um líquido que molha a superfície do tubo, segundo um ângulo de contato θ. O ângulo de contato indica se o líquido molha ou não a superfície do sólido. Quando θ for *maior* do que 90°, dizemos que o líquido não molha a superfície; quando θ for *menor* do que 90°, dizemos que o líquido molha a superfície. Quando o líquido não molha a superfície do tubo (por exemplo no caso do mercúrio em um tubo de vidro), em vez da *ascensão capilar* teremos o fenômeno da *depressão capilar*. A fórmula para o cálculo da profundidade h atingida pelo líquido na depressão capilar também é dada pela relação (4).

5.5 Problemas propostos

5.14

A densidade do mercúrio é igual a 13,6 g/cm^3. Para a pressão atmosférica normal o mercúrio da coluna de um barômetro atinge uma altura h = 76 cm. Usando esses dados e o valor g = 980 cm/s^2, calcule o valor da atmosfera em d/cm^2.

Resposta: $1 \text{ atm} = 1,013 \times 10^6 \text{ d/cm}^2$.

5.15

Calcule o valor de uma atmosfera em N/m^2.

Resposta: $1 \text{ atm} = 1,013 \times 10^5 \text{ N/m}^2$.

5.16

Mediante o uso de uma bomba fazemos o vácuo na parte superior de um recipiente que possui um tubo vertical mergulhado em um poço. Determine a distância aproximada entre a borda superior do tubo e o nível de água no poço, acima do qual não podemos retirar água deste poço com este método.

Resposta: $h = 10$ m.

5.17

Uma unidade prática de pressão é o milímetro de mercúrio (mm Hg). Determine em atmosferas as seguintes pressões: (a) 760 mm Hg; (b) 300 mm Hg; (c) 5 mm Hg.

Respostas: (a) 1 atm;
(b) 0,395 atm;
(c) $6,6 \times 10^{-3}$ atm.

5.18

Às vezes se costuma medir a pressão atmosférica em metros de água (m H_2O). A quantas atmosferas correspondem: (a) 30 m H_2O; (b) 18 m H_2O; (c) 3 m H_2O. Dê as respostas aproximadas.

Respostas: (a) 3 atm;
(b) 1,8 atm;
(c) 0,3 atm.

5.19

Um *Torricelli* (torr) equivale a uma pressão de 1 mm Hg. Calcule em torr a pressão de 1,2 atm.

Resposta: 912 torr.

5.20

Considere a pressão de 0,8 torr. Determine o valor desta pressão: (a) em N/m^2; (b) em mm Hg; (c) em m H_2O.

Respostas: (a) 105 N/m^2;
(b) 0,8 mm Hg;
(c) 0,01 m H_2O.

5.21

Considere a pressão de 0,8 atm. Determine o valor aproximado desta pressão: (a) em N/m^2; (b) em mm Hg; (c) em m H_2O.

Respostas: (a) $0,8 \times 10^5$ N/m^2;
(b) 608 mm Hg;
(c) 0,8 m H_2O.

5.22

A *pressão absoluta* no seio de um fluido é dada pela equação (5.7). Um *manômetro* de tubo em U geralmente possui uma das extremidades abertas para a atmosfera. Deste modo, quando medimos a pressão hidrostática em um ponto de um fluido, o valor obtido não é a pressão absoluta dada pela equação (5.7). A pressão medida é $(P - P_0)$, onde P_0 é a pressão atmosférica. Esta diferença de pressão chamamos de *pressão manométrica*. Um recipiente aberto possui água até uma altura $h = 6$ m. Determine para um ponto no fundo do recipiente: (a) a pressão absoluta em atm; (b) a pressão manométrica em atm.

Respostas: (a) 1,6 atm;
(b) 0,6 atm.

5.23

Dê as respostas do problema anterior em mm Hg.

Respostas: (a) 1216 mm Hg;
(b) 456 mm Hg.

5.24

Um recipiente aberto contém um óleo de densidade $\rho = 0,8$ g/cm^3. Determine a pressão absoluta em N/m^2 a uma profundidade de 2 m.

Resposta: $1,16 \times 10^5$ N/m^2.

5.25

Calcule a pressão manométrica no ponto considerado no problema anterior.

Resposta: $0,16 \times 10^5$ N/m^2.

5.26

A pressão manométrica no seio de um fluido a uma profundidade $h = 2m$ é igual a 0,15 atm. Calcule a densidade do líquido.

Resposta: 0,76 g/cm^3.

5.27

Em um elevador hidráulico um pistão de área A é comprimido por uma força de módulo igual a F; o pistão comprime o óleo que passa por um tubo e se liga com um outro pistão. Desejamos elevar um peso igual a $200F$, qual deve ser a área A' do outro pistão?

Resposta: $A' = 200A$.

5.28

Um cilindro de ascensão de um elevador hidráulico para automóveis possui diâmetro igual a 30 cm. Calcule a pressão necessária para sustentar um automóvel de massa igual a 1200 kg.

Resposta: $p = 16,65\ \mathrm{N/cm^2}$.

5.29

Você já sabe o que é o *centro de gravidade* de um corpo. Você vai aprender agora o conceito de *centro de flutuação*. O *centro de flutuação* é o ponto da parte submersa de um corpo no qual é aplicada a *força de empuxo*; ou seja, trata-se do "centro de gravidade" do volume do fluido deslocado pelo corpo. Um bloco cilíndrico de um certo material está flutuando sobre a água. A altura total do bloco é h; a altura da parte submersa é $h/2$. Calcule a distância entre o centro de gravidade do bloco e o centro de flutuação.

Resposta: $h/5$.

5.30

Um automóvel de 1100 kg se apóia sobre um eixo cilíndrico de raio $R = 20$ cm e comprimento $L = 2$ cm. A deformação produzida é $\Delta L = 2 \times 10^{-4}$ cm. Calcule o módulo de *Young* do material do eixo.

Resposta: $Y = 8,6 \times 10^{10}\ \mathrm{N/m^2}$.

5.31

Um corpo homogêneo possui densidade relativa d menor do que 1, isto é, sua densidade absoluta é menor do que a densidade absoluta da água. Quando este corpo está flutuando na água, determine a razão entre o volume V_0 que fica submerso e o volume total V do corpo.

Resposta: $V_0/V = d$.

5.32

Considere um bloco de gelo cúbico com densidade relativa igual a 0,9. A aresta do cubo é igual a 4 cm. Calcule a altura aproximada da parte do gelo que permanece acima da superfície da água.

Resposta: 0,4 cm.

5.33

Considere um bloco de madeira com densidade igual a $0.6\ g/cm^3$. Quando este bloco flutua em um óleo de densidade d o volume da parte submersa *é* igual a 0,75 do volume total do bloco. Calcule a densidade do óleo.

Resposta: $d = 0,8\ g/cm^3$.

5.34

Um bloco de gelo está flutuando em um recipiente que contém água. A altura do nível da água no recipiente no instante inicial é igual a h. A partir deste instante, o gelo começa a se fundir. (a) Determine a altura do nível da água no recipiente no instante em que o volume do bloco de gelo se reduziu à metade do seu volume inicial. (b) Qual será a altura do nível da água depois do gelo derreter completamente?

Respostas: (a) h.
(b) h.

5.35

O peso aparente, ou seja, a soma das forças que atuam sobre um corpo sólido homogêneo colocado em um líquido de densidade d_1 possui módulo igual a F_1. Quando ele é colocado em um líquido de densidade d_2 ele possui peso aparente igual a F_2. Determine a densidade d do corpo.

Resposta: $d = (F_1 d_2 - F_2 d_1)/(F_1 - F_2)$.

5.36

Um corpo homogêneo possui peso p_1 quando está mergulhado em um líquido de densidade d. O peso do corpo no ar (desprezando-se o empuxo) é igual a p. Determine a densidade ρ do corpo.

Resposta: $\rho = pd/(p - p_1)$.

5.37

Uma pedra pesa 200 N no vácuo e 150 N quando está imersa na água. Determine a densidade da pedra.

Resposta: $4\ g/cm^3$.

5.38

A densidade de um corpo homogêneo é igual a $2\ g/cm^3$. Quando o corpo está submerso na água ele pesa 200 N. Calcule o peso do corpo no ar, desprezando-se o empuxo do ar sobre o corpo.

Resposta: 400 N.

5.39

Um corpo pesa 100 N, quando mergulhado em um óleo de densidade igual a 0,8 g/cm^3, e pesa 60 N, quando mergulhado na água. Calcule a densidade do corpo.

Resposta: 1,3 g/cm^3.

5.40

Uma esfera maciça de raio R possui peso p no ar e possui peso p_1 quando está submersa em um líquido de densidade d. Desprezando a força de empuxo que atua sobre a esfera no ar, determine: (a) o volume da esfera; (b) o raio da esfera.

Respostas: (a) $V = (p - p_1)/gd$;
(b) $R = (3V/4\pi)^{1/3}$.

5.41

Uma esfera é feita de um material de densidade d e volume V. Determine o volume V da cavidade esférica existente em seu interior para que ela flutue em um líquido de densidade ρ, mantendo uma fração V/n do seu volume dentro do líquido.

Resposta: $V = V[1 - (\rho/nd)]$.

5.42

Em um bloco de gelo de volume V existe uma cavidade de volume V'. O bloco de gelo flutua na água, mantendo a metade do seu volume fora da água. Determine uma expressão para o cálculo do volume da cavidade em função da densidade do gelo d e em função da densidade da água ρ.

Resposta: $V' = V[1 - (\rho/2d)]$.

5.43

Uma esfera de ferro possui raio $R = 4$ cm. Determine o raio de uma cavidade esférica de raio R', concêntrica com a esfera de raio R, para que ela possa flutuar mantendo a metade do seu volume total fora da água. A densidade relativa do ferro é aproximadamente igual a 7,8.

Resposta: $R' = 3,9$ cm.

5.44

Um tanque possui 1,5 m de comprimento, 1 m de largura e 1 m de altura. Este tanque está cheio de água até uma altura de 80 cm. Mergulhando-se neste tanque um corpo homogêneo de massa $m = 37$ kg, verifica-se que o nível da água passa para uma altura de 80,8 cm. Calcule a densidade do corpo.

Resposta: 3,08 g/cm^3.

5.45

Um corpo de massa m e volume V está suspenso na vertical a uma mola de constante k. Inicialmente o sistema estava no interior de um recipiente sob vácuo. O corpo a seguir é imerso em um recipiente contendo água. Determine para o equilíbrio: (a) a deformação y da mola antes de mergulhar o corpo na água; (b) a deformação y' da mola depois de mergulhar o corpo na água.

Respostas: (a) $y = mg/k$;
(b) $y' = (m - \rho V)g/k$.

5.46

Um corpo de massa m flutua no seio de um líquido em um recipiente em repouso. O recipiente é colocado em um elevador que desce com aceleração $\boldsymbol{a}$ constante. O corpo emerge para a superfície do líquido ou permanece flutuando no interior do líquido?

Resposta: O corpo permanece flutuando na mesma posição em que ele se encontrava quando o recipiente estava em repouso.

5.47

Um balde contendo água até uma altura h está em repouso no piso de um elevador. O cabo do elevador arrebenta e o elevador cai. Determine: (a) a pressão exercida pela água sobre o fundo do balde quando o elevador estava parado; (b) a pressão exercida pela água sobre o fundo do balde durante a queda do elevador.

Respostas: (a) $P = \rho g h$;
(b) $P = 0$.

5.48

Um balde possui água até uma altura h. Este balde está apoiado no piso de um elevador que está subindo com aceleração $\boldsymbol{a}$. Determine a pressão no fundo do balde.

Resposta: :

$P = \rho h(g + a)$.

5.49

No problema anterior o elevador está descendo com uma aceleração $\boldsymbol{a}$ cujo módulo é menor do que o módulo de $\boldsymbol{g}$. Qual é a pressão no fundo do balde?

Resposta: $P = \rho h(g - a)$.

5.50

Um líquido possui densidade dada pela relação:

$$\rho = \rho_0(1 + 2bh)$$

onde ρ_0 é a densidade do líquido em sua superfície, h é a profundidade do líquido e b é uma constante com dimensão de L^{-1}.Determine a pressão em função de h.

Resposta: $P = P_0 + \rho_0 gh + \rho_0 gbh^2$.

5.51

Obtenha uma expressão para a variação da densidade da atmosfera em função da altura H, supondo que a temperatura da atmosfera permaneça constante.

Resposta: $\rho = \rho_0 \exp(-MgH/RT)$.

5.52

Um cilindro contendo um líquido gira com velocidade angular constante em torno de um eixo vertical que coincide com o eixo de simetria do cilindro. (a) Determine a diferença de pressão entre um ponto situado a uma distância r do eixo do cilindro e um ponto situado sobre o eixo

do cilindro, considerando a mesma altura z. (b) Cite pelo menos uma aplicação deste movimento rotatório.
Sugestão: Ver o Problema 5.8.

Respostas: (a) $\rho\omega^2(r^2/2)$.
(b) Uma diferença de pressão radial pode ser usada para impulsionar um fluido radialmente. Isto ocorre nos *ventiladores* e nas *bombas centrífugas*. Esta diferença de pressão também pode ser usada na medida da velocidade de rotação de um eixo; para isto acopla-se o eixo a um cilindro contendo um líquido. O perfil da parábola formada indicará a velocidade angular da rotação.

5.53

A parede de uma represa possui um comprimento igual a 200 m e uma altura igual a 20 m. Calcule o módulo da força total exercida pela água sobre a represa.

Resposta: $F = 3,9 \times 10^8$ N.

5.54

Calcule o módulo do torque total em relação à base da represa do problema anterior.

Resposta: $2,6 \times 10^9$ N m.

5.55

Supondo que a água molhe completamente a superfície interna de um tubo capilar de raio r obtenha uma expressão para a determinação experimental do raio r em função da altura atingida pela água.

Resposta: $r = 2\gamma/(\rho g h)$.

5.56

Calcule a diferença de pressão entre o interior e o exterior de urna bolha de ar de raio r, no seio de um líquido com tensão superficial γ.

Resposta: $2\gamma/r$.

5.57

Seja ΔP diferença de pressão entre o ar no interior de uma bolha de sabão e a pressão atmosférica. Determine o raio da bolha de sabão.

Resposta: $r = 4\gamma/\Delta P$.

5.58 Uma bolha de sabão forma-se na atmosfera. Qual é o excesso de pressão no interior da bolha quando seu raio for da ordem de 2 cm? A tensão superficial da película líquida da bolha é da ordem de 30 erg/cm^2.

Resposta: 60 dyn/cm^2.

6

HIDRODINÂMICA

6.1 Equação da continuidade e equação de Bernoulli

Uma *linha de corrente* de um escoamento é uma curva tal que a tangente em cada ponto desta curva fornece a direção da velocidade das partículas do fluido. Pela própria definição de linha de corrente, duas linhas de corrente *nunca se cruzam*. Um *tubo de corrente* é um feixe de linhas de corrente que engloba um volume no interior do qual o fluido se escoa. Um fluido não pode entrar nem sair pelas paredes laterais de um tubo de corrente. Ele só pode entrar ou sair pelas bases do tubo.

A velocidade de uma partícula é sempre tangente à linha de corrente, e a aceleração tem dois componentes: um componente tangencial à linha de corrente e outro normal à linha de corrente.

Quando as propriedades físicas do fluido não dependem do tempo, dizemos que o escoamento é *permanente* ou *estacionário*. Neste tipo de escoamento, a massa que entra por unidade de tempo em um tubo de corrente (ou tubo de escoamento) deve ser igual à massa que sai por unidade de tempo deste tubo, ou seja,

$$\left(\frac{dm}{dt}\right)_1 = \left(\frac{dm}{dt}\right)_2 \tag{6.1}$$

Na equação (6.1), o índice 1 refere-se a um ponto na entrada do escoamento e o índice 2 refere-se a um ponto na saída. A derivada (dm/dt)

fornece a *vazão mássica*. O elemento de volume do fluido pode ser escrito na forma:

$$dV = A\,ds \tag{6.2}$$

Na equação (6.2) ds é o deslocamento ao longo da linha de corrente e A é a área da seção reta do tubo de escoamento. Pela definição de densidade, temos:

$$dm = \rho\,dV \tag{6.3}$$

Combinando-se as relações (6.2) e (6.3), encontramos o resultado:

$$dm = \rho A\,ds \tag{6.4}$$

Dividindo ambos os membros da equação (6.4) por dt, obtemos:

$$\frac{dm}{dt} = \rho A \frac{ds}{dt} \tag{6.5}$$

Sabemos que o módulo da velocidade é dado por: $v = ds/dt$. Substituindo v na equação (6.5), encontramos o resultado:

$$\frac{dm}{dt} = \rho A v \tag{6.6}$$

De acordo com as relações (6.6) e (6.1), podemos escrever para um escoamento permanente ou estacionário

$$\frac{dm}{dt} = \rho A V = \text{constante} \tag{6.7}$$

A relação (6.7) denomina-se *equação da continuidade*. No Problema 6.3 mostraremos que aplicando a segunda lei de Newton a um elemento de massa que se desloca ao longo de uma linha de corrente obtemos a *equação de Bernoulli*:

$$P + \rho g z + \rho\frac{v^2}{2} = \text{constante} \tag{6.8}$$

Na equação (6.8) P é pressão do fluido em um ponto situado a uma altura z medida a partir do plano horizontal inferior. Escrita na forma (6.8), a equação de Bernoulli indica que *a pressão total ao longo de uma linha de corrente permanece constante*. O termo P *é a pressão hidrostática*, o termo $\rho g z$ é a *pressão barométrica* e o termo $\rho v^2/2$ é *a pressão dinâmica*.

A *equação de Bernoulli* também pode ser deduzida aplicando-se a *lei da conservação da energia* (ver o Problema 6.4). Observe também que para um fluido em repouso ($v = 0$), a equação de Bernoulli fornece como caso particular a equação básica da *Hidrostática* (ver o Capítulo 4).

6.2 Fluidos reais

Na seção anterior analisamos as equações apropriadas para o estudo do escoamento de *fluidos ideais*. Um *fluido ideal* é aquele que não possui viscosidade. A *viscosidade* pode ser encarada como uma espécie de atrito interno do fluido. Diferentemente do atrito mecânico (que pode ser *estático* ou *dinâmico*), a *viscosidade* se manifesta somente quando o fluido está em movimento.

No escoamento lento de um líquido viscoso, a velocidade do líquido na superfície de contorno do sólido é nula, porque o líquido adere à superfície. Considere o movimento de um líquido viscoso no interior de um tubo retilíneo. Nos pontos da parede a velocidade é nula. O movimento se processa, então, em *lâminas* ou *camadas paralelas*, daí o nome de *escoamento laminar* usado para designar este tipo de escoamento.

Em um escoamento viscoso *laminar*, entre as camadas que se escoam existem forças de *atrito de cisalhamento*, que são tangenciais à superfície da parede e às camadas acima mencionadas. O atrito de cisalhamento pode ser mais facilmente expresso em função da *tensão de cisalhamento*, que é a força de atrito por unidade de área da camada considerada. A tensão de cisalhamento depende do *gradiente de velocidade* na direção perpendicular à parede. Deste modo, podemos escrever:

$$\tau = \eta \frac{dv}{dy} \tag{6.9}$$

Na equação (6.9) τ é a tensão de cisalhamento e η é a viscosidade.

Quando uma esfera de raio R se move lentamente com velocidade constante v no seio de um fluido com viscosidade η a força que atua sobre a esfera é dada pela *fórmula de Stokes*:

$$F = 6\pi\eta R v \tag{6.10}$$

A *equação de Bernoulli*, a rigor, só vale para o escoamento de um *fluido ideal*. Contudo, podemos estender a aplicação desta equação para o escoamento de *fluidos reais*, desde que se leve em consideração a *perda de energia* (ou a *perda de carga*) produzida pela ação da viscosidade do fluido real considerado.

6.3 Problemas sobre escoamento de fluidos ideais

6.01
RESOLVIDO

Simplifique a equação da continuidade para o caso particular do escoamento permanente de um fluido *incompressível*.

SOLUÇÃO

A equação da continuidade é dada pela relação (6.7). Um fluido *incompressível* é aquele que transmite integralmente as pressões recebidas (princípio de Pascal). Os líquidos geralmente podem ser considerados como fluidos *incompressíveis*, ao passo que os gases geralmente podem ser considerados como fluidos *compressíveis*. Quando o fluido é incompressível, sua densidade permanece constante. Podemos escrever: $\rho =$ constante. Logo, levando em conta este resultado, a equação da continuidade (6.7) se reduz a:

$$Q = Av = \text{constante}$$

onde Q é a chamada *vazão volumétrica* ou *descarga*.

6.02
RESOLVIDO

Deduza uma expressão para o cálculo da *velocidade média* ao longo da seção reta de um tubo de escoamento.

SOLUÇÃO

De acordo com a definição de valor médio, a *velocidade média* ao longo da seção reta de um tubo de escoamento com área A é dada por:

$$\langle v \rangle = \frac{1}{A} \int v \, dA \qquad (1)$$

O valor médio indicado na equação (1) também pode ser calculado caso você conheça a descarga (ou vazão volumétrica). Em termos da vazão volumétrica Q, a *velocidade média* pode ser escrita na forma:

$$\langle v \rangle = \frac{Q}{A} \qquad (2)$$

Na relação (1) admitimos implicitamente que o vetor velocidade $\boldsymbol{v}$ permanece paralelo ao elemento de área $d\boldsymbol{A}$. Contudo, no caso geral, devemos fazer a seguinte integral em função do produto escalar entre os vetores $\boldsymbol{v}$ e $d\boldsymbol{A}$:

$$\langle v \rangle = \frac{1}{A} \int \boldsymbol{v} \cdot d\boldsymbol{A} \tag{3}$$

Comparando as relações (2) e (3), observamos que a *vazão volumétrica* é o fluxo do vetor velocidade através de uma área, ou seja, concluímos que a *vazão volumétrica* é dada por:

$$Q = \int \boldsymbol{v} \cdot d\boldsymbol{A}$$

6.03

Deduza a *equação de Bernoulli* a partir da *equação de Euler*.

SOLUÇÃO

Considere um elemento de volume do fluido que se move ao longo de uma linha de corrente. Para uma seção reta infinitesimal dA, os módulos das forças que atuam sobre o elemento de massa são dadas por:

$$dF_1 = -dP\,dA \tag{1}$$

$$dF_2 = -\rho g\,dz\,dA \tag{2}$$

onde a força dF_1 é produzida pela diferença de pressão entre os dois lados do elemento de área perpendicular à direção do movimento, a força dF_2 *é* produzida pela diferença de pressão barométrica. A aceleração a pode ser escrita na forma:

$$a = \frac{dv}{dt} = \frac{dv}{ds}\frac{ds}{dt} = v\frac{dv}{ds} \tag{3}$$

O elemento de massa do fluido é dado por:

$$dM = \rho\,ds\,dA \tag{4}$$

De acordo com a *segunda lei de Newton*, a soma das forças deve ser igual ao produto ($a\,dM$). Logo, usando as relações (1), (2), (3) e (4), encontramos o resultado:

$$-dP\,dA - \rho g\,dz\,dA = (\rho\,ds\,dA)\left(v\frac{dv}{ds}\right)$$

Dividindo a relação anterior por dA, obtemos:

$$dP + \rho g\, dz + \rho v\, dv = 0 \tag{5}$$

A relação (5) denomina-se *equação de Euler*. Supondo ρ constante e levando em conta que $d(v^2/2) = v\, dv$, podemos escrever a equação (5) na forma:

$$d\left(P + \rho g z + \rho \frac{v^2}{2}\right) = 0 \tag{6}$$

Integrando a equação (6) obtemos a *equação de Bernoulli*:

$$P + \rho g z + \rho \frac{v^2}{2} = \text{constante}$$

6.04 Deduza a *equação de Bernoulli* aplicando a *lei da conservação da energia*.

SOLUÇÃO

A energia potencial de um elemento de fluido de massa m em relação a um plano de referência é dada por:

$$U = mgz = \rho V g z \tag{1}$$

A energia cinética de um elemento de fluido de massa m é dada por:

$$E_C = m\frac{v^2}{2} = \rho V \frac{v^2}{2} \tag{2}$$

Você pode verificar facilmente que o produto da pressão pelo volume possui dimensão de energia, ou seja,

$$[PV] = [\text{energia}] \tag{3}$$

A energia PV é uma parcela da energia do fluido, algumas vezes chamada de *energia de volume*. Somando a energia de volume com a energia cinética dada pela relação (2) e com a energia potencial dada pela relação (1), encontramos a *energia total* do elemento de fluido de massa m. De acordo com a *lei da conservação da energia* podemos afirmar que esta energia total permanece constante, ou seja,

$$PV + \rho g V z + \rho \frac{V v^2}{2} = \text{constante}$$

Esta equação expressa a lei da conservação da energia para o escoamento de um fluido ideal. Dividindo ambos os membros da equação anterior pelo volume V, obtemos novamente a *equação de Bernoulli*:

$$P + \rho g z + \rho \frac{v^2}{2} = \text{constante}$$

6.05
RESOLVIDO

A água flui em um tubo de seção reta circular variável. Em um certo ponto do tubo o raio é igual a 1 cm e em outro ponto o raio é igual a 0,5 cm. A queda de pressão entre estes dois pontos é igual a 0,25 atm. Qual é a vazão mássica da água no tubo?

SOLUÇÃO

A vazão mássica é dada pelo produto $(\rho A v)$, onde ρ é a densidade do líquido, A é a área da seção reta e v é a velocidade nesta seção. Como um líquido é um fluido incompressível, a equação da continuidade pode ser escrita na forma:

$$A_1 v_1 = A_2 v_2 \tag{1}$$

Aplicando a equação de Bernoulli entre os pontos 1 e 2, obtemos:

$$v_2^2 - v_1^2 = 2\frac{(P_1 - P_2)}{\rho} \tag{2}$$

Sabemos que: $P_1 - P_2 = 0,25$ atm $= 0,25 \times 10^5$ N/m^2; $\rho = 10^3$ kg/m^3. Substituindo estes valores na relação (2), encontramos o resultado:

$$v_2^2 - v_1^2 = 50 \text{ m}^2/\text{s}^2 \tag{3}$$

Por outro lado, da relação (1), verificamos que:

$$v_1 = 0,25 v_2 \tag{4}$$

Combinando as equações (3) e (4), encontra-se:

$$v_2 = 7,3 \text{ m/s} \tag{5}$$

Portanto, a vazão mássica através da área A_2 será:

$$\frac{m}{t} = \rho v_2 A_2 \tag{6}$$

Calcule o valor de A_2 e use o resultado (5) na equação (6), você obterá resposta:

$$\frac{m}{t} = 0,573 \text{ kg/s}$$

6.06
RESOLVIDO

Uma piscina grande está cheia de água. Existe um furo na parede lateral da piscina a uma profundidade h abaixo da superfície livre do líquido. Calcule a velocidade de saída da água através deste orifício.

SOLUÇÃO

Aplicando a equação de Bernoulli para um ponto sobre a superfície livre do líquido e em um ponto do orifício, obtemos:

$$P + 0 + \rho g h = P + \rho \frac{v^2}{2} + 0 \qquad (1)$$

onde P é a pressão atmosférica. Explicitando v da equação (1), encontramos o resultado:

$$v = \sqrt{2gh} \qquad (2)$$

O resultado (2) é conhecido como *equação de Torricelli*.

6.07
RESOLVIDO

Considere um tanque contendo água até uma profundidade h. A área da superfície livre da água no tanque é igual a A. No fundo do tanque existe um orifício com área a. Determine a velocidade de saída da água através do orifício em função das áreas A e a.

SOLUÇÃO

Aplicando a equação de Bernoulli, obtemos:

$$P + \rho g h + \rho \frac{u^2}{2} = P + \rho \frac{v^2}{2} \qquad (1)$$

Na relação (1) u *é* a velocidade na superfície livre da água do tanque e v é a velocidade na saída do orifício situado a uma profundidade h. Explicitando o valor de v^2 da equação (1), obtemos:

$$v^2 = u^2 + 2gh \qquad (2)$$

De acordo com a equação da continuidade, obtemos: $Au = av$. Logo, $u = av/A$. Substituindo u na equação (2), encontramos o resultado:

$$v = \sqrt{\frac{2gh}{1 - (a/A)^2}} \qquad (3)$$

A equação (3) fornece o módulo da velocidade da água na saída do orifício de área a. Para um orifício de área a muito menor do que a área A da superfície livre do líquido, podemos desprezar o termo (a/A) no denominador do segundo membro da relação (3); neste caso, esta fórmula concorda com o resultado (2) obtido no problema anterior.

6.4 Problemas sobre escoamento de fluidos reais

6.08 RESOLVIDO

A *perda de carga* ou *perda de pressão* de um fluido em um escoamento é uma conseqüência da dissipação de energia produzida pela ação da *viscosidade* do fluido. Qual é a modificação que deve ser introduzida na equação de Bernoulli, a fim de que possamos estudar o escoamento de um fluido viscoso?

SOLUÇÃO

Como vimos, a equação de Bernoulli só vale para fluidos ideais. No escoamento de um fluido real existe dissipação de energia. Como vimos no Problema 6.4, a equação de Bernoulli pode ser deduzida mediante a *lei da conservação da energia*. Portanto, para estender a equação de Bernoulli, de modo a abranger o escoamento de fluidos reais, devemos levar em conta a perda de energia produzida pela viscosidade. Ou seja, quando um fluido sai de uma região 1 com energia total E_1 e atinge uma região 2 com energia total E_2, podemos escrever:

$$E_1 = E_2 + E_{calor} \qquad (1)$$

Na relação (1) designamos por E_{calor} a energia perdida pelo fluido em virtude do calor dissipado pela ação da viscosidade. Vimos no problema 6.4 que o produto PV tem dimensão de energia. Logo, dividindo ambos os membros da relação (1) pelo volume do fluido, obtemos:

$$P_1 = P_2 + q \qquad (2)$$

Na relação (2) q *é* a *perda de carga* ou *perda de pressão* entre os dois pontos considerados. Concluímos que *a perda de carga entre dois pontos é obtida pela diferença de pressão total entre os dois pontos.*

6.09
RESOLVIDO

Deduza uma fórmula para o cálculo do raio de uma esfera quando ela se move em queda livre e atinge uma *velocidade terminal* uniforme em um fluido com viscosidade η.

SOLUÇÃO

De acordo com a *segunda lei de Newton*, quando a esfera atinge uma velocidade terminal constante, a soma das forças que atuam sobre a esfera deve ser igual a zero. Portanto, sendo p o peso, F a força de resistência devida ao atrito viscoso e E o empuxo, obtemos:

$$p = F + E \tag{1}$$

O módulo do peso p é dado por:

$$p = 4\pi R^3 \rho \frac{g}{3} \tag{2}$$

Na relação (2) ρ é a densidade do corpo e R é o raio da esfera. A força devida ao atrito viscoso é dada pela *fórmula de Stokes* (equação 6.10):

$$F = 6\pi\eta R u \tag{3}$$

Na relação (3) u é o módulo da *velocidade terminal* que permanece constante. O módulo do empuxo é dado pela equação:

$$E = \frac{4\pi R^3 g d}{3} \tag{4}$$

Na equação (4) d *é* a densidade do líquido. Substituindo as relações (2), (3), e (4) na equação (1) e explicitando o raio R, encontramos o resultado solicitado:

$$R = \sqrt{\frac{9u\eta}{2g(\rho - d)}}$$

6.10

Como se pode evitar o fenômeno da *cavitação?*

SOLUÇÃO

Denomina-se *cavitação* a formação de bolhas de vapor no escoamento de um líquido. A cavitação é acompanhada pela erosão (ou corrosão) das superfícies sólidas dos tubos (ou das máquinas), onde estas bolhas estouram. Além disto, este fenômeno provoca outros inconvenientes como, por exemplo, perdas de eficiência das máquinas, problemas de vibração etc. Quando a pressão, em um dado ponto do escoamento de um líquido, atinge um valor *inferior* ao valor da *pressão de vapor* do líquido, na temperatura da região onde se encontra o ponto, ocorre a vaporização local do líquido. Assim, inicia-se a formação de bolhas de vapor do líquido. Este fenômeno denomina-se *cavitação*, porque ocorre grande formação de bolhas (ou cavidades). Só é possível evitar a cavitação quando a pressão local estiver acima do valor da pressão de vapor do líquido. Então, para evitar a cavitação é necessário estudar e controlar as variáveis: pressão, temperatura e velocidade do fluido, para cada problema concreto.

6.5 Problemas propostos

6.11

A vazão mássica da água em um tubo com seção reta variável é igual a 1 kg/s através de uma seção reta de área $A_1 = 6$ cm^2. Considere outra seção reta do tubo com área $A_2 = 2$ cm^2; calcule a vazão mássica para esta seção. Despreze a viscosidade.

Resposta: 1 kg/s.

6.12

Um fluido se escoa com velocidade constante e igual a 8 m/s, através de um tubo de seção reta constante. A massa específica do fluido é constante e igual a 2 g/cm^3. A área da seção reta do tubo é igual a 40 cm^2. Calcule: (a) a vazão mássica; (b) a vazão volumétrica.

Respostas: (a) $m/t = 64$ kg/s;
(b) $Q = 0,032$ m^3/s.

6.13

A vazão mássica de um fluido através de um tubo é igual a 20 kg/s. Suponha que a vazão seja constante. Calcule a massa de água que passa através de uma seção reta do tubo durante 15 s.

Resposta: $m = 300$ kg.

6.14

A descarga de um rio que desemboca no mar é igual a 2×10^4 m^3/s. Calcule o volume de água desaguado no mar em dois minutos.

Resposta: $V = 2,4 \times 10^6$ m^3.

6.15

Um líquido se escoa através de um duto de seção reta variável com uma vazão constante. Em uma dada seção reta, a área é dada por: $A_1 = 60$ cm^2, e a velocidade é igual a 10 m/s. Calcule a velocidade do líquido em uma seção reta cuja área é dada por: $A_2 = 40$ cm^2.

Resposta: $v_2 = 15$ m/s.

6.16

Considere um escoamento *estacionário* (ou *permanente*). Escreva a equação diferencial da continuidade em função do produto $\rho A v$.

Resposta: $d\rho A v = 0$.

6.17

Escreva a equação da continuidade para um fluido incompressível em função da velocidade média na seção reta de área A do tubo e em função da vazão volumétrica.

Resposta: $Q = \langle v \rangle A$.

6.18

Considere um escoamento de água. Calcule o valor aproximado (em atm) da *pressão dinâmica* da água em um ponto onde sua velocidade é igual a 30 m/s.

Resposta: Aproximadamente 4 atm.

6.19

A pressão externa que atua sobre um líquido é igual a 1 atm. Em um ponto situado a uma altura $z = 20$ m, em relação a um dado nível de referência, o líquido possui velocidade igual a 20 m/s. Calcule a pressão total neste ponto.

Resposta: 5 atm, aproximadamente.

6.20

A profundidade da água em um tanque é igual a 0,5 m. A área da superfície livre da água é dada por: $A = 1$ m^2. No fundo do tanque existe uma abertura com área igual a 0,12 m^2. Calcule a velocidade da água através desta abertura.

Resposta: Aproximadamente 3,33 m/s.

6.21

No fundo de uma piscina existe um orifício circular de raio igual a 4 cm. Inicialmente a profundidade da água é igual a 2 m. Calcule a velocidade de saída da água através deste orifício.

Resposta: Aproximadamente 6,26 m/s.

6.22

Na represa de uma usina hidrelétrica a água é descarregada para a turbina a uma profundidade de 20 m. A descarga é igual a 200 m^3/s. Calcule a potência fornecida pela água.

Resposta: $3,92 \times 10^4$ kW.

6.23

Uma cachoeira possui altura h e a vazão volumétrica é igual a Q. Determine uma expressão para a potência (W/t) fornecida pela água que atinge a base da cachoeira.

Resposta: $W/t = \rho g h Q$.

6.24

Tome como referência o problema anterior; use os seguintes dados: $h = 30$ m, $Q = 50$ m^3/s. Determine a potência.

Resposta: $1,47 \times 10^7$ W.

6.25

Um tubo horizontal transporta água. Em uma seção reta deste tubo a pressão total é igual a 3 atm. Existe um orifício no ponto superior desta seção reta. Determine a altura máxima atingida pelo jato de água que sai do orifício.

Resposta: 20 m, aproximadamente.

6.26

Explique por que um sifão não pode elevar água até uma altura superior a 10 m.

Resposta: O sifão forma uma curva em U na borda superior do recipiente que desejamos esvaziar. Então, na parte ascendente da curva, a água é elevada até uma altura h, acima da superfície livre do líquido. Como inicialmente existe vácuo no tubo, a pressão na entrada do tubo empurra o líquido para o interior do tubo e, em princípio, a água poderia atingir qualquer altura h na parte ascendente do tubo. Sabemos que uma coluna de água de 10 m de altura produz uma pressão aproximadamente igual a 1 atm. Na prática, para uma altura superior a 10 m o sifão não funciona porque formam-se bolhas no interior do tubo e a equação da continuidade, na forma $vA =$ constante, não pode mais ser aplicada, uma vez que as bolhas se comprimem e ocorre uma perda da velocidade do líquido, impossibilitando sua ascensão no tubo.

6.27

Uma asa de avião possui área A. A velocidade do ar que passa sobre a asa possui módulo u e a velocidade do ar embaixo da asa possui módulo v. Determine a expressão da força de sustentação sobre a asa do avião.

Resposta: $F = \rho(u^2 - v^2)A/2$.

6.28

Uma asa de avião possui massa igual a 200 kg. A hélice do avião faz com que o ar seja impelido sobre a asa do avião com uma velocidade tal que produz uma força de sustentação sobre esta asa (empuxo dinâmico) cujo módulo é igual a 2,34 kN. Determine a resultante das forças que atuam na direção vertical sobre a asa do avião, desprezando as forças de atrito.

Resposta: 380 N (orientada de baixo para cima).

6.29

Um jato de água possui seção reta circular com raio R. Sabendo que o jato incide ortogonalmente em uma parede com velocidade v determine a expressão algébrica do módulo da força exercida pelo jato sobre a parede.

Respostas: $F = \pi\rho R^2 v^2/2$.

6.30

Um caminhão se desloca em linha reta com aceleração a e transporta um aquário cúbico de aresta igual a b. Uma das arestas do cubo é paralela à direção do movimento. O aquário contém água até uma altura suficiente para que a água não transborde. Calcule a pressão no interior do líquido em função da profundidade y do ponto e de sua distância x à parede dianteira do aquário.

Resposta: $P = P_{\text{atm}} + \rho g y + \rho a x$.

6.31

É possível determinar a aceleração de um veiculo, medindo-se a inclinação da superfície livre do líquido contido em um recipiente apoiado sobre o piso do veículo (ou ligado rigidamente em qualquer parte do veículo). Calcule a aceleração do veículo sabendo que a inclinação da superfície livre é igual a 45°.

Resposta: $a = g$.

6.32

Um caminhão transporta um aquário cúbico de aresta igual a b. O aquário contém água até a metade da sua altura. Calcule a aceleração máxima do caminhão para que a água não transborde do aquário.

Resposta: $a_{\text{máx}} = g$.

6.33

Um recipiente contendo água está sobre o piso de um elevador que desce com aceleração constante $\boldsymbol{a}$ cujo módulo a é menor do que g. (a) Determine a pressão no recipiente em função da profundidade h. (b) Determine a pressão no recipiente em função da profundidade h, supondo que o elevador esteja em queda livre.

Respostas: (a) $P = P_{\text{atm}} + \rho h(g - a)$;
(b) $P = P_{\text{atm}}$.

6.34 Um recipiente contendo água está sobre o piso de um elevador que sobe com aceleração constante com módulo a. Determine a pressão manométrica em função da profundidade.

Resposta: $\Delta P = \rho h(g + a)$.

6.35 Em um oleoduto horizontal ocorre uma perda de carga de 0,15 atm em cada 100 m do oleoduto. Calcule a perda de energia aproximada (em joules) neste trecho do oleoduto por litro e por metro.

Resposta: Aproximadamente 0,15 J/(L m).

6.36 Suponha que o oleoduto do problema anterior possua um comprimento total de 2 km. Calcule a diferença de pressão mínima necessária para que o óleo possa atingir a extremidade do oleoduto.

Resposta: 3 atm.

6.37 Uma esfera de raio R cai livremente no seio de um líquido viscoso. Depois de um certo tempo, a velocidade da esfera atinge um valor constante chamado de *velocidade terminal*. Determine a viscosidade η do fluido em função da velocidade terminal u da esfera, da densidade ρ do corpo e da densidade ρ' do fluido.

Resposta: $\eta = 2R^2 g(\rho - \rho')/9u$.

7

ENERGIA INTERNA, ENTALPIA E PRIMEIRA LEI DA TERMODINÂMICA

7.1 Conceitos básicos da Termodinâmica

O principal objetivo da Termodinâmica é a investigação do estado de equilíbrio de um sistema. Um sistema *aberto* é aquele que permite a troca de partículas (e de energia) entre o sistema e as suas vizinhanças. *Sistema fechado* é aquele que possui fronteiras que não permitem a troca de partículas entre o sistema e as suas vizinhanças, porém pode ocorrer trocas de energia entre este sistema e as suas vizinhanças. *Sistema isolado* é aquele que não permite a troca de partículas nem nenhuma troca de energia entre o sistema e as suas vizinhanças. O sistema *completamente isolado* é uma idealização. Na prática não existe nenhum sistema *completamente isolado,* visto que é difícil isolar completamente um sistema da ação de campos externos. Por exemplo, o campo gravitacional da Terra sempre penetra no interior de um sistema fechado. Por isso, se costuma especificar o tipo de isolamento de um dado sistema fechado. Por exemplo, se o sistema possui uma blindagem *elétrica,* dizemos que ele é um sistema *eletricamente isolado.* Quando o sistema possui uma blindagem *magnética,* dizemos que ele é um sistema *magneticamente isolado.* Um sistema muito importante na Termodinâmica é o sistema *termicamente isolado,* ou seja, aquele que não pode trocar *calor* com as suas vizinhanças.

Para descrever o *equilíbrio termodinâmico* de um sistema precisamos especificar os valores de determinadas grandezas que caracterizam seu *estado de equilíbrio*. Elas são chamadas de *grandezas de estado*. Exemplos de grandezas de estado: a temperatura, a pressão, o volume, a densidade e a energia. Uma *função de estado* é aquela que depende de *grandezas de estado*. Por exemplo, a energia interna é uma *função de estado* que geralmente depende da temperatura e do volume.

Uma *equação de estado* na Termodinâmica é uma relação entre as variáveis que descrevem o equilíbrio termodinâmico do sistema. Todo sistema em equilíbrio termodinâmico possui valores definidos para suas grandezas de estado. Um dos principais objetivos da Termodinâmica é a pesquisa da *equação de estado* do sistema que está sendo estudado. A pesquisa do estado de equilíbrio de um sistema gasoso é uma parte da Termodinâmica muito relevante por causa das aplicações práticas dos sistemas gasosos nas máquinas térmicas. O objetivo do presente capítulo é estudar o estado gasoso.

Começaremos nossos estudos de Termodinâmica analisando o *estado gasoso* porque este é um dos sistemas mais simples na natureza. Contudo, a Termodinâmica não se aplica apenas a sistemas gasosos. As relações gerais da Termodinâmica podem ser aplicadas para qualquer sistema.

As variáveis usadas na Termodinâmica são de dois tipos: as *variáveis intensivas* e as *variáveis extensivas*. As *variáveis intensivas* são aquelas que *não* dependem nem da massa nem do volume do sistema analisado. Exemplos de variáveis intensivas: a pressão, a temperatura, a densidade (ou massa específica), o calor específico, etc. As *variáveis extensivas* são aquelas que *dependem* ou da massa ou do volume do sistema. Exemplos de variáveis extensivas: a massa, o volume, a energia interna de um sistema, a capacidade calorífica, etc. A *pressão* P e a *temperatura* T são as principais variáveis *intensivas* usadas na Termodinâmica. Para que um sistema esteja em *equilíbrio termodinâmico* é necessário que P e T não variem em nenhuma parte do sistema. Toda *variável extensiva* pode se transformar em uma *variável intensiva* quando dividimos esta variável pelo *massa* ou pelo *volume*. Vamos citar dois exemplos: (a) o calor específico é a capacidade calorífica por unidade de massa, (b) a *densidade de energia interna* nada mais é do que a energia *interna* dividida pelo volume, ou melhor, a *densidade de energia interna* pode ser definida de modo geral pela derivada dU/dV, onde U é a *energia interna* e V é o volume.

As principais variáveis usadas na Termodinâmica para se escrever uma equação de estado são o volume (V), a pressão (P) e a temperatura absoluta (T).

Neste livro adotamos geralmente unidades do SI. Contudo, na prática se costuma usar outros sistemas de unidades. Por exemplo, uma das unidades mais usadas para a pressão (P) é a atmosfera (atm). Nos problemas resolvidos deste capítulo mostraremos outras unidades usadas para a pressão (P). As unidades mais usadas para o volume (V) são metros cúbicos (m^3) e litros (L). Sabemos que $1 \text{ L} = 1 \text{ dm}^3 = 1000 \text{ cm}^3$. Portanto, o fator de conversão de m^3 para litros é dado por: $1 \text{ m}^3 = 1000 \text{ L} = 1000 \text{ dm}^3$.

Na Termodinâmica só se usa a *temperatura absoluta* (T) em graus Kelvin (K). Como quase todas as equações da Termodinâmica são escritas em função da temperatura absoluta (T) em graus Kelvin (K), quando em um problema for especificada uma temperatura usando-se qualquer outra unidade de temperatura é necessário converter a referida temperatura para a temperatura absoluta (T) em graus Kelvin (K). Neste livro usaremos apenas temperaturas em graus Kelvin (K) e temperaturas em graus centígrados ou graus Celsius (°C). Para se converter uma temperatura em graus centígrados (°C) para a temperatura absoluta (T) em graus Kelvin (K), basta somar aproximadamente 273 graus. Para a conversão inversa, basta subtrair aproximadamente 273. Ou seja, as escalas Kelvin e Celsius possuem a mesma *diferença de temperatura e o intervalo de um grau centígrado é igual ao intervalo de um grau Kelvin*. Donde se conclui que o ponto ZERO da escala Celsius está deslocado aproximadamente 273 graus acima do ZERO da escala absoluta. Em outras palavras, 0 K corresponde aproximadamente – 273°C. Em cálculos que exigem uma precisão maior, em vez de somarmos 273 graus para se converter uma temperatura em graus centígrados (t) para a temperatura absoluta (T), é necessário usar a seguinte conversão:

$$T = t + 273,15 \tag{7.1}$$

Na Termodinâmica existem três coeficientes que caracterizam o comportamento de um sistema e que são muito úteis quando estudamos as propriedades físicas dos materiais. A seguir definimos esses três coeficientes:

1. O *coeficiente de dilatação térmica* (α), também chamado de *coeficiente térmico de expansão*, é definido através da equação:

$$\alpha = \frac{1}{V}\left(\frac{\partial V}{\partial T}\right)_P \tag{7.2}$$

2. O *coeficiente de compressibilidade isotérmico* (k) ou simplesmente *coeficiente de compressibilidade* é definido através da equação:

$$k = -\frac{1}{V}\left(\frac{\partial V}{\partial P}\right)_T \tag{7.3}$$

3. O *coeficiente térmico de pressão* (β) é definido através da seguinte equação:

$$\beta = \frac{1}{P}\left(\frac{\partial P}{\partial T}\right)_V \tag{7.4}$$

A equação de estado mais simples da Termodinâmica é a *equação do gás ideal* também chamada de *equação de Clapeyron*. Um sistema gasoso pode ser considerado como um *gás ideal* quando a pressão P do gás for suficientemente baixa. Quando a pressão é baixa a energia potencial das moléculas constituintes do gás pode ser desprezada porque as distâncias entre essas moléculas são relativamente grandes quando comparadas com o diâmetro de uma molécula. Portanto, podemos dizer que *gás ideal* é todo sistema gasoso para o qual desprezamos as interações entre suas partículas constituintes. A *equação do gás ideal* pode ser escrita do seguinte modo:

$$PV = nRT \tag{7.5}$$

Na equação (7.5) a letra n indica o *número de mols* (ou *número de moles*). O *mol* (ou *molécula-grama*) é uma unidade prática para a determinação da *massa* de uma substância. Um *mol* de uma dada sustância é a quantidade da referida substância que contém um número de unidades elementares equivalente ao número de átomos existentes em 0,012 kg de carbono 12. Essas unidades elementares podem ser átomos, moléculas, íons, elétrons, partículas ou grupos de partículas especificadas. Por exemplo, um mol de prótons corresponde a uma quantidade de prótons equivalente ao número de átomos existentes em 0,012 kg de carbono 12.

Observações:

1. As palavras *"mol"*, *"mols"* e *"moléculas"* derivam da palavra latina *"moles"* que significa *"porção"*. Nos livros de Termodinâmica se costuma usar como plural de *"mol"* as palavras *"mols"* ou *"moles"*. Contudo, neste livro adotamos a palavra *"mols"* como plural de *"mol"*.

2. O *número de mols* é impropriamente chamado de *quantidade de matéria* por alguns autores. A expressão *"quantidade de matéria"* é vaga, ao passo que a expressão *número de mols* indica claramente quantos *mols* de um dado gás será considerado na equação (7.5).

O *número de mols* de qualquer substância pode ser obtido pela equação:

$$n = \frac{m}{M} \tag{7.6}$$

Na equação (7.6) m indica a *massa total* da substância considerada expressa em gramas e M indica a *massa molecular* da substância expressa em gramas. A *massa molecular* de qualquer substância pode ser obtida consultando-se na *tabela periódica dos elementos* os valores das *massas atômicas* dos elementos que constituem a substância considerada. Por exemplo, o elemento oxigênio (O) possui em seu núcleo 8 prótons e 8 nêutrons. Portanto, a *massa atômica* do elemento oxigênio (O) é aproximadamente igual a 16 g/mol e a *massa molecular* do gás oxigênio (O_2) é aproximadamente igual a 32 g/mol. Ou seja, 32 g de oxigênio (O_2), de acordo com a equação (7.6) correspondem a *um mol* de oxigênio. Note que quando falamos de um *"mol"* implicitamente estamos considerando a massa molecular da substância expressa em *gramas*. Se você usasse a massa molecular da substância expressa em quilogramas, você estaria usando uma unidade chamada de *"quilomol"* (simbolizada por "kmol").

Na equação (7.5) a letra R indica a *constante dos gases ideais* que possui dimensão de [energia/mol.K]. A constante R é uma das constantes físicas fundamentais. Os valores de R mais utilizados na prática são:

$$R = 8,314\ \mathrm{J/mol\,K} = 0,08205\ \mathrm{atm\,L/mol\,K} = 1,987\ \mathrm{cal/mol\,K}$$

Na solução de problemas podemos usar os seguintes valores aproximados:

$$R = 8,3\ \mathrm{J/mol\,K} = 0,082\ \mathrm{atm\,L/mol\,K} = 2,0\ \mathrm{cal/mol\,K}$$

7.2 Primeira lei da Termodinâmica

A *energia interna* (U) de um sistema pode ser definida como a soma da energia cinética com a energia potencial das partículas constituintes do sistema. Considere um *gás ideal*. Como, por definição de gás ideal, a energia potencial das partículas constituintes do sistema é igual a zero, concluímos que a *energia interna* de um gás ideal é dada somente pela energia cinética das partículas constituintes do sistema.

O *calor* Q é uma energia trocada entre o sistema e suas vizinhanças. O calor Q é uma *energia térmica*, geralmente produzida por combustão, trocada entre o sistema e suas vizinhanças. Contudo, o calor Q não é, necessariamente, gerado por uma combustão. é *qualquer energia em trânsito* trocada entre o sistema e suas vizinhanças. Por exemplo, considere ondas eletromagnéticas entrando em um sistema mantido com volume constante; sabemos que o sistema se aquece em virtude desta energia eletromagnética que entra no sistema; como exemplo desta situação imagine o aquecimento de um prato de comida no interior de um forno de microondas. Portanto, qualquer energia em trânsito Q que *entra* neste sistema produz o aquecimento do sistema, ou seja, dizemos que quando o calor Q *entra* em um sistema sua *energia interna aumenta*. Quando o calor Q *sai* de um sistema sua *energia interna diminui*.

Observações:

1. Alguns livros usam a notação "ΔQ" para designar o calor Q trocado entre o sistema e suas vizinhanças. O que seria "ΔQ"? A letra grega delta (Δ) escrita na frente de uma grandeza física simboliza uma *variação* da grandeza considerada. Logo, no caso do calor Q trocado entre o sistema e suas vizinhanças, teríamos a relação: $\Delta Q = Q_{\text{final}} - Q_{\text{inicial}}$. Contudo, não faz sentido físico falar de "*calor inicial*" nem de "*calor final*" de um sistema. O calor Q é uma *energia em trânsito* trocada entre o sistema e suas vizinhanças. O *calor total* Q é a *energia em trânsito* trocada entre o sistema e suas vizinhanças entre o estado de equilíbrio inicial e o estado de equilíbrio final. Portanto, só faz sentido físico falar do *calor total* Q trocado entre o sistema e suas vizinhanças *durante* a realização de um dado processo físico. Recomendamos fortemente que você *nunca* use a notação "ΔQ" para designar o calor Q trocado entre o sistema e suas vizinhanças.

2. Na Termodinâmica existem *grandezas de estado*, ou seja, aquelas que são definidas no *estado de equilíbrio* do sistema e grandezas que *não* são definidas no estado de equilíbrio do sistema. O calor Q é uma *energia em trânsito* que não pode ser definida no estado de equilíbrio do sistema. Somente para *grandezas de estado* podemos escrever a letra grega delta (Δ) na frente da grandeza considerada. Exemplo: ΔU é a diferença ou variação da energia interna U entre o estado final e o estado inicial, ou seja, $\Delta U = U_{\mathrm{f}} - U_{\mathrm{i}}$. Outros exemplos: As notações ΔT, ΔV, ΔP, Δm, Δn, representam as respectivas diferenças entre os valores das grandezas T, V, P, m e n no estado final e no estado inicial.

3. Embora *não* tenha sentido físico usar a notação "ΔQ", faz sentido físico escrever a notação diferencial dQ. Dizemos que dQ é um *calor infinitesimal* trocado entre o sistema e suas vizinhanças durante um intervalo de tempo infinitesimal. Contudo, a integral de dQ é igual a Q e *não* "ΔQ".

Assim como o calor Q, o *trabalho* também *não* é uma função de estado. Definimos o *trabalho mecânico* W através da seguinte integral:

$$W = \int P\,dV \tag{7.7}$$

Na equação (7.7) P é a pressão no interior do sistema e dV é o elemento de volume do sistema. A integral (7.7) deve ser calculada entre os limites V_{i} (volume inicial) e V_{f} (volume final). Note que quando o sistema se expande, ou seja, quando o volume final é maior do que o volume inicial ($V_{\mathrm{f}} > V_{\mathrm{i}}$) o trabalho é *positivo* ($W > 0$). Quando o sistema se contrai ($V_{\mathrm{f}} < V_{\mathrm{i}}$) o trabalho é *negativo* ($W < 0$).

O trabalho W só pode ser calculado mediante a equação (7.7) quando o processo for *reversível*. Como um processo *reversível* ocorre geralmente através de uma sucessão de estados de quase-equilíbrio, ele também é chamado de *processo quase-estático*. Neste caso, em qualquer etapa do processo a pressão externa P_{ext} é aproximadamente igual à pressão interna P do sistema. Portanto, como a pressão P é conhecida através da equação de estado, para calcular o trabalho em um processo *reversível* basta fazer a integral indicada na relação (7.7) usando-se o valor de P fornecido pela equação (de estado do sistema. Contudo, quando o processo for *irreversível*, como a pressão P no interior do sistema *não* é conhecida, não podemos usar a relação (7.7). No caso de um processo *irreversível*, quando conhecemos a pressão externa P_{ext} que atua sobre o sistema, em vez da relação (7.7), devemos usar a seguinte integral para calcular o trabalho realizado *sobre* o sistema:

$$W = \int P_{\text{ext}}\, dV \tag{7.8}$$

A *primeira lei da Termodinâmica* corresponde à *lei da conservação da energia* aplicada a um sistema que troca calor Q com suas vizinhanças e realiza um trabalho W sobre suas vizinhanças. A expressão matemática da *primeira lei da Termodinâmica* é dada por:

$$\Delta U = Q - W \tag{7.9}$$

Na equação (7.9) ΔU é a variação da *energia interna* do sistema, Q é o calor recebido pelo sistema (positivo) ou o calor cedido pelo sistema (negativo) e W é o trabalho realizado pelo sistema sobre as suas vizinhanças (trabalho positivo) ou o trabalho realizado sobre o sistema pelas suas vizinhanças (trabalho negativo). A *energia interna* U geralmente é uma função de duas variáveis termodinâmicas. Por exemplo, geralmente a *energia interna* U é uma função de P e T (ou de P e V, ou de V e T). Contudo, conforme veremos mais adiante, no caso de um *gás ideal*, a energia interna depende *somente* da temperatura absoluta T.

A *forma diferencial* da primeira lei da termodinâmica é dada por:

$$dU = dQ - dW \tag{7.10}$$

Observação: Integrando a *equação diferencial* (7.10) você obtém novamente a *forma integral* da primeira lei da Termodinâmica dada pela equação (7.9). Note que a integral de dQ é Q, ou seja, o calor total trocado entre o sistema e suas vizinhanças. Conforme dissemos, é errado dizer que a integral de dQ é "ΔQ". Analogamente, a integral de dW é W (o trabalho total realizado). É também errado dizer que a integral de dW é "ΔW". O calor Q e o trabalho W *não* são funções de estado e só podem ser definidos *durante* a transformação do sistema.

De acordo com a equação (7.7), o trabalho infinitesimal realizado pelo sistema é dado por: $dW = P\, dV$. Substituindo esse trabalho infinitesimal na equação (7.10), encontramos outra *forma diferencial* alternativa da primeira lei da Termodinâmica:

$$dU = dQ - P\,dV \tag{7.11}$$

7.3 Entalpia e calor específico

A função de estado denominada *entalpia* é definida pela seguinte equação:

$$H = U + PV \tag{7.12}$$

É fácil verificar por análise dimensional que o produto PV tem dimensão de energia. A energia PV é algumas vezes chamada de *energia de volume*. Portanto, como a *entalpia* é definida pela soma da energia interna U com a energia de volume PV, concluímos que a entalpia fornece a energia macroscópica *total* do sistema. Diferenciando a equação (7.12), obtemos:

$$dH = dU + P\,dV + V\,dP \tag{7.13}$$

Substituindo a relação (7.11) na equação (7.13), encontramos:

$$dH = dQ + V\,dP \tag{7.14}$$

Da equação diferencial (7.14) concluímos que qualquer transformação na qual a pressão do sistema permanece constante, podemos escrever:

$$\Delta H = Q \tag{7.15}$$

De acordo com a equação (7.12) vemos que a entalpia de gás ideal é dada pela relação: $H = U + nRT$. Como a energia interna de um gás ideal depende *somente* de T, concluímos que a *entalpia* de um gás ideal depende *somente* de T,

A *capacidade calorífica* de um sistema é dada pela quantidade de calor transferida ao sistema dividida pela variação da temperatura ocorrida em virtude desse calor transferido. Em uma transformação infinitesimal, podemos definir a *capacidade calorífica* de um sistema mediante a seguinte relação:

$$C = \frac{dQ}{dT} \tag{7.16}$$

Conforme dissemos, o calor transferido a um sistema depende do processo. Portanto, a *capacidade calorífica* de um sistema depende do processo considerado. O processo *isobárico* e o processo *isocórico* são os dois processos mais relevantes para a troca de calor entre o sistema e suas vizinhanças. No *processo isobárico* a pressão do sistema permanece constante; no *processo isocórico* (ou *processo isovolumétrico*) o volume do sistema permanece constante.

Considerando um *processo isocórico* e usando as relações (7.11) e (7.16) obtemos para a *capacidade calorífica a volume constante* a seguinte expressão:

$$C_V = \left(\frac{\partial U}{\partial T}\right)_V \tag{7.17}$$

Considerando um processo *isobárico* e usando as relações (7.14) e (7.16) obtemos para a *capacidade calorífica à pressão constante* a seguinte expressão:

$$C_P = \left(\frac{\partial H}{\partial T}\right)_P \tag{7.18}$$

O *calor específico* é a *capacidade calorífica* por unidade de *massa*. O *calor específico molar* ou simplesmente *calor molar* é a *capacidade calorífica* por *mol*. Portanto, as relações (7.17) e (7.18), divididas pela massa ou pelo número de mols, servem para definir os respectivos *calores específicos ou calores molares*. Geralmente usamos a letra C (maiúscula) para designar a *capacidade calorífica* e usamos a letra *c* (minúscula) para designar o *calor específico* ou o *calor molar*. Não existe nenhuma possibilidade de confundir essas grandezas, visto que escreveremos sempre as unidades pertinentes. Por exemplo, caso você encontre em um problema um dado do tipo: $c_V = 5$ cal/mol K, é claro que esse dado refere-se ao *calor específico molar a volume constante*.

Quando um gás sofre uma *transformação isentálpica*, isto é, quando a entalpia H permanece constante, geralmente a sua temperatura T se altera. O coeficiente diferencial associado com esta alteração é o *coeficiente Joule-Kelvin* (também chamado de *coeficiente Joule-Thomson*) definido pela seguinte equação:

$$\mu_{\text{JK}} = \left(\frac{\partial T}{\partial P}\right)_H \tag{7.19}$$

Importantes processos industriais, encontrados na liquefação de gases, são baseados em expansões isentálpicas. No caso de um *gás real*, o coeficiente Joule-Kelvin μ_{JK} geralmente é positivo, ou seja, quando a pressão diminui, a temperatura também diminui. Esta propriedade pode ser usada para a liquefação de gases. No caso de um *gás ideal*, μ_{JK} é igual a *zero* porque a entalpia de um *gás ideal* depende *somente* da temperatura.

7.4 Problemas sobre conceitos básicos da Termodinâmica e sobre a primeira lei da Termodinâmica

7.01
RESOLVIDO

Um cilindro provido de um êmbolo móvel contém uma dada massa constante de ar. A pressão e o volume são, respectivamente, $1,7 \times 10^6$ N/m^2 e 28 litros. O ar se expande isotermicamente, até a pressão cair para $0,7 \times 10^6$ N/m^2. Qual deve ser o volume ocupado pelo ar, no final da expansão?

SOLUÇÃO

A pressão inicial do gás, embora seja maior do que uma atm, *não* é *muito maior* do que uma atm, portanto podemos usar com boa aproximação a equação do gás ideal (7.5). Sendo uma expansão isotérmica e usando o índice 1 para o estado inicial e o índice 2 para o estado final, de acordo com a equação (7.5) podemos escrever,

$$P_1 V_1 = P_2 V_2 \tag{1}$$

A equação (1) é a conhecida expressão analítica da famosa *lei de Boyle-Mariotte*. Usando a equação (1) e explicitando V_2, obtemos para o volume procurado o valor:

$$V_2 = \frac{P_1 V_1}{V_2} = \frac{1,7 \times 10^6 \text{ (N/m)}^2 \times 28 \text{ L}}{0,7 \times 10^6 \text{ (N / m)}^2} = 68 \text{ L}$$

Observações:

1. É recomendação didática útil a de abordar os problemas referentes a gases ideais utilizando-se sistematicamente a equação de estado (7.5). A análise e a solução do problema torna-se, então, rápida e direta.

2. Uma vez que é freqüente a utilização de unidades de medida que não constituem um sistema homogêneo, é prática salutar indicar sistematicamente as que estão sendo empregadas. Faremos esta indicação colocando os respectivos símbolos entre parênteses, nas expressões numéricas.

3. A unidade de pressão do Sistema Internacional (SI) é N/m^2 (designada por pascal, símbolo Pa). Encontram-se mais correntemente utilizadas as seguintes unidades de pressão: a atmosfera (atm) que vale $1,01325 \times 10^5$ Pa; a atmosfera técnica (at), aproximadamente igual a 1 kgf/cm^2, equivalente a $0,980665 \times 10^5$ Pa; a bária, unidade de pressão do sistema CGS, equivalente a 0,1 Pa; o milímetro de mercúrio (geralmente chamado de torr) equivalente a (1/760) atm. No sistema inglês utiliza-se a libra por polegada quadrada (psi) equivalente a (1/14,696) atm. Nos postos de gasolina os dispositivos calibradores de pressão geralmente indicam pressões em psi e em atm.

4. Neste livro quando mencionamos a pressão P queremos indicar a pressão *absoluta* (ou pressão *real*) que existe no interior do sistema. Contudo, em livros de Hidrodinâmica geralmente se distingue a *pressão absoluta* (que corresponde à pressão real do gás) da *pressão manométrica* (que corresponde à pressão do gás medida com um manômetro). A pressão absoluta é dada pela soma da pressão manométrica mais a pressão atmosférica. No sistema inglês aparecem as unidades psia (para a pressão absoluta) e psig (para a pressão manométrica).

7.02
RESOLVIDO

Estime a pressão de um gás que contém 5×10^{18} moléculas por centímetro cúbico, nas condições normais de temperatura e pressão (CNTP).

SOLUÇÃO

Por definição, as chamadas *condições normais de temperatura e pressão* (CNTP) correspondem a uma temperatura de 0°C e a uma pressão de uma atm. O *número de Avogadro* N_A é definido como o número de moléculas existentes em um mol de qualquer substância. O número de Avogadro é aproximadamente dado por:

$$N_A = 6,02 \times 10^{23} \text{ moléculas/mol}$$

Como um mol de uma substância contém N_A moléculas, então em n mols da mesma substância existe um número total N de moléculas.Donde se conclui que o número de mols n também pode ser calculado pela seguinte relação

$$n = \frac{N}{N_A} \tag{1}$$

Portanto, usando a equação (1)o número de mols do gás mencionado neste problema é dado por:

$$n = \frac{5 \times 10^{18}\ (\text{moléculas})}{6,02 \times 10^{23}\ (\text{moléculas/mol})} = 0,83 \times 10^{-5}\ \text{mol}$$

Usando a equação de estado dos gases ideais (7.5), obtemos a pressão desejada:

$$P = \frac{0,83 \times 10^{-5}\ (\text{mol}) \times 82,05\ (\text{atm}\,\text{cm}^3/\text{K}\,\text{mol}) \times 273\ (K)}{1\ (\text{cm}^3)} = 0,186\,\text{atm}$$

Observações:

1. A zero graus centesimais (273,15 K) e sob pressão de uma atmosfera, o número de moléculas por centímetro cúbico é da ordem de $2,69 \times 10^{19}$. O gás deste exemplo está portanto diluído e é razoável a admissão de comportamento ideal.

2. Você pode calcular o número de mols de uma substância de duas maneiras diferentes. Quando você conhece a massa total m e a massa molecular M basta usar a equação (7.6) para calcular n. Quando você conhece o número total de moléculas N basta usar a equação (1) deste problema para calcular n.

3. Em alguns casos é conveniente trabalhar com a equação de estado dos gases ideais em termos do número total de moléculas N, em lugar do número de mols n. Neste caso, a equação de estado dos gases ideais é escrita na forma:

$$PV = NkT \tag{2}$$

Na equação (2) N é o número total de moléculas no volume V e k é a *constante de Boltzmann*. Comparando a equação (2) com a equação (7.5), vemos que $nR = Nk$. Logo, pela relação (1), $(N/N_A)R = Nk$. Donde se conclui que:

$$k = \frac{R}{N_A}$$

O valor da constante de Boltzmann é dado por:

$$k = l,38 \times 10^{-16} \text{ erg/(molécula K)}$$

4. A equação dos gases ideais escrita em termos de N e de k é especialmente útil nas deduções das fórmulas da Teoria Cinética dos Gases.

7.03
RESOLVIDO

Determine a pressão em um recipiente de 20,0 litros, mantido na temperatura de 127°C, e que contém 3,2 g de oxigênio, 2,8 g de nitrogênio e 0,2 g de hidrogênio. Estime a pressão parcial de cada componente gasoso. As massas moleculares são: do oxigênio, 32; do nitrogênio, 28; do hidrogênio, 2.

SOLUÇÃO

De acordo com a equação (7.6) para calcular o número de mols de uma substância precisamos saber o valor da massa molecular da respectiva substância. No presente problema as massas moleculares foram fornecidas, logo, de acordo com a equação (7.6) o número total de mols do gás ideal desta mistura de gases é dado por:

$$n = n_1 + n_2 + n_3 = \frac{3,2}{32} + \frac{2,8}{28} + \frac{0,2}{2} = 0,30 \text{ mol}$$

Admitindo um comportamento ideal para a mistura e substituindo os valores numéricos na equação (7.5) verificamos que a pressão total do gás no recipiente é dada por:

$$\begin{aligned} P &= \frac{nRT}{T} \\ &= \frac{0,3\,(\text{mol}) \times 8,2 \times 10^{-2}\,(\text{atm L/K mol}) \times 400\,(\text{K})}{20,0\text{ L}} \qquad (1) \\ &= 0,49 \text{ atm} \end{aligned}$$

Adotamos a letra p_i (minúscula) para designar a *pressão parcial* de cada gás (identificado pelo índice *i*) ao passo que usamos a letra P (maiúscula) para designar a *pressão total* da mistura. Denomina-se *pressão parcial* de um gás a pressão que ele exerceria caso estivesse sozinho no recipiente onde se encontra a mistura dos gases. A *fração molar* (x_i) de cada componente da mistura é definida por:

$$x_i = \frac{n_i}{n} \tag{2}$$

onde n_i é o número de mols do componente i e n é número total de mols da mistura. Usando a equação (7.5) e a relação (2), obtemos para a *pressão parcial* de cada gás componente da mistura:

$$p_i = n_i\frac{RT}{V} = x_iP = \frac{1}{3}0,49 \text{ atm} = 0,1633 \text{ atm} \tag{3}$$

Observações:

1. O valor obtido para a pressão total da mistura (0,49 atm), por não ser um valor elevado, justifica, *a posteriori*, o uso da equação de estado dos gases ideais. Se o valor obtido para a pressão total da mistura fosse elevado, ou seja, muito maior do que uma atmosfera, não poderíamos usar a equação de estado dos gases ideais (7.5); teríamos que usar uma equação de estado adequada para gases reais, neste caso geralmente se usa a equação de estado em função do fator de compressibilidade (7.15).

2. O exemplo evidencia a vantagem da utilização do mol como unidade auxiliar para a medida da massa de um gás. Para determinar massas de líquidos e sólidos podemos usar uma balança analítica de precisão. Contudo, para a determinação da massa de um gás uma balança não forneceria medida precisa. Para determinar com precisão a massa de um gás medimos P, V e T e usamos as relações (7.5) e (7.6). Apesar de os gases serem diferentes, a pressão é determinada exclusivamente, no caso do comportamento ideal, pelo número de mols e não pela natureza química das moléculas dos gases constituintes da mistura.

3. Cada componente gasoso obedece à *lei de Dalton ou lei das pressões parciais*, ou seja a pressão total da mistura é igual à soma das pressões parciais dos componentes da mistura, conforme podemos verificar facilmente pelas equações (1) e (3).

4. Não é fora de propósito observar que cada gás constituinte da mistura comporta-se (na hipótese da validade da equação do gás ideal) como se estivesse sozinho ocupando o mesmo volume V da mistura e com a mesma temperatura T da mistura, conforme podemos verificar facilmente observando a equação (3). Como cada gás é ideal e as moléculas de um gás não interagem com as moléculas de nenhum outro gás, a mistura como um todo também tem comportamento de um gás ideal. Logo, concluímos qualitativamente a Lei de Dalton: a pressão total da mistura é igual à soma das pressões parciais dos componentes da mistura.

7.04
RESOLVIDO

Um recipiente de 20 litros contém oxigênio a uma pressão de 0,1 atm e na temperatura de 27°C. Outro recipiente, também de 20 litros, contém nitrogênio sob pressão de 0,2 atm, na temperatura de 27°C. Os dois recipientes são ligados mediante conexão de volume desprezível. Qual é a pressão dos dois gases depois do processo espontâneo de misturação? Qual é a pressão parcial de cada um deles?

SOLUÇÃO

A misturação ocorre não só por estarem os dois gases em diferentes pressões, mas também por serem quimicamente diferentes. Admitindo um comportamento ideal para a mistura, a pressão final será dada por: $P = nRT/V$, onde n é o número total de mols (mols de oxigênio mais mols de nitrogênio) e V é a soma dos volumes dos dois recipientes. O número de mols de oxigênio n_1 se calcula mediante a equação do gás ideal no primeiro recipiente. Logo, para o oxigênio, obtemos:

$$n_1 = \frac{0,1\ (\text{atm}) \times 20\ (\text{L})}{8,205 \times 10^{-2}\ (\text{atm L/K mol}) \times 300\ (\text{K})} = 0,081\ \text{mol} \qquad (1)$$

Da mesma maneira se obtém o número de mols de nitrogênio n_2. Deixamos para o leitor esta tarefa. O resultado é:

$$n_2 = 0,162\ \text{mol} \qquad (2)$$

Somando (1) e (2), verificamos que o número total de mols da mistura é igual a 0,243 e a pressão total é dada por: $P = nRT/V$. Substituindo os valores numéricos, obtemos:

$$P = \frac{0,243\ (\text{mol}) \times 8,205 \times 10^{-2}\ (\text{atm L/K mol}) \times 300\ (\text{K})}{40\ \text{L}} = 0,15\ \text{atm} \quad (3)$$

As pressões parciais são obtidas multiplicando-se a pressão total obtida na relação (3) pelas respectivas frações molares; para o oxigênio, obtemos:

$$p_1 = x_1 P = \frac{0,081}{0,243}(0,15\ \text{atm}) = 0,33 \times (0,15\ \text{atm}) = 0,05\ \text{atm}$$

Analogamente, para o nitrogênio, obtemos:

$$p_2 = x_2 P = \frac{0,162}{0,243}(0,15\ \text{atm}) = 0,67 \times (0,15\ \text{atm}) = 0,10\ \text{atm}$$

Observação: Note que o problema não poderia ser resolvido (com os dados disponíveis) se as temperaturas iniciais fossem diferentes: não se poderia calcular a temperatura final.

7.05
RESOLVIDO

A pressão parcial do CO_2 no ar, é igual a 0,23 mm de Hg. Qual será o volume de ar que, sob pressão de uma atmosfera, contém um grama de dióxido de carbono? Massa molecular do dióxido de carbono = 44 g/mol. Considere $T = 298$ K.

SOLUÇÃO

Admitindo comportamento ideal, de acordo com a equação (7.5), obtemos:

$$p_1 = n_1 \frac{RT}{V} \quad (1)$$

onde p_1 é a pressão parcial do dióxido de carbono no volume V de ar que contém n_1 mols de dióxido de carbono. Portanto, se este número for o número de mols em um grama, $n = 1/44$, logo o volume V de acordo com a equação (1), será:

$$V = \frac{(1/44)\ (\text{mol}) \times 8,205 \times 10^{-2}\ (\text{atm L/K mol}) \times 298\ \text{K}}{0,23\ (\text{mm Hg}) \times (1/760)\ (\text{atm/mm Hg})} = 1840\ \text{L}$$

Observação: A pressão parcial de um gás em uma mistura de gases é parâmetro extremamente conveniente para o cálculo da composição da mistura. Por exemplo, para a mistura de gases deste exemplo, a fração molar do dióxido de carbono no ar é dada por:

$$x_1 = \frac{P_1}{P} = \frac{0,23 \text{ mm de Hg}}{760 \text{ mm de Hg}} = 3,03 \times 10^{-4}$$

Esta forma de cálculo é a mais direta e simples para a determinação da composição dos constituintes em uma dada mistura gasosa ideal.

7.06 RESOLVIDO

A massa específica do vapor de uma substância pura, medida a 100°C e sob pressão de 758 mm de Hg, é igual a $2,86 \times 10^{-3}$ g/mL. Estime a massa molecular da substância.

SOLUÇÃO

Não sendo grande a pressão, é razoável aceitar a hipótese de ser ideal o comportamento do vapor. Usando a definição de massa específica ($\rho = m/V$) e a definição de número de mols dada pela equação (7.6) e considerando a equação (7.5), podemos escrever para a massa molecular M da substância a seguinte relação:

$$M = \rho \frac{RT}{P} \tag{1}$$

Substituindo os valores numéricos na equação (1), obtemos a resposta: $M = 87,8$ g/mol

7.07 RESOLVIDO

Deduza uma relação para a determinação da massa molecular média $\langle M \rangle$ para a mistura de gases ideais em função das massas moleculares de cada componente da mistura (M_i) e em função das frações molares de cada componente da mistura (x_i)

SOLUÇÃO

Considerando a equação (7.5), podemos escrever para a mistura de gases ideais a seguinte relação:

$$PV = n_{total}RT = \frac{m_{total}}{\langle M \rangle} RT \tag{1}$$

Na equação (1) usamos a definição de número total de mols da mistura de gases ideais e designamos por $\langle M \rangle$ a massa molecular média da mistura. Como o número total de mols da mistura é igual à soma dos números de mols dos componentes da mistura, podemos escrever:

$$\langle M \rangle = \frac{m_{\text{total}}}{n_{\text{total}}} = \frac{m_{\text{total}}}{\sum n_i} \tag{2}$$

De acordo com a definição de número de mols (7.6), podemos escrever para a massa total da mistura a seguinte equação:

$$m_{\text{total}} = \sum (n_{\text{i}} M_{\text{i}}) \tag{3}$$

Substituindo a relação (3) na equação (2), obtemos:

$$\langle M \rangle = \frac{\sum (n_i M_i)}{\sum n_i} \tag{4}$$

Dividindo o numerador e o denominador da equação (4) por n_{total} obtemos:

$$\langle M \rangle = \frac{\sum (n_i M_i / n_{\text{total}})}{\sum (n_i / n_{\text{total}})} \tag{5}$$

Porém, pela definição de fração molar, sabemos que

$$x_i = \frac{n_i}{n_{\text{total}}} \tag{6}$$

Substituindo a relação (6) na equação (5) e lembrando que a soma de todas as frações molares é igual a 1, obtemos a expressão para a determinação da massa molecular média solicitada:

$$\langle M \rangle = \frac{\sum (x_i M_i)}{\sum x_i} = \sum (x_i M_i) \tag{7}$$

7.08
RESOLVIDO Umidifica-se o ar com 1,0%, em volume, de vapor de água. Qual é a massa específica do ar úmido, a 25°C e 1 atm. As massas moleculares são: 28,8 para o ar e 18,0 para o vapor de água.

SOLUÇÃO

De acordo com a equação (7) do problema anterior, a massa molecular média da mistura ideal de ar puro com vapor de água é dada por:

$$\langle M \rangle = 0,99 \times 28,8 + 0,01 \times 18,0 = 28,7 \tag{1}$$

Usando a definição do número de mols (7.6) na equação (7.5) concluímos que:

$$\rho = \frac{P\langle M \rangle}{RT} \tag{2}$$

Substituindo os valores numéricos na equação (2), obtemos para a massa específica do ar úmido o seguinte resultado:

$$\rho = 1,17 \times 10^{-3}\ \text{g/cm}^3$$

Observações:

1. É habitual exprimir a umidade do ar mediante a *umidade absoluta*, pela *umidade relativa* ou mediante a *umidade específica*. A *umidade absoluta* é a massa de vapor de água por unidade de volume de ar. A *umidade relativa* é igual a 100 vezes a razão entre a pressão parcial de vapor de água no ar e a pressão do vapor de água que, na mesma temperatura do ar, está em equilíbrio com a água líquida (vapor saturado). Finalmente, a *umidade específica* é a massa de vapor de água por unidade de massa de ar.

2. Não é fora de propósito comentar que o ar úmido é *mais leve* do que o ar seco, ambos nas mesmas condições de pressão e de temperatura.

7.09
RESOLVIDO

Um mol de um gás ideal, a 27°C, se expande isotermicamente contra uma pressão externa constante igual a 1 atm, até duplicar o volume inicial. Calcular o calor necessário para manter constante a temperatura do gás, sabendo que a pressão final é 1 atm.

SOLUÇÃO

Esse processo de expansão é irreversível, porém, de acordo com a *primeira lei da Termodinâmica*, tanto para um processo reversível quanto para um processo irreversível, obtemos:

$$\Delta U = Q - W \tag{1}$$

Conforme sabemos, a energia interna de um gás ideal depende *somente* da temperatura. Como em um *processo isotérmico* a temperatura do sistema permanece constante, a variação de energia interna é igual a zero. Portanto, concluímos pela relação (1) que: $Q = W$.

O trabalho corresponde a uma expansão contra uma pressão externa constante. De acordo com a equação (7.8), encontramos:

$$W = P_{\text{ext}}(V_{\text{f}} - V_{\text{i}}) \tag{2}$$

De acordo com o enunciado do problema, temos: $V_{\text{f}} = 2V_{\text{i}}$. Logo, de acordo com a equação (2),

$$W = P_{\text{ext}} V_{\text{i}} \tag{3}$$

Para calcular o volume inicial V_{i} devemos usar a equação de estado do gás ideal (7.5). Obtemos: $P_{\text{f}}V_{\text{f}} = P_{\text{i}}V_{\text{i}}$. Portanto,

$$P_{\text{i}} = 2P_{\text{f}} = 2\ \text{atm}; \quad V_{\text{i}} = \frac{nRT}{P_{\text{i}}} = 12,31\ \text{L} \tag{4}$$

Portanto, usando as equações (3) e (4), obtemos:

$$W = 1\ (\text{atm}) \times 12,31\ (\text{L}) = 12,31\ \text{atm L} = l,25 \times 10^3\ \text{J} \tag{5}$$

Conforme mostramos, $Q = W$, logo o calor procurado é dado por:

$$Q = l,25 \times 10^3\ \text{J} \tag{6}$$

Observações:

1. O processo investigado foi uma expansão *irreversível*, uma vez que entre a pressão do gás e a pressão externa existia diferença finita. É interessante calcular o trabalho de expansão em um processo isotérmico *reversível* considerando o mesmo estado inicial e o mesmo estado final do processo isotérmico *irreversível*. Nestas circunstâncias, a pressão externa não pode permanecer constante mas é, a menos de um infinitésimo, sempre igual à pressão interna do gás. Neste caso, o trabalho será dado pela integral de $P\,dV$ na qual devemos fazer $P = nRT/V$. Substituindo P na equação (7.7) e integrando, obtemos:

$$W = RT \ln\left(\frac{V_\mathrm{f}}{V_\mathrm{i}}\right) \qquad (7)$$

Substituindo os valores numéricos na equação (7), obtemos:

$$W = 16,98 \text{ atm L} = 1,7 \times 10^3 \text{ J}$$

Como $Q = W$, obtemos:

$$Q = 1,7 \times 10^3 \text{ J} \qquad (8)$$

Comparando os resultados (8) e (6), concluímos que o calor que deve ser fornecido ao gás para manter constante a temperatura no processo isotérmico reversível é maior do que o fornecido no primeiro caso. O resultado é muito importante: o trabalho fornecido pelo sistema em uma expansão *isotérmica reversível* é *sempre* maior do que o trabalho fornecido pelo sistema na expansão *isotérmica irreversível*, considerando o mesmo estado inicial e o mesmo estado final, bem entendido.

2. É muito natural o aparecimento da unidade atm.L para medição do trabalho no caso da expansão de gases. Não será inútil recordar as seguintes relações entre algumas unidades muito usadas na Termodinâmica:

$$1 \text{ cal} = 4,186 \text{ J}; \quad 1 \text{ atm L} = 101,3 \text{ J} = 24,2 \text{ cal}$$

7.5 Problemas sobre entalpia e calor específico

7.10 RESOLVIDO

Um recipiente de volume igual a um litro contém um gás ideal A sob pressão de 1 atm e a 27°C. Outro recipiente, com volume igual a 3 L, contém um segundo gás ideal B, a 27°C sob pressão de 2 atm. Os dois recipientes são conectados mediante conduto de volume desprezível. Qual é a variação de entalpia no processo? E qual é a pressão total da mistura?

SOLUÇÃO

Conforme sabemos, a entalpia de um gás ideal depende *somente* da temperatura. Como as temperaturas dos dois gases durante o processo permaneceram constantes, concluímos que o processo foi isotérmico. Logo, a variação total de entalpia é igual a zero. Desta consideração podemos obter a pressão final. A entalpia no estado inicial é dada por:

$$H_\mathrm{i} = U_A + U_B + P_A V_A + P_B V_B \tag{1}$$

onde U_A e U_B são, respectivamente, as energias internas dos gases A e B. Como as energias internas não se modificaram (o processo foi isotérmico) e os volumes se adicionaram, concluímos que a entalpia no estado final é dada por:

$$H_\mathrm{f} = U_A + U_B + P_\mathrm{f}(V_A + V_B) \tag{2}$$

Como não ocorre variação da entalpia total, igualando as equações (1) e (2), obtemos:

$$P_A V_A + P_B V_B = P_\mathrm{f}(V_A + V_B) \tag{3}$$

Explicitando P_f na equação (3), obtemos:

$$P_f = \frac{P_A V_A + P_B V_B}{V_A + V_B} \tag{4}$$

Substituindo os valores numéricos na relação (4), encontramos a resposta:

$$P_\mathrm{f} = 1,75 \text{ atm} \tag{5}$$

A resposta (5) foi obtida com o raciocínio da conservação da entalpia. O mesmo resultado se obteria, é obvio, utilizando a equação de estado dos gases ideais.

7.11
RESOLVIDO

Um recipiente de paredes rígidas e termicamente isoladas contém hidrogênio e oxigênio. Mediante uma faísca elétrica provoca-se uma explosão no interior do recipiente. Calcule o calor, o trabalho, a variação de energia interna e a variação de entalpia.

SOLUÇÃO

Como o sistema está termicamente isolado, concluímos que: $Q = 0$. Como o recipiente possui paredes rígidas, $dV = 0$, logo $W = 0$. Portanto, de acordo com a equação (7.10), obtemos: $\Delta U = 0$. De acordo com a equação (7.12), a variação de entalpia é dada por:

$$\Delta H = V\Delta P = V(P_{\text{f}} - P_{\text{i}})$$

Observações:

1. Note que em virtude da explosão, a pressão final P_{f} é muito maior do que a pressão inicial P_{i}. Embora não tenha ocorrido nenhuma variação de energia interna, ocorreu uma substancial variação de entalpia.

2. Este exemplo ilustra porque escolhemos a *energia interna* e não a *entalpia* para enunciar a primeira lei da Termodinâmica. Em um sistema indeformável ($V =$ constante) e termicamente isolado ($Q = 0$) existe *sempre conservação da energia interna* porém *nem sempre* ocorre *conservação da entalpia.*

7.12
RESOLVIDO

Mostre que para um gás ideal são válidas as seguintes relações: (a) $\Delta U = C_V \Delta T$, (b) $\Delta H = C_P \Delta T$ e (c) $C_P = C_V + nR$.

SOLUÇÃO

(a) Conforme sabemos, a energia interna de um gás ideal depende somente da temperatura absoluta. Logo, é fácil provar que a diferencial da energia interna de um gás ideal é sempre dada por

$$dU = C_V\, dT \tag{1}$$

Para calcular ΔU é necessário integrar a equação (1). Em quase todas as aplicações práticas podemos considerar a capacidade calorífica a volume constante de um gás ideal como *constante*. Nessas circunstâncias, integrando a equação (1) concluímos que

$$\Delta U = C_V \Delta T \tag{2}$$

(b) A entalpia de um gás ideal é dada por:

$$H = U + PV = U + nRT \tag{3}$$

Como a energia interna de um gás ideal depende somente da temperatura absoluta, concluímos pela equação (3) que a entalpia de um gás ideal também depende somente da temperatura absoluta. Portanto, podemos escrever:

$$dH = C_P \, dT \tag{4}$$

Para calcular ΔH é necessário integrar a equação (4). Em quase todas as aplicações práticas podemos considerar a capacidade calorífica à pressão constante de um gás ideal como *constante*. Nessas circunstâncias, integrando a equação (4) concluímos que

$$\Delta H = C_P \Delta T \tag{5}$$

(c) Diferenciando a equação (3), obtemos:

$$dH = dU + nR \, dT \tag{6}$$

Substituindo as relações (1) e (4) na equação (6) demonstramos o resultado desejado:

$$C_P = C_V + nR \tag{7}$$

7.13
RESOLVIDO

Qual é a equação que dá a dependência entre a temperatura e o volume de um gás ideal que sofre uma *transformação adiabática* reversível?

SOLUÇÃO

Em qualquer *transformação adiabática*, $dQ = O$, e então usando a forma diferencial da equação (7.10), encontramos:

$$dU = -P \, dV \tag{1}$$

Como se trata de um gás ideal, substituindo na equação (1) o resultado do item (a) do problema anterior, obtemos a seguinte equação diferencial

$$C_V\, dT = -P\, dV \tag{2}$$

A relação (2) é a equação diferencial de um processo adiabático reversível de um gás ideal. Substituindo na equação (2) $P = nRT/V$, obtemos:

$$\frac{C_V}{nR}\frac{dT}{T} = -\frac{dV}{V} \tag{3}$$

A equação (3) também pode ser escrita na forma

$$\frac{dT}{T} + \frac{nR}{C_V}\frac{dV}{V} = 0 \tag{4}$$

Como C_V permanece constante, integrando a equação (4), encontramos:

$$\ln T + \ln V^{nR/C_V} = \ln(\text{constante}) \tag{5}$$

Da equação (5), obtemos o seguinte resultado:

$$TV^{nR/C_V} = \text{constante} \tag{6}$$

Usando o resultado do item (b) do problema anterior, encontramos:

$$\frac{C_P}{C_V} - 1 = \frac{nR}{C_V}$$

Geralmente a razão (C_P/C_V) é designada pela letra γ (gama). Sendo assim, podemos escrever:

$$\frac{nR}{C_V} = \gamma - 1 \tag{7}$$

Considerando as equações (6) e (7) obtemos o seguinte resultado:

$$TV^{(\gamma-1)} = \text{constante} \tag{8}$$

A equação (8) é conhecida como *equação de Poisson*. Esta equação só vale nos *processos adiabáticos reversíveis de um gás ideal com capacidade calorífica constante*. Ela constitui uma equação que dá o estado do gás em cada etapa do processo. Uma vez que, em cada uma dessas etapas, o gás está em equilíbrio, é claro que nelas também vale a equação de Clapeyron ($PV = nRT$). Substituindo $T = PV/nR$ na equação (8), o leitor mostrará sem dificuldade que a equação de Poisson também pode ser escrita na forma:

$$PV^{\gamma} = \text{constante} \tag{9}$$

Substituindo $V = nRT/P$ na equação (9), o leitor mostrará sem dificuldade que a equação de Poisson também pode ser escrita na seguinte forma alternativa:

$$T^{\gamma}P^{(1-\gamma)} = \text{constante} \tag{10}$$

As equações (8), (9) e (10) são formas alternativas da *equação de Poisson* e serão muito úteis para a solução de problemas envolvendo *processos adiabáticos reversíveis de um gás ideal com capacidade calorífica constante.*

7.14 RESOLVIDO

Estime a temperatura alcançada por 0,5 mols de hélio que inicialmente estão a 235 K, sob pressão de uma atmosfera, e são comprimidos adiabática e reversivelmente até a pressão de 7 atm. Calcule ΔU, W e ΔH no processo. O calor específico molar do hélio é igual a 3 cal/mol K.

SOLUÇÃO

Admitindo comportamento ideal, podemos usar para uma transformação adiabática e reversível qualquer uma das relações (8), (9) ou (10) deduzidas no problema anterior. Por exemplo, usando a relação (10) do problema anterior, obtemos para a temperatura final o seguinte resultado: $T_2 = 512$ K. A variação de energia interna é dada por:

$$\Delta U = nc_V\Delta T = 0,5 \times 3 \times (512 - 235)\ \text{cal} = 416\ \text{cal} \tag{1}$$

A variação de entalpia se obtém por meio da relação (7.12), ou seja,

$$\Delta H = \Delta U + nR\Delta T; \quad \text{ou:} \quad \Delta H = nc_P\Delta T$$

Usando qualquer uma dessas relações, encontramos:

$$\Delta H = 693\ \text{cal} \tag{2}$$

O trabalho W é simplesmente o simétrico da variação da energia interna, pois o processo é adiabático. Logo, pela equação (2), obtemos:

$$W = -\Delta U = -416\ \text{cal}$$

Observação: O trabalho em uma transformação adiabática reversível de um gás ideal é dado explicitamente por qualquer uma das seguintes relações:

$$W = -C_V \Delta T = C_V (T_\mathrm{i} - T_\mathrm{f}) \tag{3}$$

$$W = \frac{P_\mathrm{i} V_\mathrm{i} - P_\mathrm{f} V_\mathrm{f}}{\gamma - 1} \tag{4}$$

Na relação (3) $C_V = nc_V$. Como exercício, deixamos para o leitor provar que, partindo da equação (4) e lembrando que $nR = C_P - C_V$, podemos encontrar o resultado (3).

7.15 RESOLVIDO

Qual é a equação que relaciona as coordenadas de um gás ideal, com capacidade calorífica constante, ao longo de uma *transformação politrópica* reversível?

SOLUÇÃO

Uma *politrópica* é uma transformação em que fica constante a razão entre a quantidade de calor cedida ao sistema e a variação de temperatura que esta quantidade provoca no sistema. Analiticamente,

$$\frac{dQ}{dT} = \text{constante} = C \tag{1}$$

No caso de uma politrópica reversível, substituindo a relação (1) na equação (7.10), podemos escrever para um gás ideal:

$$C_V \, dT = C \, dT - P \, dV \tag{2}$$

Substituindo $P = nRT/V$ na equação (2), obtemos:

$$\frac{dT}{T} + \frac{nR}{C_V - C} \frac{dV}{V} = 0 \tag{3}$$

Integrando a equação (3), encontramos:

$$\ln T + \frac{nR}{C_V - C} \ln T = \ln(\text{constante}) \tag{4}$$

Da equação (4), obtemos:

$$TV^{nR/(C_v - C)} = \text{constante} \tag{5}$$

Lembrando que $nR = C_P - C_V$ e substituindo $T = PV/nR$ na equação (5), encontramos:

$$PV^{(C_P - C)/(C_V - C)} = A \tag{6}$$

A equação (6) é a equação adequada para estudar uma transformação *politrópica*. Nesta equação A é constante. Podemos escrever a relação (6) do seguinte modo:

$$PV^a = A \tag{7}$$

Comparando a equação (7) com a equação (6) vemos que o expoente da equação da transformação politrópica é dado por:

$$a = \frac{C_P - C}{C_V - C} \tag{8}$$

Vemos pela equação (8) que o expoente a da equação da transformação politrópica só pode ser determinado conhecendo-se C_V, C_P e C. Contudo, para um gás ideal, lembre que: $C_V = C_P - nR$.

Observações:

1. Note a analogia entre a equação (7) deste problema e a equação (9) do Problema 2.8.

2. Quando $a = 1$, a transformação politrópica indicada na relação (7) se reduz ao caso da transformação *isotérmica* de um gás ideal ($PV =$ constante).

3. Quando $a = \gamma = C_P/C_V$, a transformação politrópica indicada na relação (7) se reduz ao caso da transformação *adiabática* de um gás ideal ($PV^\gamma =$ constante).

7.16 RESOLVIDO

Qual é a expressão do trabalho em uma expansão politrópica reversível de um gás ideal cuja capacidade calorífica permanece constante?

SOLUÇÃO

Conforme já vimos no problema anterior, na politrópica reversível, obtemos:

$$C_V\, dT = C\, dT - dW_{\text{rev}} \tag{1}$$

Portanto o trabalho realizado em uma transformação infinitesimal é dado por:

$$dW_{\text{rev}} = (C - C_V)\,dT \tag{2}$$

Como a capacidade calorífica permanece constante, integrando a equação (2), obtemos:

$$W_{\text{rev}} = (C - C_V)(T_{\text{f}} - T_{\text{i}}) \tag{3}$$

Também podemos determinar o trabalho utilizando a equação (7) do problema anterior. Substituindo $P = A/V^a$ na equação (7.7) e integrando entre os limites V_{f} e V_{i}, encontramos:

$$W = \frac{P_{\text{i}}V_{\text{i}} - P_{\text{f}}V_{\text{f}}}{a - 1} \tag{4}$$

Como exercício, deixamos para o leitor provar que, partindo da equação (4), utilizando a equação (8) do problema anterior e lembrando que $nR = C_P - C_V$, podemos encontrar novamente o resultado (3).

7.6 Problemas propostos

7.17

A densidade da água no CGS é igual a 1 g/cm^3. Calcule: (a) a densidade no MKS; (b) o volume específico no MKS.

Respostas: (a) 10^3 kg/m^3;
(b) 10^3 m^3/kg.

7.18

A densidade do ar é aproximadamente igual a 0,0013 g/cm^3 e a massa molecular do ar é aproximadamente igual a 29. Calcule: (a) o volume específico do ar no MKS; (b) o volume específico molar do ar no MKS; (c) o volume específico molar no CGS.

Respostas: (a) 0,77 m^3/kg;
(b) 22,4 m^3/kmol;
(c) $22,4 \times 10^3$ cm^3/mol.

7.19

Calcule o trabalho realizado quando 6 L de ar, inicialmente à pressão de 1 atm e à temperatura de 27°C, sofrem uma compressão até 10 atm, permanecendo constante o volume do ar.

Resposta: $W = 0$.

7.20

Calcule o trabalho realizado por um gás ao se expandir de um volume V_0 até um volume V, permanecendo a pressão constante e a temperatura variando de 25°C até 30°C.

Resposta: $W = P(V - V_0)$.

7.21

Mistura-se uma certa quantidade de água a 30°C com igual quantidade de gelo a −40°C. Qual é a temperatura de equilíbrio?

Resposta: 0°C.

7.22

No problema anterior calcule a fração do gelo que se transforma em água.

Resposta: $x = m/8$.

7.23

Sabendo que $R = 0,082$ atm litro/mol K, determine o valor de R em calorias/mol K.

Resposta: $R = 2$ cal/mol K (valor aproximado); $R = 1,987$ cal/mol K (valor exato).

7.24

Um vaso contém CO_2 a uma temperatura de 137°C. O volume específico molar do CO_2 é igual a 0,07 L/mol. Calcule a pressão em atm supondo que o CO_2 seja um gás ideal.

Resposta: 480 atm.

7.25

Determine a *fração molar* ($x_t = n_t/n$) para cada componente i de uma mistura isotérmica de gases ideais: (a) em função do volume parcial de cada componente; (b) em função da pressão parcial de cada componente.

Respostas: (a) $x_i = V_i/V$;
(b) $x_i = P_i/P$.

7.26

Um recipiente de 2,0 L contém nitrogênio sob pressão de 1 atm e a 300 K. Outro recipiente, de 6,0 L contém hidrogênio sob pressão de 3 atm e também a 300 K. (a) Qual é a pressão da mistura gasosa quando os dois recipientes são ligados por uma conexão que tem o volume de 0,5 L? (b) Qual é a pressão parcial de cada componente na mistura?

Respostas: (a) 2,34 atm;
(b) 0,23 atm; 2,11 atm.

7.27

Um recipiente de volume V contém um gás mantido em uma temperatura T constante. O gás escapa do recipiente por um orifício muito pequeno. A velocidade de escapamento – medida pelo número de moléculas que saem do recipiente por unidade de tempo – é proporcional ao número de moléculas que estão no recipiente. Qual é a expressão que dá a pressão do gás no recipiente em um instante t? Considere a pressão inicial igual a P_0.

Resposta: $P = P_0 \exp(-kt)$, onde k é uma constante de proporcionalidade.

7.28

Supondo um comportamento ideal, obtenha uma relação para a massa específica da mistura de gases perfeitos em função da massa molecular média da mistura.

Resposta: $\rho = P\langle M\rangle / RT$.

7.29

Calcule a massa molecular média da mistura de CO com CO_2, sabendo que a mistura possui massa específica igual a 1,33 g/L, a 20°C e sob pressão de uma atmosfera.

Resposta: 32 g/mol.

7.30

A composição volumétrica de um gás é dada por: 5% de hidrogênio; 70% de monóxido de carbono (CO); 25% de nitrogênio. (a) Qual é a fração molar de cada componente na mistura? (b) Qual é a pressão parcial de cada um deles, quando a pressão da mistura for igual a 1,2 atm?

Respostas: (a) 0,05; 0,70 e 0,25.
(b) 0,06 atm, 0,84 atm e 0,30 atm.

7.31

A composição de uma amostra de ar seco é dada por: 78,085% de nitrogênio; 20,946% de oxigênio; 0,034% de dióxido de carbono; 0,935% de argônio. Determine a massa específica do ar seco a 0°C e 1 atm.

Resposta: 1,293 g/L.

7.32

Determine o coeficiente de dilatação térmica (α) de um gás ideal.

Resposta: $\alpha = 1/T$.

7.33

Determine o coeficiente de compressibilidade (k) de um gás ideal.

Resposta: $k = 1/P$.

7.34

Determine o coeficiente térmico de pressão (β) de um gás ideal.

Resposta: $\beta = 1/T$.

7.35

Obtenha uma expressão para o cálculo do comprimento de um fio em função da temperatura, supondo um coeficiente de dilatação térmica linear (α) muito pequeno.

Resposta: $L = L_0(1 + \alpha \Delta T)$.

7.36

Um fio possui comprimento igual a 3 m quando sua temperatura é igual a 50°C. O coeficiente de dilatação linear é igual a 10^{-5}/K. Calcule a temperatura quando o comprimento do fio for igual a 3,005 m.

Resposta: $116,67$°C.

7.37

Em uma placa circular existe um orifício circular de diâmetro D_0. Qual será o diâmetro D do orifício quando a temperatura aumentar de ΔT?
Sugestão: tapando o buraco com um círculo do mesmo material da placa, você conclui facilmente que o diâmetro se dilata linearmente.

Resposta: $D = D_0(1 + \alpha \Delta T)$.

7.38 Meio mol de um gás ideal se expande isotermicamente (a 27°C) contra uma pressão externa constante de uma atm até duplicar seu volume, ficando em equilíbrio com a pressão externa. Calcule a variação de energia interna, a variação de entalpia, o trabalho realizado e o calor fornecido para manter constante a temperatura do gás.

Resposta: $\Delta U = \Delta H = 0$; $Q = W = 149$ cal.

7.39 Determine a variação da energia interna e a variação da entalpia de um mol de um gás ideal monoatômico (calor específico molar a volume constante igual a 2,97 cal/mol.K) que é comprimido de 30 litros até 10 litros, enquanto sua temperatura passa de 400 K para 300 K.

Resposta: $\Delta U = -297$ cal; $\Delta H = -496$ cal.

7.40 Um inventor diz ter desenvolvido uma máquina que, operando em ciclos, fornece 200 kwh de trabalho útil em cada ciclo, consumindo 800 kcal de calor. Esta máquina contraria ou não o primeiro princípio da Termodinâmica?

Resposta: Contraria, pois fornece mais trabalho do que o calor consumido em cada ciclo.

7.41 Em um reator mantido com volume constante ocorre uma reação química. A que grandeza é igual a variação de energia interna?

Resposta: $\Delta U = Q$.

7.42 Caso o reator mencionado no problema anterior opere sob pressão constante, a que grandeza é igual a variação de entalpia?

Resposta: $\Delta H = Q$.

7.43 Um cilindro dotado de um êmbolo contém um gás ideal. Comprime-se o gás reversivelmente e isotermicamente até reduzir o seu volume a 1/6 do volume inicial. Calcule o trabalho realizado pelo gás sobre o êmbolo.

Resposta: $W = -P_i V_i \ln 7$.

7.44

Em uma compressão reversível sobre um mol de um gás ideal o exterior realiza sobre o sistema um trabalho igual a 5000 cal e o sistema cede para as vizinhanças 4000 cal de calor. A sua temperatura no início da compressão era igual a 300 K. Qual é a temperatura final do gás ideal depois da compressão? O c_V do gás é constante e igual a 5 cal/mol K.

Resposta: 500 K.

7.45

Um recipiente de 50 litros contém hélio a 1,0 atm e a 27°C. Supor que o hélio se comporte como um gás ideal, com calor específico molar a volume constante igual a 3 cal/mol K. Calcule a variação da energia interna e da entalpia, quando o sistema é aquecido até 127°C?

Resposta: $\Delta U = 609$ cal; $\Delta H = 1016$ cal.

7.46

O C_P de um sistema gasoso é dado por $A + BT$, onde A e B são constantes positivas. Como você escreve uma expressão da entalpia deste sistema em função da temperatura absoluta?

Resposta: $H = H_0 + AT + BT^2/2$, onde H_0 ou é constante ou é uma função de P.

7.47

Um gás ideal, submetido a uma pressão de 10 atm, sofre uma expansão adiabática reversível até que sua pressão se reduza a 1,0 atm. Conhecemos os seguintes dados: a temperatura inicial é igual a 300 K, o número de mols é igual a 0,1 e o c_V do gás é igual a 3 cal/K mol. Calcule a temperatura final do gás.

Resposta: 120 K.

7.48

Mostre que o trabalho de um gás ideal em uma transformação adiabática reversível é dado por $W = -C_V \Delta T = C_V(T_\mathrm{i} - T_\mathrm{f})$, onde C_V é a capacidade calorífica a volume constante do gás ideal.

7.49 Em uma transformação politrópica reversível de 1 mol de um gás ideal, a capacidade calorífica molar a volume constante do gás ideal é dada por: $c_V = 3\ \text{cal/mol K}$; $a = 1,43$; a pressão inicial é $P_i = 1,0$ atm; $T_i = 27°\text{C}$; $T_f = 45°\text{C}$. Calcule: (a) a variação da energia interna; (b) a variação da entalpia.

Respostas: (a) 54 cal;
(b) 90 cal.

7.50 Mostre que em uma transformação politrópica a capacidade calorífica (C) é dada pela relação: $C = C_V(a - \gamma)/(a - 1)$. Calcule o calor molar de uma transformação politrópica de um gás ideal sabendo que $a = 2$ e $c_V = 5\ \text{cal/mol K}$.

Resposta: 3 cal/mol K.

7.51 Para temperaturas elevadas o valor de C_p para os metais pode ser aproximado por uma relação linear simples:

$$C_p = a + bT$$

onde a e b são constantes e C_p é o calor específico molar a p constante. Determine a entalpia molar dos metais para altas temperaturas.

Resposta: $h = aT + b(T^2/2) + \text{constante}$.

7.52 A capacidade calorífica dos sólidos em temperaturas muito baixas é dada pela conhecida lei de Debye: $C_V = A(T/\theta)^3$, onde A é constante e θ (conhecida como temperatura de Debye) é uma temperatura característica de cada material. Admitindo a validade da lei de Debye desde o zero absoluto até θ, determine a expressão da quantidade de calor necessária para elevar a temperatura de um sólido desde o zero absoluto até a temperatura de Debye.

Resposta: $Q = A\theta/4$.

8

ENTROPIA E SEGUNDA LEI DA TERMODINÂMICA

8.1 Conceito de entropia

A *entropia* é uma função de estado extremamente importante. Usaremos a letra S para designar a *entropia* de um sistema em equilíbrio. O conceito de *entropia* é crucial para entender bem a *segunda lei da Termodinâmica*. Existem duas maneiras de introduzir o conceito de entropia: microscopicamente ou então macroscopicamente. A *Termodinâmica Estatística* estuda a entropia do ponto de vista *microscópico* definindo-a do seguinte modo: $S = k \ln \Omega$, onde k é a constante de Boltzmann e Ω é uma função que fornece uma *distribuição estatística* associada com o *grau de organização* dos estados *microscópicos* do sistema considerado. Contudo, *não* estudaremos aqui os aspectos *microscópicos* da entropia porque neste livro estamos interessados somente nos aspectos *macroscópicos* da Termodinâmica. O leitor interessado nos aspectos microscópicos da Termodinâmica pode ler livros de Física Estatística; em particular, indicamos a leitura do livro *Termodinâmica Estatística* de Horacio Macedo e Adir M. Luiz. Para definir a entropia do ponto de vista *macroscópico* basta escrever qualquer relação da Termodinâmica na qual apareça a função de estado *entropia*. Uma das relações mais importantes para definir a entropia *macroscopicamente* é dada por:

$$\left(\frac{\partial U}{\partial S}\right)_V = T \tag{8.1}$$

Na equação (8.1) vemos que a variação da energia interna de um sistema com a entropia (a volume constante) fornece a temperatura absoluta do sistema. Em uma transformação infinitesimal isocórica de um sistema a variação de energia livre é dada por:

$$dU = T\,dS \tag{8.2}$$

De acordo com a forma diferencial da primeira lei da Termodinâmica, temos:

$$dU = dQ - P\,dV \tag{8.3}$$

Comparando as equações (8.2) e (8.3), concluímos que:

$$dQ_{\mathrm{REV}} = T\,dS \tag{8.4}$$

O índice “REV” indicado na relação (8.4) é usado para enfatizar que a igualdade entre dQ e $T\,dS$ só vale em *processos reversíveis*. Para *processos irreversíveis* se demonstra que é válida a seguinte *desigualdade*:

$$dQ_{\mathrm{IRREV}} < T\,dS \tag{8.5}$$

Convém mostrar a diferença entre um *processo reversível* e um *processo irreversível*. O *processo reversível* é também algumas vezes chamado de *processo quase-estático*. Evidentemente, o *processo irreversível* é aquele que não é *reversível*. Portanto, precisamos caracterizar sucintamente as peculiaridades dos *processos reversíveis*.

Um *processo quase-estático* é aquele em que as grandezas termodinâmicas do sistema variam muito lentamente, de modo que em cada instante o sistema está praticamente em equilíbrio termodinâmico. A lentidão dessas variações deve ser medida na escala do sistema, isto é, levando em conta o tempo de relaxação característico do sistema. Portanto, essa lentidão permite que o *processo quase-estático* seja *reversível*, ou seja, em qualquer etapa do processo é possível *inverter* o sentido das transformações do sistema graças a modificações infinitesimais nas interações com o exterior do sistema. Portanto todo *processo quase-estático* é um *processo reversível* Por exemplo, considere o equilíbrio de fases entre o gelo e a água a 0°C. A transição entre as duas fases é *reversível*: mediante pequenas trocas de calor o gelo pode se liquefazer ou a água pode se congelar.

Denomina-se *processo adiabático* a transformação durante a qual não ocorre troca de calor entre o sistema e suas vizinhanças. Denomina-se *processo isentrópico* a transformação durante a qual não ocorre nenhuma variação da entropia do sistema. Conforme indica a equação (8.4), todo processo isentrópico é adiabático, porém nem todo processo adiabático é isentrópico. Por exemplo, em um processo adiabático *irreversível* não ocorre troca de calor entre o sistema e suas vizinhanças porém ocorre variação de entropia, conforme você pode comprovar pela equação (8.5).

Os fenômenos que ocorrem na natureza são *irreversíveis*: ocorrem em uma determinada seqüência que não pode ser *invertida* espontaneamente. É claro que o sistema poderia retornar ao estado inicial somente mediante a ação de agentes externos. Se os processos naturais são *irreversíveis*, então por que a Termodinâmica considera quase sempre processos *reversíveis*? A resposta é simples. A Termodinâmica estuda somente *variações que ocorrem entre dois estados de equilíbrio*. Logo, a variação de uma *função de estado* depende apenas da diferença entre o valor da função no estado *final* e o valor da função no estado *inicial*. Por exemplo, a variação de energia interna ΔU é sempre dada por: $\Delta U = U_\mathrm{f} - U_\mathrm{i}$, onde U_f é o valor da energia interna no estado *final* e U_i é o valor da energia interna no estado *inicial*. Portanto, conhecendo-se U_f e U_i a variação ΔU é sempre a mesma, independentemente do processo. Mesmo que a transformação seja irreversível, a variação da energia interna ΔU seria sempre dada por: $\Delta U = U_\mathrm{f} - U_\mathrm{i}$.

A *entropia* é uma *função de estado*. Portanto a variação de entropia ΔS é sempre dada por: $\Delta S = S_\mathrm{f} - S_\mathrm{i}$, onde S_f é o valor da entropia no estado *final* e S_i é o valor da entropia no estado *inicial*. A diferencial da entropia que aparece na equação (8.4), pode ser escrita na forma:

$$dS = \frac{dQ}{T} \tag{8.6}$$

A variação de entropia de um sistema pode ser calculada mediante a integral da relação (8.6):

$$\Delta S = \int \frac{dQ}{T} \tag{8.7}$$

Para calcular a variação de entropia ΔS mediante a equação (8.7) é necessário conhecer como o calor infinitesimal dQ depende de T; a seguir calculamos a integral indicada na relação (8.7) entre os limites T_i (temperatura inicial) e T_f (temperatura final). Note que o sistema geralmente sofre uma transformação *irreversível* para atingir o estado final. Contudo, como a relação (8.7) vale somente para *processos reversíveis*, podemos imaginar um processo *reversível* entre o estado inicial com temperatura inicial T_i e o estado final com temperatura final T_f. Portanto, desde que se conheça como o calor infinitesimal dQ depende de T, podemos sempre usar a equação (8.7) para calcular ΔS.

Quando *não* conhecemos como dQ depende de T, *não* podemos usar a equação (8.7); então, para calcular a variação de entropia ΔS é necessário usar a primeira lei da Termodinâmica (8.3). Portanto, neste caso, para calcular ΔS precisamos integrar a seguinte equação diferencial:

$$T\,dS = dU + P\,dV \tag{8.8}$$

Para calcular a variação de entropia ΔS mediante a equação (8.8) é necessário explicitar dS e integrar cada um dos termos desta equação diferencial.

8.2 Segunda lei da Termodinâmica

Existem diversos enunciados para a *segunda lei da Termodinâmica*. Contudo, os dois mais importantes são: o enunciado baseado no *conceito de entropia* de sistemas isolados e o enunciado baseado no *conceito de rendimento de máquinas térmicas*. Vamos agora enunciar a segunda lei da Termodinâmica mediante o conceito de entropia. Na próxima seção iremos enunciar a segunda lei da Termodinâmica usando o conceito de rendimento de máquinas térmicas.

Usando o *conceito de entropia* podemos enunciar a *segunda lei da Termodinâmica* do seguinte modo:

> *Em qualquer transformação que ocorra em um sistema isolado a variação de entropia é sempre positiva.*

Portanto, a *segunda lei da Termodinâmica* afirma que a entropia *cresce sempre* em um processo espontâneo realizado adiabaticamente. Não é ocioso nem inútil insistir: a *segunda Lei da Termodinâmica não* afirma que a entropia de um sistema cresce em *qualquer* processo. O crescimento ocorre obrigatoriamente quando o sistema efetua *processo espontâneo* (portanto *irreversível*) e *adiabático*, isto é, um processo que ocorre em um *sistema isolado*. Em outros processos pode haver aumento ou diminuição da entropia.

Quando ocorre troca térmica entre o sistema e as suas vizinhanças, ocorre também modificação da entropia do sistema e da entropia das vizinhanças. A soma destas modificações é *sempre positiva*, pois o sistema juntamente com as vizinhanças constituem um novo sistema isolado. Essa *variação total* de entropia é geralmente chamada de *variação de entropia do universo*. Muitas vezes não é possível calcular a variação de entropia das vizinhanças, pela ausência de informações pertinentes.

Resumindo, usando o *conceito de entropia* podemos enunciar a *segunda lei da Termodinâmica* matematicamente do seguinte modo:

$$\Sigma(\Delta S) > 0 \tag{8.9}$$

Na equação (8.9) estamos supondo, evidentemente, sistemas que ainda não atingiram o equilíbrio termodinâmico. Quando um sistema está em completo equilíbrio termodinâmico, é claro que: $\Sigma(\Delta S) = 0$.

8.3 Terceira lei da Termodinâmica

Diferentemente da *energia interna* e da *entalpia*, a *entropia* de um corpo pode ser determinada de forma *absoluta*, sem a introdução de quaisquer constantes convencionais, que se faz mediante a chamada *terceira lei da Termodinâmica* geralmente enunciada do seguinte modo:

> *A entropia de uma substância pura tende para zero quando a temperatura tende para o zero absoluto (0* K*).*

O enunciado anterior da *terceira lei da Termodinâmica* é criticado por alguns autores. De acordo com essa formulação da *terceira lei da Termodinâmica*, a entropia das substâncias cristalinas puras deve ser considerada igual a zero para 0 K. Contudo, em virtude dos fenômenos quânticos, igualar a zero a entropia de uma substância pura é uma hipótese aproximada, visto que, pelas leis da Mecânica Quântica, a *entropia* nunca pode ser igual a zero, mesmo no zero absoluto. Em vista dessas restrições do enunciado da *terceira lei da Termodinâmica*, geralmente se adota outro enunciado para a *terceira lei da Termodinâmica*:

> *A temperatura absoluta T igual a zero não pode ser atingida em nenhum processo.*

Mais adiante, ao estudarmos o ciclo de Carnot, verificaremos que a impossibilidade de se atingir o *zero absoluto* é uma conseqüência da *segunda lei da Termodinâmica*.

8.4 Máquinas térmicas

Na seção anterior enunciamos a *segunda lei da Termodinâmica* mediante o *conceito de entropia*. Vamos agora enunciar a *segunda lei da Termodinâmica* mediante o *conceito de rendimento* de máquinas térmicas. Porém, antes de fazer este enunciado da *segunda lei da Termodinâmica* faremos algumas considerações sobre o conceito de *máquina térmica*.

Um dos principais objetivos da Termodinâmica é o estudo das *transformações de energia*. Por exemplo, a primeira lei da Termodinâmica mostra que quando uma quantidade de calor Q entra em um sistema e um trabalho W é realizado pelo sistema, a variação de energia interna do sistema é dada por: $\Delta U = Q - W$. As *máquinas* são dispositivos nos quais geralmente ocorrem *transformações de energia* para o benefício do homem. Portanto, a Termodinâmica fornece ferramentas adequadas para estudar os aspectos energéticos de qualquer máquina.

Em uma *máquina térmica* ocorrem necessariamente *transformações de calor em outras formas de energia*. Por exemplo, um motor de automóvel é uma máquina térmica porque ele converte uma *energia térmica* Q em *trabalho* W. Contudo, um motor elétrico *não* é uma máquina térmica porque ele converte diretamente *energia elétrica* em *energia mecânica*.

As máquinas térmicas convertem calor em trabalho. Existem dois tipos fundamentais de máquinas térmicas: a *máquina de combustão interna* (exemplos: o motor à gasolina e o motor diesel) e a *máquina de combustão externa* (exemplos: a máquina a vapor e as máquinas térmicas que funcionam com base no ciclo de Stirling). Em quase todos os tipos de máquinas térmicas, um gás contido em um cilindro se expande e se contrai alternadamente; este movimento oscilatório, através de dispositivos mecânicos apropriados, é convertido em um movimento circular que aciona um *eixo rotor*.

O *rendimento* de qualquer tipo de máquina térmica é definido como a razão entre o *trabalho total realizado pelo sistema* e o *calor absorvido pelo sistema*. Usando a letra r para designar o rendimento da máquina térmica, o símbolo W_{total} para designar o trabalho total realizado pelo sistema e o símbolo Q_{absor} para designar o *calor absorvido* pelo sistema, ou seja, o *calor fornecido para o sistema*, podemos escrever esta definição na forma:

$$r = \frac{W_{\text{total}}}{Q_{\text{absor}}} \tag{8.10}$$

Podemos afirmar que todas as máquinas térmicas possuem as seguintes características:

1. Existe um processo durante o qual o sistema absorve um calor Q_Q de um *reservatório quente* que está a uma temperatura T_Q (temperatura da *fonte quente*).

2. Existe um processo durante o qual o sistema rejeita um calor Q_F para um *reservatório frio* que está a uma temperatura T_F (temperatura da *fonte fria*).

3. O sistema realiza um trabalho útil W sobre suas vizinhanças.

Como Q_Q é o calor que *entra* no sistema e Q_F é o calor que *sai* do sistema, o *calor total* Q_{total} é dado por:

$$Q_{\text{total}} = Q_Q + Q_F$$

Note que, de acordo com a convenção já explicada anteriormente, o calor que *entra* no sistema (Q_Q) é *positivo* ao passo que o calor que *sai* do sistema (Q_F) é *negativo*. Em um ciclo a variação da energia interna é necessariamente igual a zero. Então, como $\Delta U = Q_{\text{total}} - W_{\text{total}}$, concluímos facilmente que:

$$W_{\text{total}} = Q_{\text{total}} = Q_Q + Q_F \tag{8.11}$$

Como o calor absorvido pelo sistema neste caso é igual a Q_Q, levando em conta as equações (8.10) e (8.11), vemos que o rendimento de qualquer máquina térmica é dado por:

$$r = \frac{Q_Q + Q_F}{Q_Q} = 1 + \frac{Q_F}{Q_Q} \tag{8.12}$$

De acordo com a equação (8.10), quando $W_{\text{total}} = Q_{\text{absor}}$, obtemos: $r = 1$, ou seja, o rendimento é igual a 100%. Este resultado não é proibido pela primeira lei da Termodinâmica, visto que, quando $\Delta U = 0$, o calor é igual ao trabalho realizado. Contudo, a segunda lei da Termodinâmica proíbe a conversão *integral* de calor em trabalho. Uma parte do calor Q_Q fornecido a um sistema deve ser sempre rejeitado para o exterior do sistema. Podemos enunciar a *segunda lei da Termodinâmica* do seguinte modo:

> *Toda máquina térmica possui sempre um rendimento menor do que um.*

Por outro lado, da relação (8.12), verificamos que o rendimento da máquina térmica seria igual a um somente quando $Q_F = 0$. Porém, como o rendimento não pode ser igual a um, podemos também enunciar a *segunda lei da Termodinâmica* do seguinte modo alternativo:

> *É impossível a construção de um dispositivo que, operando em ciclos, seja capaz de absorver um calor Q_Q de uma fonte quente e produzir um trabalho útil W sem rejeitar uma quantidade de calor Q_F para uma fonte fria.*

A primeira Lei da termodinâmica proíbe a criação ou a destruição da energia. A segunda lei da Termodinâmica impõe um limite para as possibilidades da transformação de calor em outras formas de energia. Denomina-se *moto contínuo de primeira espécie* a máquina capaz de criar sua própria energia, contrariando portanto a primeira lei da Termodinâmica. Denomina-se *moto contínuo de segunda espécie* a máquina capaz de absorver um calor Q_Q de uma fonte quente e produzir um trabalho útil W sem rejeitar uma quantidade de calor Q_F para uma fonte fria, contrariando portanto a segunda lei da Termodinâmica.

Observação:

No cálculo do rendimento de qualquer máquina térmica usando a equação (8.10) ou a equação (8.12) você deve tomar muito cuidado com os sinais quando for calcular o *trabalho total* ou quando for calcular o *calor total*. Lembre que tanto o calor quanto o trabalho podem possuir sinais *negativos*. Portanto, um erro de sinal pode acarretar um cálculo errado do rendimento da máquina. Por exemplo. na equação (8.12) o calor Q_F é *negativo*. Se você usar um sinal positivo para Q_F na equação (8.12) você obterá um *rendimento maior do que um*, contrariando a segunda lei da Termodinâmica. Contudo, é conveniente escrever, como fizemos na equação (8.11), que o *calor total* é a *soma algébrica* de todos as quantidades de calor trocadas entre o sistema e o ambiente. Portanto nesta soma algébrica você deve conferir cuidadosamente o sinal da cada parcela.

8.5 Ciclo de Carnot

Entre as diversas aplicações do conceito de entropia, avultam as relacionadas com o *ciclo de Carnot*, que constitui o ciclo ideal para a comparação do rendimento de qualquer máquina térmica.

Na Figura 8.1 esquematizamos o ciclo de Carnot em um diagrama TS. Este ciclo é um ciclo reversível de um gás ideal, constituído pelos seguintes processos sucessivos. A primeira etapa é o processo *isotérmico* do ponto 1 ao ponto 2 indicado na Figura 8.1 (realizado a uma temperatura constante T_{Q}) em que o sistema recebe a quantidade de calor Q_{Q} de uma fonte quente e fornece trabalho ao exterior (nesta etapa a entropia cresce de S_1 até S_2). A segunda etapa é o processo *isentrópico* do ponto 2 ao ponto 3 (no qual a entropia é constante e igual a S_2) em que o sistema fornece trabalho ao exterior e a sua temperatura cai de T_{Q} até a temperatura da fonte fria T_{F}. A terceira etapa é o processo *isotérmico* do ponto 3 ao ponto 4, em que o sistema rejeita uma quantidade de calor Q_{F} para uma fonte fria na temperatura T_{F} e recebe trabalho do exterior. A última etapa é um processo *isentrópico* do ponto 4 ao ponto 1 (no qual a entropia é constante e igual a S_1) em que o sistema recebe trabalho do exterior e a sua temperatura se eleva de T_{F} até T_{Q} retornando ao estado inicial.

Mediante o diagrama TS indicado na Figura 8.1, o rendimento do ciclo de Carnot pode ser facilmente calculado usando-se a relação (8.10) ou a equação (8.12). O trabalho total realizado no ciclo é igual ao calor total. Em um diagrama TS, o calor total é a área no interior da curva fechada que representa o ciclo. Vemos facilmente que a área do retângulo indicado na Figura 8.1 é dada por:

$$Q_{\text{total}} = (T_{\mathrm{Q}} - T_{\mathrm{F}})(S_2 - S_1) \tag{8.13}$$

O calor absorvido pelo sistema é dado por:

$$Q_{\text{absor}} = T_{\mathrm{Q}}(S_2 - S_1) \tag{8.14}$$

Considerando as equações (8.10), (8.13) e (8.14), obtemos facilmente o seguinte resultado:

$$r = 1 - \frac{T_F}{T_Q} \tag{8.15}$$

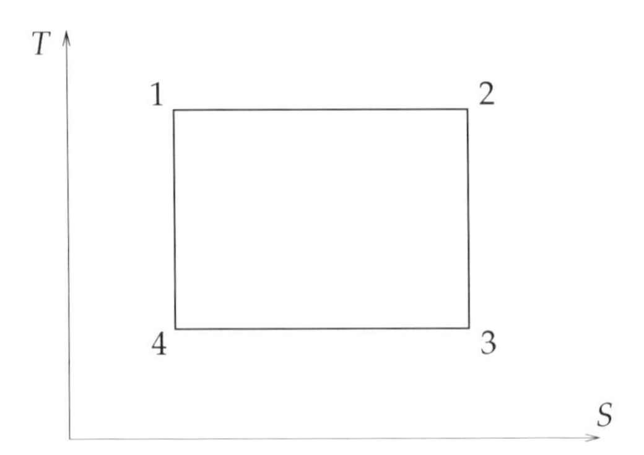

Fig. 8.1 *Diagrama do ciclo de Carnot no plano TS.*

Da equação (8.15) vemos que o rendimento r do ciclo de Carnot só depende da temperatura da fonte quente T_Q e da temperatura da fonte fria T_F. O *trabalho máximo* é sempre obtido em uma *transformação isotérmica*. Além disso, como este ciclo é realizado por um *gás ideal*, demonstra-se que este é o *rendimento máximo* para qualquer máquina térmica operando entre a mesma temperatura da fonte quente T_Q e a mesma temperatura da fonte fria T_F. Donde se conclui que a *segunda lei da Termodinâmica* pode também ser enunciada do seguinte modo:

> *Qualquer máquina térmica operando entre uma temperatura máxima da fonte quente igual a T_Q e uma temperatura mínima da fonte fria igual a T_F possui rendimento sempre menor do que o rendimento de um ciclo de Carnot operando entre esses mesmos valores extremos de T_Q e de T_F.*

Portanto, a relação (8.15) pode ser usada também para testar o cálculo do rendimento de uma dada máquina térmica. O rendimento da máquina térmica considerada tem que ser sempre *menor* do que o rendimento do ciclo de Carnot que possua os valores extremos de T_Q e de T_F iguais aos valores dos extremos de temperatura T_Q e T_F da referida máquina térmica.

Na Seção (8.2) fizemos dois enunciados para a *terceira lei da Termodinâmica*. Vimos que um dos enunciados desta lei afirmava que é impossível um sistema atingir uma temperatura igual a zero Kelvin. Examinando a equação (8.15) podemos demonstrar facilmente essa afirmação. Caso fosse possível a existência de um sistema com uma temperatura igual a zero Kelvin, poderíamos usá-lo como fonte fria de uma certa máquina térmica cuja temperatura da fonte fria seria $T_F = 0$ K. Porém, de acordo com a equação (8.15), o rendimento de um ciclo de Carnot associado com esta máquina seria igual a um. Um rendimento igual a um, equivale a dizer que a máquina *poderia converter totalmente calor em trabalho*, ou seja, teríamos um *moto contínuo de segunda espécie* (que não é permitido pela *segunda lei da Termodinâmica*). Verificamos assim que a *terceira lei da Termodinâmica*, que afirma a impossibilidade de se atingir uma temperatura igual a zero Kelvin, não é uma lei independente. Na realidade, a *terceira lei da Termodinâmica* pode ser encarada como uma conseqüência da *segunda lei da Termodinâmica* (que afirma ser *impossível* um rendimento igual a *um*) combinada com a equação (8.15) que estipula um *rendimento máximo* para qualquer máquina térmica operando entre uma temperatura máxima T_Q e uma temperatura mínima T_F.

Nesta seção discutimos o enunciado da segunda lei da Termodinâmica com base no conceito de *rendimento máximo* de qualquer máquina térmica. Na Seção 8.2 discutimos o enunciado da segunda lei da Termodinâmica com base no conceito de entropia. Esses dois enunciados, aparentemente completamente diferentes, são na verdade equivalentes. No problema resolvido 8.1 mostraremos que o enunciado da segunda lei da Termodinâmica com base no conceito de *rendimento máximo* de qualquer máquina térmica pode ser obtido a partir do enunciado da segunda lei da Termodinâmica com base no conceito de entropia.

8.6 Problemas sobre a segunda lei da Termodinâmica

8.01
RESOLVIDO

Na Seção 8.5 mostramos que a segunda Lei da Termodinâmica pode ser enunciado dizendo-se que o *rendimento* de qualquer máquina térmica operando entre uma temperatura máxima T_Q e uma temperatura mínima T_F é sempre *menor* do que o *rendimento* de um ciclo de Carnot operando entre a mesma temperatura máxima T_Q e a mesma temperatura mínima T_F. Na Seção 8.2 discutimos o enunciado da segunda lei da Termodinâmica com base no conceito de entropia. Mostre que o enunciado da Segunda Lei da Termodinâmica com base no conceito de *rendimento máximo* de qualquer máquina térmica pode ser obtido a partir do enunciado da Segunda Lei da Termodinâmica com base no conceito de entropia.

SOLUÇÃO

Vamos partir do enunciado da Segunda Lei da Termodinâmica com base no conceito de *entropia* e, como uma conseqüência, obter o enunciado da segunda lei da Termodinâmica indicado pela equação (8.15).

Suponha que a temperatura da fonte quente permaneça constante. Neste caso, de acordo com a equação (8.7), a variação de entropia do reservatório quente é dada por

$$\Delta S_Q = -\frac{Q_Q}{T_Q} \tag{1}$$

Analogamente, a variação de entropia do reservatório frio é dada por

$$\Delta S_F = \frac{Q_F}{T_F} \tag{2}$$

A variação total de entropia, dada pela soma da relação (1) com a relação (2), de acordo com a segunda lei da Termodinâmica (8.15) é necessariamente positiva, ou seja:

$$\frac{Q_F}{T_F} - \frac{Q_Q}{T_Q} > 0 \tag{3}$$

Multiplicando ambos os membros da relação (3) por T_F, obtemos:

$$Q_F - Q_Q\frac{T_F}{T_Q} > 0 \tag{4}$$

Porém, de acordo com a primeira lei da Termodinâmica, $Q_Q - Q_F = W$, onde W é o trabalho útil realizado no ciclo da máquina térmica. Substituindo $Q_F = Q_Q - W$ na equação (4) e explicitando o trabalho útil, encontramos facilmente:

$$\frac{W}{Q_Q} < 1 - \frac{T_F}{T_Q} \tag{5}$$

Note que W/Q_Q, de acordo com a equação (8.10), é o rendimento genérico de qualquer máquina térmica e $[1 - (T_F/T_Q)]$, de acordo com a equação (8.15), é o rendimento de um ciclo de Carnot operando entre a mesma temperatura máxima T_Q e a mesma temperatura mínima T_F da máquina térmica considerada. Portanto, examinando a equação (5), verificamos o enunciado da segunda lei da Termodinâmica: o *rendimento* de qualquer máquina térmica operando entre uma temperatura T_Q e uma temperatura T_F é sempre *menor* do que o *rendimento* de um ciclo de Carnot operando entre a mesma temperatura T_Q e a mesma temperatura T_F.

8.02 **RESOLVIDO**

Dois corpos idênticos são colocados em contato dentro de um recipiente isolado. A temperatura de um dos corpos é igual a T_1 e a temperatura do outro corpo é igual a T_2. Calcule a variação de entropia do sistema e a variação de entropia do universo.

SOLUÇÃO

A variação de entropia de um dos corpos pode ser calculada mediante a integral indicada na equação (8.7). Sabemos $dQ = C_P\,dT$, onde C_P é a capacidade calorífica a pressão constante do corpo considerado. Designando a temperatura final de equilíbrio por T_{eq} e integrando a equação (8.7) entre os limites T_1 e T_{eq}, obtemos para a variação de entropia do primeiro corpo a seguinte expressão:

$$\Delta S_1 = C_P \ln\left(\frac{T_{eq}}{T_1}\right) \tag{1}$$

De modo análogo, a variação de entropia do outro corpo será dada por:

$$\Delta S_2 = C_P \ln\left(\frac{T_{eq}}{T_2}\right) \tag{2}$$

Como as massas dos corpos são iguais e os calores específicos também são iguais (os corpos são *idênticos*), concluímos que a temperatura final de equilíbrio T_{eq} é dada por:

$$T_{eq} = \frac{T_1 + T_2}{2} \tag{3}$$

A variação total de entropia do sistema será dada pela soma das relações (1) e (2). ou seja, levando em conta a relação (3), obtemos a seguinte variação para a entropia total do sistema:

$$\Delta S_2 = C_P \ln\left[\frac{(T_1 + T_2)^2}{4T_1T_2}\right] \tag{4}$$

A variação de entropia do universo, por definição, é igual à variação de entropia do sistema mais a variação de entropia do ambiente. Como o sistema está isolado, a variação de entropia do ambiente é igual a zero.

Conseqüentemente, a variação de entropia do universo é dada pela equação (4). Como exercício, mostre que esta variação de entropia é sempre positiva, portanto o resultado obtido está de acordo com a segunda lei da Termodinâmica. Para fazer esta demonstração basta provar que $(T_1 + T_2)^2$ é sempre maior do que $(4T_1T_2)$. Esta demonstração é simples e o leitor fica encarregado de provar que $(T_1 + T_2)^2$ é sempre maior do que $(4T_1T_2)$. Observe também que para $T_1 = T_2$ a variação de entropia é nula, como era de se esperar.

8.03
RESOLVIDO

Dois corpos de mesma capacidade calorífica C são usados como as fontes quente (temperatura inicial T_Q) e fria (temperatura inicial T_F) de uma máquina térmica que opera em ciclos infinitesimais reversíveis. Em cada ciclo, a máquina retira pequena quantidade de calor do corpo quente, resfriando-o, fornece ao exterior pequena quantidade de trabalho, e joga para o corpo frio pequena quantidade de calor, aquecendo-o. Os ciclos são repetidos até que os dois corpos tenham a mesma temperatura, quando a máquina cessa de operar. Qual é a temperatura final de equilíbrio? Qual é o calor trocado entre os corpos? Qual é o trabalho fornecido?

SOLUÇÃO

A variação de entropia em cada ciclo, e no conjunto de todos eles, é nula, donde se conclui que $\Delta S = 0$. Seja T_{eq} a temperatura final de equilíbrio. O efeito da seqüência de ciclos é resfriar o corpo quente até a temperatura T_{eq} e aquecer o corpo frio até a temperatura T_{eq}. Então, a variação de entropia pode ser calculada integrando-se a equação (8.7). Lembrando que $dQ = C\,dT$, obtemos:

$$\Delta S = C \ln \left(\frac{T_{eq}^2}{T_F T_Q} \right) \tag{1}$$

Como $\Delta S = 0$, usando a equação (1) obtemos para a temperatura final de equilíbrio T_{eq} a seguinte expressão:

$$T_{eq} = \sqrt{T_F T_Q} \tag{2}$$

No conjunto de ciclos, $\Delta U = 0$. Donde se conclui que o calor total trocado Q é igual ao trabalho total W. Porém, o calor trocado é dado pela integral da relação $dQ = C\,dT$. Integrando entre os limites de temperatura T_F e T_{eq} (para o corpo frio) e T_Q e T_{eq} (para o corpo quente), obtemos tanto para o trabalho total realizado W quanto para o calor total trocado Q o seguinte resultado:

$$W = Q = C(2T_{eq} - T_Q - T_F)$$

É instrutivo sublinhar a simplicidade do raciocínio utilizado em que é ignorada toda a complexidade do conjunto de ciclos e investigados apenas os estados iniciais e finais. É esta simplicidade a grande força e a base da grande versatilidade da Termodinâmica.

8.04 RESOLVIDO

Um mol de um gás ideal se expande isotérmica e irreversivelmente contra a pressão atmosférica. Sendo V_1 o volume inicial, V_2 o volume final, e T a temperatura do gás, calcule a variação de entropia do sistema, do exterior e do universo.

SOLUÇÃO

A variação de entropia do sistema não depende do processo. Lembrando que a energia interna de um gás ideal só depende de T, como $dU = 0$ (processo isotérmico), obtemos:

$$T\,dS = P\,dV; \quad \text{ou:} \quad dS = R\frac{dV}{V} \tag{1}$$

Integrando a equação (1), encontramos para a variação de entropia do sistema:

$$\Delta S_{sis} = R \ln\left(\frac{V_2}{V_1}\right) \tag{2}$$

A variação de entropia do exterior será igual ao calor recebido pelo exterior no processo (ou cedido pelo exterior ao sistema, no processo) dividido pela temperatura T:

$$\Delta S_{ext} = \frac{Q_{ext}}{T} \tag{3}$$

Como vimos, $\Delta U = 0$ (processo isotérmico). Logo: $Q = W$. Porém, $Q_{ext} = -Q$. Como a pressão do exterior é constante, o trabalho é dado por:

$$W = P_{ext}(V_2 - V_1) \tag{4}$$

Como $Q_{ext} = -Q$, levando em conta as relações (2), (3) e (4), obtemos para a variação de entropia do exterior a seguinte expressão:

$$\Delta S_{ext} = -P_{ext}\frac{V_2 - V_1}{T} \tag{5}$$

A variação total de entropia (variação de entropia do universo) é dada pela soma das variações de entropia indicadas nas ralações (2) e (5). Logo a variação total de entropia será:

$$\Delta S_{univ} = R\ln\left(\frac{V_2}{V_1}\right) - P_{ext}\frac{V_2 - V_1}{T} \tag{6}$$

A primeira parcela da variação indicada na relação (6) é positiva pois o gás se expande; a segunda é negativa, pela mesma razão. A soma das duas, não obstante, é positiva. De fato, a primeira parcela é, em grandeza e sinal, o trabalho de expansão isotérmico e reversível, dividido por T; este trabalho é maior do que o trabalho isotérmico irreversível $P_{ext}(V_2 - V_1)$. Logo, a primeira parcela, em módulo, é maior do que a segunda.

8.05 Determine a expressão da entropia de um gás ideal.

SOLUÇÃO

Usando a primeira lei da Termodinâmica e lembrando que, para um gás ideal a diferencial da energia é dada por $dU = C_V\,dT$, obtemos:

$$T\,dS = C_V\,dT + P\,dV \tag{1}$$

Substituindo na equação (1) a equação de estado do gás ideal, encontramos:

$$dS = C_V\frac{dT}{T} + nR\frac{dV}{V} \tag{2}$$

Fazendo uma integração indefinida da relação (2), obtemos:

$$S = S_0 + C_V\ln T + nR\ln V \tag{3}$$

Na equação (3) englobamos em S_0 todas as constantes de integração. Esta equação é uma das expressões apropriadas para o cálculo da entropia de um gás ideal. É fácil mostrar que para um gás ideal podemos escrever:

$$P\,dV + V\,dP = nR\,dT \tag{4}$$

$$\ln T = \ln P + \ln V - \ln(nR) \tag{5}$$

Usando as relações (4) e (5) e a equação diferencial (2) você encontrará mais duas expressões apropriadas para o cálculo da entropia de um gás ideal. Deixamos ao leitor como exercício obter estas duas relações. Você obterá:

$$S = A + C_P \ln T - nR \ln P, \quad \text{onde A é uma constante} \tag{6}$$

$$S = B + C_V \ln P + C_P \ln V, \quad \text{onde B é uma constante} \tag{7}$$

Observação: Note que nos resultados deste problema estamos considerando C_P e C_V como capacidades caloríficas. Nos problemas numéricos geralmente usamos valores de C_P e C_V **molares**. Para modificar as respostas anteriores no caso de valores molares, basta fazer $C_P = nc_P$ e $C_V = nc_V$.

8.06
RESOLVIDO

Um recipiente isolado compõe-se de dois compartimentos de volumes diferentes, intercomunicáveis por uma válvula, que inicialmente encontra-se fechada. Um dos compartimentos contém um mol de gás ideal à pressão de 1,0 atm, na temperatura de 300 K. O outro compartimento contém um mol de gás ideal, a 2,0 atm e 300 K. Abrindo-se a comunicação entre os dois recipientes, o sistema atinge um estado de equilíbrio. Determine a variação de entropia supondo (a) que os gases sejam idênticos; (b) que os gases sejam diferentes.

SOLUÇÃO

Tratando-se de processo espontâneo e adiabático, tanto em (a) quanto em (b), a variação de entropia será positiva. Examinemos o caso (a). Sendo P_1 a pressão do gás em um dos compartimentos e P_2 no outro, a pressão final, depois que os dois compartimentos estiverem ligados, será obtida pela resolução do seguinte sistema de equações:

$$P_1 V_1 = nRT; \quad P_2 V_2 = nRT; \quad P_f(V_1 + V_2) = 2nRT \tag{1}$$

No conjunto de equações (1) V_1 e V_2 são os volumes dos compartimentos, P_f é a pressão final no equilíbrio e n é o número de mols em cada um deles. Daí obtemos para a pressão final o seguinte resultado:

$$P_f = \frac{P_1 V_1 + P_2 V_2}{V_1 + V_2} = \frac{2P_1 P_2}{P_1 + P_2} \tag{2}$$

Como os gases são idênticos, não ocorre nenhum processo de mistura. Como as temperaturas iniciais dos gases são idênticas (300 K), não é necessário usar as relações gerais que fornecem as variações de entropia de um gás ideal deduzidas no problema anterior. Como T é constante, de acordo com a equação (1) do problema anterior, encontramos:

$$T\,dS = P\,dV \tag{3}$$

Como T é constante, de acordo com a equação (4) do problema anterior, obtemos:

$$P\,dV = -V\,dP \tag{4}$$

Logo, a variação de entropia pode ser calculada integrando-se a expressão de dS em função da variação do volume, tal como na equação (3) ou então em função da variação de pressão. Preferimos esta última opção. Substituindo a relação (4) na equação (3) e usando a equação dos gases ideais, obtemos:

$$dS = -nR\frac{dP}{P} \tag{5}$$

Integrando a equação (5), encontramos para a variação da entropia do gás que estava inicialmente na pressão P_1 o seguinte resultado:

$$\Delta S_1 = -nR\left(\frac{P_f}{P_1}\right) = nR\ln\left(\frac{P_1 + P_2}{2P_2}\right) \tag{6}$$

Analogamente, para o outro gás:

$$\Delta S_2 = nR\ln\left(\frac{P_1 + P_2}{2P_1}\right) \tag{7}$$

A variação de entropia do sistema todo é dada pela soma das relações (6) e (7):

$$\Delta S = \Delta S_1 + \Delta S_2 = nR\ln\left[\frac{(P_1 + P_2)^2}{4P_1P_2}\right] \tag{8}$$

Substituindo os valores numéricos do problema na equação (8), encontramos:

$$\Delta S = 0,24\ \text{cal/K} \tag{9}$$

No caso de gases diferentes, a variação de entropia de cada um deles pode ser calculada por um procedimento idêntico ao que usado acima.

A pressão final de cada um, porém, será diferente da calculada anteriormente. Para o gás inicialmente na pressão P_1 a pressão final será a sua pressão parcial na mistura gasosa, dada por

$$P_{f,1} = \frac{nRT}{V_1 + V_2} = \frac{P_1 P_2}{P_1 + P_2} \tag{10}$$

Portanto, a variação da entropia do gás que estava inicialmente na pressão P_1 é dada pelo seguinte resultado:

$$\Delta S_1 = nR \ln \left(\frac{P_1 + P_2}{P_2} \right) \tag{11}$$

Analogamente, para o outro gás:

$$\Delta S_2 = nR \ln \left(\frac{P_1 + P_2}{P_1} \right) \tag{12}$$

A variação total de entropia do sistema é dada pela soma das relações (11) e (12):

$$\Delta S = \Delta S_1 + \Delta S_2 = nR \ln \left[\frac{(P_1 + P_2)^2}{P_1 P_2} \right] \tag{13}$$

Substituindo os valores numéricos do problema na equação (13), encontramos:

$$\Delta S = 3,01 \text{ cal/K} \tag{14}$$

Observações:

1. É instrutivo analisar cuidadosamente os dois processos que ocorrem quando os gases são idênticos e quando eles são diferentes. No primeiro caso, os gases não se misturam (pois são idênticos e não há sentido na mistura de gases idênticos) e atingem uma pressão de equilíbrio que é igual para as duas partes No segundo, os dois gases se misturam e a pressão final de cada um deles é a pressão parcial na mistura em equilíbrio. No exemplo analisado, as pressões parciais são iguais por que o número de mols são iguais. Isto não é obrigatório e no caso geral, as pressões parciais seriam diferentes.

2. Em qualquer caso, as duas fórmulas mostram que, conforme se afirmou no início, a variação de entropia do sistema é positiva. A diferença entre os dois gases contribui para uma forte elevação da entropia no processo de mistura e por isso, de acordo com as equações (9) e (14), se encontrou uma variação de entropia da mistura quase 13 vezes maior do que a variação de entropia no caso de os gases serem iguais.

3. Observe também que, quando os gases são idênticos, e as pressões iniciais iguais, a variação de entropia é nula. Porém, quando os gases forem diferentes e as pressões iniciais iguais, a variação de entropia não será nula, mas é dada por: $nR \ln 4$.

8.07
RESOLVIDO

No diagrama no plano TS indicado na Figura 8.2 representamos um ciclo de um gás ideal. O processo 12 é um processo reversível em que $T = AS$, sendo A constante. O processo 23 é isentrópico e o processo 31 é isotérmico. Determine o rendimento no ciclo. Compare com o rendimento de um ciclo de Carnot operando entre as mesmas temperaturas extremas.

SOLUÇÃO

O gás recebe calor durante o processo 12 e cede calor durante o processo 31. Por outro lado, em qualquer dos processos, há troca de trabalho. Calculemos, então, o calor recebido em 12 e o trabalho total no ciclo. Na etapa 12, obtemos:

$$dQ_{12} = T\,dS = AS\,dS \tag{1}$$

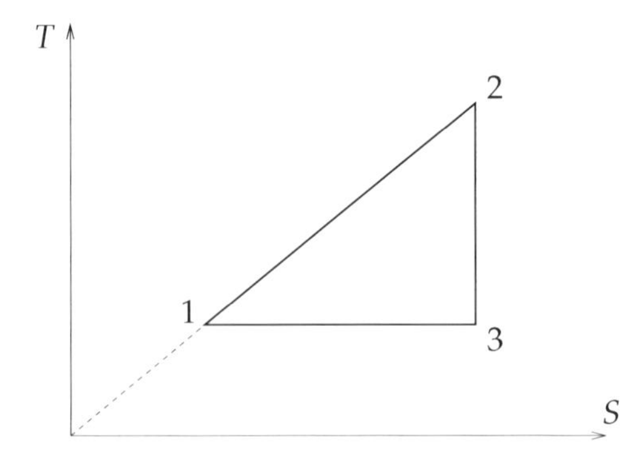

Fig. 8.2 *Diagrama TS do ciclo mencionado no Problema 8.7.*

Integrando a equação (1), verificamos que o calor fornecido para o sistema na etapa 12 é dado por:

$$Q_{12} = \frac{A}{2}\left[(S_2)^2 - (S_1)^2\right] \tag{2}$$

O trabalho em cada etapa do ciclo pode ser calculado mediante a primeira lei da Termodinâmica. Encontramos, sucessivamente:

$$W_{12} = Q_{12} - \Delta U_{12} = \frac{A}{2}\left[(S_2)^2 - (S_1)^2\right] - C_V(T_2 - T_1) \tag{3}$$

$$W_{23} = Q_{23} - \Delta U_{23} = -C_V(T_1 - T_2) \tag{4}$$

$$W_{31} = Q_{31} - \Delta U_{31} = Q_{31} = T_1(S_1 - S_2) \tag{5}$$

O trabalho total é dado pela soma das relações (3), (4) e (5):

$$W = \frac{A(S_2^2 - S_1^2)}{2} + T_1(S_1 - S_2) \tag{6}$$

De acordo com a equação (8.16), o rendimento será dado pela razão entre a equação (6) e a equação (2). Obtemos para o rendimento do ciclo:

$$r = 1 - \frac{2T_1}{A(S_2 + S_1)} \tag{7}$$

Como $AS_2 = T_2$ e $AS_1 = T_1$, podemos escrever o resultado (7) na forma:

$$r = \frac{T_2 - T_1}{T_2 + T_1} \tag{8}$$

O rendimento do ciclo de Carnot operando entre as mesmas temperaturas extremas é dado por:

$$r = \frac{T_2 - T_1}{T_2} \tag{9}$$

Comparando o resultado (9) com o resultado (8) vemos que o rendimento do ciclo indicado na Figura 8.2 é *menor* do que o rendimento do ciclo de Carnot operando entre as mesmas temperaturas extremas, como era de se esperar, em obediência à segunda lei da Termodinâmica.

Observação: O cálculo do trabalho no ciclo pode ser feito mais diretamente computando-se a área da curva que representa o ciclo. É claro que no plano TS esta área mede o calor total absorvido pelo sistema (isto é, calor recebido pelo sistema menos o módulo do calor cedido para o exterior do sistema). A primeira lei da Termodinâmica, porém, obriga que este calor total seja igual ao trabalho total trocado entre o sistema e o exterior. No caso presente, encontramos:

$$W = \text{Área} = \frac{(S_2 - S_1)(T_2 - T_1)}{2} \tag{10}$$

Deixamos para o leitor a tarefa de provar que a expressão (10) coincide com o resultado que obtivemos diretamente para o trabalho total na relação (6).

Sugestão: Use a equação da reta $T = AS$ e mostre que $T_1 S_2 = T_2 S_1$. A seguir verifique a equivalência entre os resultados (6) e (10).

8.08
RESOLVIDO

Na Figura 8.3 representamos esquematicamente o ciclo de Stirling no plano PV. Este ciclo é usado nas máquinas de ar quente. O fluido no estado inicial 1 é comprimido isotermicamente até atingir o estado 2. Partindo do estado 2 ele sofre um aquecimento isocórico, até atingir o estado 8. Na expansão de 3 até 4 o gás fornece trabalho isotermicamente, e retorna ao estado inicial pelo resfriamento isocórico do estado 4 até o estado 1. Determine o rendimento do ciclo Stirling.

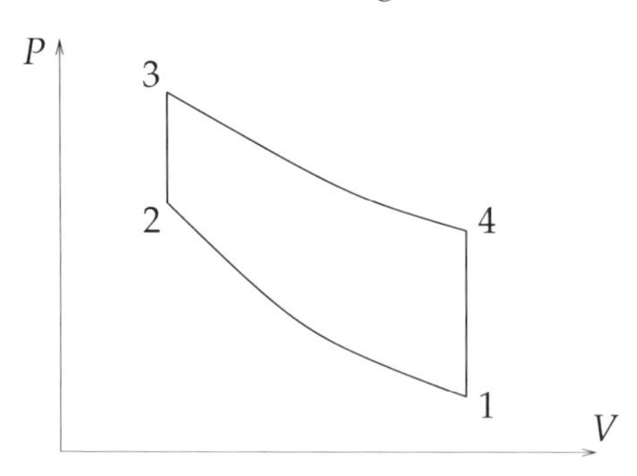

Fig. 8.3 *Ciclo de Stirling no plano PV.*

SOLUÇÃO

Admitindo comportamento ideal e que se tenha um mol de ar, o trabalho em cada etapa é dado por:

$$W_{12} = RT_1 \ln\left(\frac{V_2}{V_1}\right)$$

$$W_{23} = 0$$
$$W_{34} = RT_3 \ln\left(\frac{V_1}{V_2}\right)$$
$$W_{41} = 0$$

Portanto, o trabalho total é dado por:

$$W_{\text{total}} = R(T_3 - T_1)\ln\left(\frac{V_1}{V_2}\right) \quad (1)$$

O calor é fornecido ao fluido nas etapas 2–3 e 3–4. Obtemos:

$$Q_{23} = C_V(T_3 - T_1) \quad (2)$$
$$Q_{34} = RT_3 \ln\left(\frac{V_1}{V_2}\right) \quad (3)$$

Lembramos a definição de rendimento: $r = W_{\text{total}}/Q_{\text{fornecido}}$. O calor fornecido é dado pela soma $Q_{23} + Q_{34}$. Portanto, levando em conta as relações concluímos: que o rendimento do ciclo de Stirling é dado por (1), (2) e (3),

$$r = \frac{1 - (T_1/T_3)}{[C_V(T_3 - T_1)/RT_3 \ln(V_1/V_2)]} \quad (4)$$

No numerador da expressão (4) que dá o rendimento do ciclo Stirling aparece o rendimento de um ciclo de Carnot operando entre as temperaturas extremas T_3 e T_1. Como o denominador desta equação é sempre maior do que um, concluímos que o rendimento do ciclo de Stirling é sempre menor do que o rendimento de um ciclo de Carnot operando entre as temperaturas extremas T_3 e T_1.O ciclo de Stirling possui uma aplicação prática em uma moderna máquina destinada a liquefazer o hélio. É interessante notar que, embora o rendimento do ciclo de Stirling seja relativamente pequeno, ele pode ser usado aproveitando-se *qualquer* diferença de temperatura $(T_3 - T_1)$. Ou seja, desde que você disponha de uma fonte quente e de uma fonte fria, é sempre possível usar um ciclo Stirling com duas isotérmicas T_3 e T_1 para aproveitar essa diferença de temperatura. De um modo geral, *qualquer* diferença de temperatura pode ser aproveitada para a produção de trabalho.

8.7 Problemas propostos

8.09 Na compressão isotérmica de um gás ideal, libertam-se 1000 cal de calor. Sendo de 22,4 L o volume inicial e de uma atmosfera a pressão inicial, determine a variação de entropia sabendo que o número de mols é igual a 0,5.

Resposta: $-1,83$ cal/K.

8.10 Como se calcula a variação de entropia em um processo isotérmico? (b) Determine a variação de entropia ocorrida durante uma mudança de fase em função da variação de entalpia.

Respostas: (a) $\Delta S = Q/T$, onde Q é o calor fornecido para manter constante a temperatura T.
(b) $\Delta S = \Delta H/T$, onde a variação de entalpia ΔH é o calor latente da mudança de fase considerada e T é a temperatura constante da mudança de fase considerada.

8.11 O calor latente de fusão do cromo, a 1900°C, sob pressão de uma atmosfera, é igual a 3,5 kcal/mol. Calcule a entropia de fusão do cromo.

Resposta: $\Delta S = 1,6$ cal/K mol.

8.12 Uma bola de soprar contém 0,2 mol de um gás ideal e se expande isotermicamente contra a pressão atmosférica (1,0 atm), até duplicar o seu volume inicial. Determine a variação de entropia do gás supondo: (a) processo reversível; (b) processo irreversível.

Respostas: (a) 0,28 cal/K;
(b) 0,28 cal/K.

8.13 Mistura-se um kg de água à temperatura de 100°C com um kg de água à temperatura de 0°C. Determine: (a) a variação de entropia da água quente; (b) a variação de entropia da água fria; (c) a variação de entropia do sistema.

Respostas: (a) -603 J/K;
(b) 704 J/K;
(c) 101 J/K.

8.14

Um mol de um gás ideal é aquecido à pressão constante de 25°C até 300°C. Sabendo que $C_V = 3R/2$,calcule a variação de entropia.

Resposta: 3,26 cal/K.

8.15

Um kg de água é aquecido por uma resistência elétrica de 20°C até 80°C. Calcule o valor aproximado da variação de entropia: (a) da água; (b) do universo.

Respostas: (a) 780 J/K;
(b) 780 J/K.

8.16

Calcule a variação de entropia na misturação isobárica e adiabática de um quilograma de água a 300 K, com igual quantidade de água a 350 K. O calor específico da água à pressão constante é igual a 1 kcal/kg.

Resposta: 0,006 kcal/K.

8.17

Em um recipiente termicamente isolado e mantido à pressão constante, misturam-se 2 kg de água a 283 K com 3 kg de água a 363 K. Determine a variação de entropia: (a) do sistema; (b) do exterior; (c) do universo.

Respostas: (a) 36,5 cal/K;
(b) 0;
(c) 36,5 cal/K.

8.18

Uma corrente I passa por uma resistência constante R mantida a uma temperatura constante T. Determine a variação de entropia do universo durante um intervalo de tempo Δt.

Resposta: $\Delta S = RI^2 \Delta t/T$.

8.19

Um mol de um gás ideal, cujo calor molar a P constante é igual a 7 cal/mol K é resfriado de 527°C até 27°C, enquanto sua pressão passa de 5 atm para 1 atm. Qual é a variação de entropia do gás?

Resposta: $-5,26$ cal/K.

8.20 Determine a variação de entropia de um mol de um gás ideal que se expande adiabaticamente contra uma pressão externa constante P_2 a partir da pressão P_1 e da temperatura T_1 até atingir a pressão P_2. É conhecida a razão C_P/C_V. (b) A variação de entropia é positiva ou negativa?

Respostas: (a) $\Delta S = C_P \ln(T_2/T_1) - R\ln(P_2/P_1)$.
(b) A variação de entropia é positiva.

8.21 Dois corpos idênticos, de mesma capacidade calorífica e mesma massa são usados como reservatórios de uma máquina que opera segundo ciclos infinitesimais reversíveis. Um dos corpos está a uma temperatura T_2 e o outro está a temperatura da fonte fria T_1. Os corpos permanecem à pressão constante e não ocorre nenhuma mudança de fase. Sabendo que a temperatura de um dos corpos era igual a 300 K, que $T_2 = 500$ K e que a capacidade calorífica é igual a 30 cal/K, calcule: (a) a temperatura final de equilíbrio; (b) o trabalho realizado.

Respostas: (a) 387,3 K;
(b)$W = -762$ cal.

8.22 Suponha uma mistura isotérmica e isobárica de gases. O processo espontâneo da interdifusão dos gases produz um aumento de entropia. Determine a variação de entropia molar na mistura de dois gases em função das frações molares.

Resposta: $\Delta S = -R(x_1 \ln x_1 + x_2 \ln x_2)$.

8.23 Generalize o resultado do problema anterior para um número qualquer de gases misturados a P e T constantes.

Resposta: $\Delta S = -R\Sigma(x_i \ln x_i)$.

8.24 Um recipiente termicamente isolado é dividido em duas partes por uma parede móvel. Na direita estão n_1 mols de um gás ideal na temperatura T e na pressão p. Na esquerda, n_2 mols de um gás ideal, também na temperatura T e pressão p. A parede móvel é removida, e os dois gases se misturam. Calcule a variação de entropia do universo, (a) no caso de os gases serem idênticos; (b) quando os gases forem diferentes.

Respostas: (a) $\Delta S = 0$;
(b) $\Delta S = -R(n_1 \ln x_1 + n_2 \ln x_2)$.

8.25

Um adepto de soluções novas para o problema da produção de energia elétrica no Nordeste sugere a construção de "usinas solares", a fim de se transformar a energia luminosa dos raios solares em energia elétrica. A potência média dos raios solares incidentes na superfície terrestre é dada pela "constante solar", cujo valor é de 1400 W/m^2. Supondo que o rendimento da conversão de energia luminosa em energia elétrica seja igual a 0,1, calcule qual deveria ser a área mínima ocupada pela usina solar a fim de se obter uma potência elétrica igual a $1,4 \times 10^3$ kW.

Resposta: 10^4 m^2.

8.26

O rendimento de uma certa máquina térmica é igual a 0,5. O calor fornecido ao sistema é igual a 200 J. Calcule o trabalho líquido obtido desta máquina.

Resposta: 100 J.

8.27

Um ciclo de Carnot funciona entre as temperaturas: $T_1 = 300$ K e $T_2 = 600$ K. Qual é o rendimento deste ciclo?

Resposta: 0,5.

8.28

Uma máquina hidráulica pode ter um rendimento maior do que o rendimento do ciclo de Carnot associado às temperaturas extremas da máquina?

Resposta: Pode. Máquinas *elétricas* e máquinas *hidráulicas* podem eventualmente possuir rendimentos superiores ao do rendimento de um ciclo de *Carnot* que funcione entre os mesmos extremos de temperatura da máquina. A limitação do rendimento imposta pelo rendimento do ciclo de Carnot se aplica somente para *máquinas térmicas*.

8.29 Uma máquina de Carnot absorve calor de um reservatório a uma temperatura de 100°C e rejeita calor para um reservatório a uma temperatura de 0°C. Se a máquina receber 100 Joules do reservatório quente. Calcule o valor aproximado: (a) do trabalho realizado; (b) do calor rejeitado; (c) do rendimento da máquina.

Respostas: (a) 27 J;
(b) 73 J;
(c) 27%.

8.30 Uma certa máquina funciona de tal modo que a temperatura superior é de 500 K e a temperatura inferior é a temperatura ambiente. A máquina consome uma quantidade de calor, por ciclo, igual a 200 cal, realizando um trabalho igual a 50 cal. Calcule: (a) o rendimento máximo teórico de qualquer máquina térmica que funcione entre estes limites de temperatura; (b) o rendimento deste ciclo. Considere a temperatura ambiente igual a 27°C.

Respostas: (a) 0,4;
(b) 0,25.

8.31 O diagrama *TS* indicado na Figura 8.4 representa o ciclo reversível efetuado por um mol de um gás ideal monoatômico. AB é uma compressão isentrópica, começando em uma temperatura igual a 400 K e terminando a 600 K. BC é uma expansão isotérmica, iniciando-se com a entropia a 40 cal/K e terminando com a entropia a 60 cal/K. CA é um processo

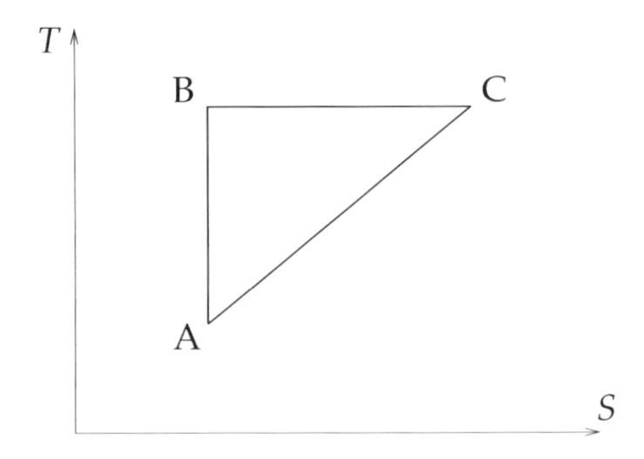

Fig. 8.4 *Diagrama esquemático do Problema 8.31.*

reversível em que a temperatura é proporcional à entropia, ou seja a reta CA passa pela origem do plano TS. Calcule o calor e o trabalho trocados entre o gás e o exterior em cada etapa do ciclo. O calor molar a volume constante do gás é igual a 3 cal/mol K.

Respostas: Etapa AB: $Q_{AB} = 0$; $W_{AB} = -600$ cal;
Etapa BC: $Q_{BC} = 12000$ cal; $W_{BC} = 12000$ cal;
Etapa CA: $Q_{CA} = -10000$ cal; $W_{CA} = -9400$ cal.

8.32

O ciclo Otto é utilizado nos motores a explosão, ou seja, nos motores nos quais geralmente uma centelha produz uma explosão de uma certa mistura de ar e gasolina (ou outro combustível). O processo 1–2 é isentrópico, durante o qual o gás é comprimido desde um volume inicial V_1 até atingir um volume final V_2. O processo 2–3 é um aquecimento isocórico. O processo 3–4 é uma expansão isentrópica. O processo 4–1 é um resfriamento isocórico. (a) Faça um diagrama deste ciclo em um plano PV. Suponha que a mistura se comporte como um gás ideal com uma capacidade calorífica C_V constante. (b) Determine o rendimento do ciclo Otto. Considere C_V ou $c_V = C_V/n$.

Respostas: (a) Ver a Figura 8.5;
(b) $r = 1 - [V_2/V_1]^{nR/C_V}$ ou: $r = 1 - [V_2/V_1]^{R/c_V}$.

8.33

Qual seria o rendimento máximo de um motor, operando mediante um ciclo Otto de um gás ideal, sabendo que a razão de compressão é igual a 6? Admita o C_P do fluido igual a 7 cal/K mol.

Resposta: 0,51.

8.34

O ciclo Diesel é o ciclo ideal de máquinas de combustão interna em que a inflamação é provocada por uma compressão isentrópica. O ciclo é constituído pela seguinte seqüência de processos reversíveis: a etapa 1–2 corresponde a uma compressão isentrópica, a etapa 2–3 corresponde a um aquecimento isobárico, a etapa 3–4 corresponde a uma expansão isentrópica e a etapa 4–1 é um resfriamento isocórico. (a) Represente o ciclo no plano PV. (b) Determine o rendimento do ciclo Diesel, admitindo ser o fluido um gás ideal, com capacidade calorífica constante.

Respostas: (a) Ver a Figura 8.5;
(b) $r = 1 - [C_V(T_4 - T_1)]/[C_P(T_3 - T_2)]$

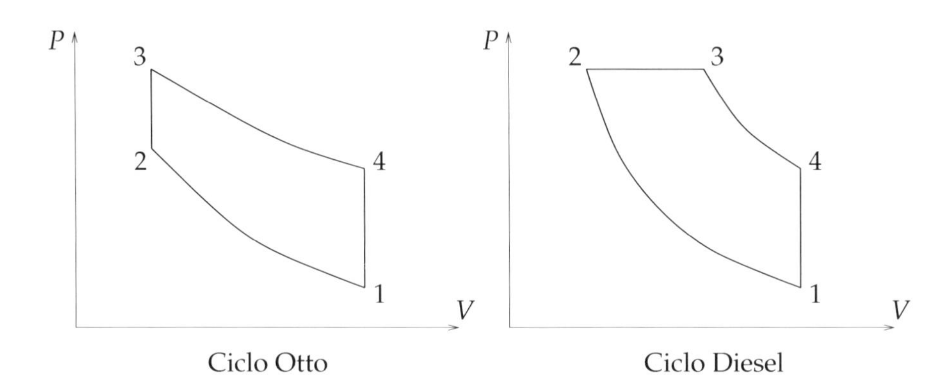

Fig. 8.5 *Diagrama esquemático para o Problema 8.32 e para o Problema 8.34.*

9

TEORIA CINÉTICA DOS GASES

9.1 Teoria cinética de um gás ideal

No Capítulo 7 estudamos as propriedades *macroscópicas* de um gás ideal. No presente capítulo aplicaremos a *teoria cinética dos gases para* estudar as propriedades e interações *microscópicas* de um gás ideal.

As moléculas de um gás ideal, por definição, não interagem entre si (a não ser através de eventuais colisões elásticas). Deste modo, podemos afirmar que a *energia interna* U de um gás ideal é igual à energia cinética total das moléculas do gás, ou seja, designando por m a massa de cada molécula e por v_i a velocidade de cada molécula, verificamos que a *energia interna* U é dada por:

$$U = \frac{m}{2} \sum v_i^2$$

O somatório indicado na relação anterior se estende para todas as moléculas do sistema. Supondo que todas as N moléculas do gás possuam velocidades com direções arbitrárias, porém com o mesmo módulo, podemos escrever:

$$U = \frac{1}{2} Nm \langle v^2 \rangle$$

Da equação anterior obtemos para a média dos quadrados dos módulos das velocidades $\langle v^2 \rangle$ a seguinte expressão:

$$\langle v^2 \rangle = \frac{1}{N} \sum v_i^2$$

Vamos designar por v_q a raiz quadrada de $\langle v^2 \rangle$. Extraindo a raiz quadrada da equação anterior, encontramos o resultado:

$$v_q = \sqrt{\frac{\sum v_i^2}{N}} \tag{9.1}$$

A relação (9.1) é a equação apropriada para o cálculo da *velocidade média quadrática* v_q. Portanto, a *velocidade média quadrática* é a raiz quadrada da média aritmética dos quadrados das velocidades.

Seja P a pressão de um gás ideal e N_0 o número de moléculas do gás por unidade de volume. No final desta seção demonstraremos que a pressão de um gás ideal é dada pela equação:

$$P = \frac{N_0 m v_q^2}{3} \tag{9.2}$$

De acordo com o *princípio da eqüipartição da energia*, a energia média $\langle E_i \rangle$ associada a cada *grau de liberdade* de uma molécula, é dada por:

$$\langle E_i \rangle = \frac{kT}{2}$$

onde k *é* a constante de Boltzmann e $\langle E_i \rangle$ é a energia média para cada grau de liberdade da molécula. Suponha que a molécula possua f graus de liberdade, então de acordo com a relação anterior verificamos que a energia média total de qualquer molécula é dada por:

$$\langle E \rangle = \frac{fkT}{2} \tag{9.3}$$

A relação (9.3) fornece a energia média total para cada molécula do gás ideal. Deste modo, a energia interna do gás ideal será dada por:

$$U = \frac{NfkT}{2} \tag{9.4}$$

O *livre caminho médio*, também chamado de *livre percurso médio*, é a distância média percorrida entre duas colisões sucessivas de uma dada molécula.

No Apêndice C indicamos as distribuições estatísticas usadas nas deduções teóricas da Termodinâmica. Neste caso, como o sistema é um gás ideal clássico, precisamos usar a chamada *distribuição de Maxwell-Boltzmann.* O número de moléculas com velocidades entre v e $v + dv$ é igual a $N(v)\,dv$, onde a função $N(v)$ é dada pela *distribuição de Maxwell-Boltzmann*:

$$N(v) = 4\pi N B v^2 \exp(-\beta v^2) \tag{9.5}$$

Na *distribuição das velocidades de Maxwell-Boltzmann* (9.5), temos:

$$B = \left(\frac{m}{2\pi kT}\right)^{3/2}; \quad \beta = \frac{m}{2kT}$$

Nesta seção estamos apresentando somente um breve resumo dos resultados mais importantes da teoria cinética dos gases. Se o leitor desejar se aprofundar neste estudo recomendamos o livro de Horácio Macedo: *"Elementos da Teoria Cinética dos Gases"*.

Vamos deduzir a seguir a fórmula da pressão de um gás ideal usando a teoria cinética dos gases.

Considere as colisões elásticas das moléculas de um gás ideal com uma das paredes de um cubo de aresta igual a L. Seja θ o ângulo entre a direção da velocidade v_q de uma molécula com a normal ao plano da parede. O componente do momento linear na direção paralela ao plano da parede é dado por $mv_q \operatorname{sen}\theta$. O componente normal à parede é $mv_q \cos\theta$. Como na direção paralela à parede, o sentido da velocidade depois do choque é o mesmo sentido da velocidade antes do choque, não ocorre variação do momento linear da partícula na direção paralela à direção da parede. Contudo, na direção perpendicular à parede, a velocidade depois do choque possui sentido contrário ao da velocidade antes do choque. Deste modo, durante a colisão, a parede recebe uma quantidade de movimento dada por:

$$2mv_x = 2mv_q \cos\theta \tag{9.6}$$

onde v_x *é* o componente de v_q na direção perpendicular à parede. O tempo que a molécula leva para ir e voltar até a outra parede é igual a $2L/v_x$. Portanto, o número de colisões com a parede por unidade de tempo é dado por: $v_x/2L$. De acordo com esta relação e a equação (9.6), a taxa de transferência de momento linear para a parede por unidade de tempo é a força f exercida pela molécula sobre a parede, ou seja, o módulo desta força é:

$$f = m\frac{v_x^2}{L} \tag{9.7}$$

Seja N_0 o número total de moléculas por unidade de volume do cubo considerado; então o número total de moléculas será: $N = N_0 L^3$. E a força total é dada por: $F = Nf$, ou seja, de acordo com a relação (9.7), temos:

$$F = N_0 m v_x^2 L^2 \tag{9.8}$$

A pressão sobre a parede será dada por:

$$P = \frac{F}{L^2}$$

Portanto, de acordo com a relação (9.8), encontramos o resultado:

$$P = N_0 m v_x^2 \tag{9.9}$$

Sabemos que:

$$v_q^2 = v_x^2 + v_y^2 + v_z^2$$

Porém, de acordo com o *princípio do caso molecular*, as três direções x, y e z são igualmente prováveis para a direção da velocidade. Então, concluímos que

$$v_x^2 = v_y^2 = v_z^2$$

Logo, pelas relações anteriores, obtemos:

$$v_x^2 = \frac{v_q^2}{3} \tag{9.10}$$

Substituindo a relação (9.10) na equação (9.9), obtemos:

$$P = \frac{N_0 m v_q^2}{3}$$

A relação anterior é a equação (9.2) que desejávamos demonstrar. Este método de dedução da pressão de um gás ideal não é rigoroso. Uma das principais imprecisões deste método consiste no fato de termos usado v_q como a velocidade de *todas* as moléculas. Isto não é verdade, pois sabemos que as velocidades das moléculas flutuam em torno de um valor médio segundo a *distribuição de Maxwell-Boltzmann*. Portanto, a dedução da relação (9.2) foi feita *ad hoc* para se obter o resultado desejado através de um *método elementar*. Contudo, a demonstração rigorosa da pressão de um gás ideal dada pela fórmula (9.2) através da distribuição de Maxwell-Boltzmann foge aos objetivos da presente obra.

9.2 Equação de estado de um gás ideal

A pressão de um gás ideal é fornecida pela equação (9.2) deduzida na seção anterior. Multiplicando ambos os membros da equação (9.2) pelo volume, obtemos:

$$PV = \frac{VN_0 m v_q^2}{3} \tag{9.11}$$

Como N_0 *é o* número de moléculas por unidade de volume, VN_0 é igual ao número total N de moléculas no volume V considerado. Logo a equação (9.11) se transforma para:

$$PV = \frac{N m v_q^2}{3} \tag{9.12}$$

Substituindo a equação (9.1) na relação (9.12), obtemos:

$$PV = \frac{m \sum v_i^2}{3} \tag{9.13}$$

Como sabemos, para um gás ideal, a *energia interna* U é dada pela energia cinética total do gás, ou seja:

$$U = \frac{1}{2} N \langle v^2 \rangle = \frac{m \sum v_i^2}{2} \tag{9.14}$$

Comparando as relações (9.13) e (9.14), encontramos o resultado:

$$PV = 2\frac{U}{3} \tag{9.15}$$

O número de graus de liberdade para um gás monoatômico é dado por $f = 3$, portanto, de acordo com a relação (9.4), obtemos:

$$U = \frac{3NkT}{2} \tag{9.16}$$

Substituindo a equação (9.16) na relação (9.15), obtemos:

$$PV = NkT \tag{9.17}$$

A relação (9.17) é a *equação de estado de um gás ideal* em função do número total de moléculas N contidas no volume V. Em vez do número total de moléculas N, podemos escrever a equação de estado de um gás ideal em função do número de mols n. Fazendo $Nk = nR$, onde n é o número de mols e R é a constante dos gases ideais, obtemos:

$$PV = nRT \tag{9.18}$$

A equação (9.18) é a equação de estado de um gás ideal escrita na forma mais usada na Termodinâmica (ver o Capítulo 7).

9.3 Problemas sobre teoria cinética dos gases

9.01
RESOLVIDO

Usando a equação de estado de um gás ideal, deduza uma expressão para o módulo da *velocidade média quadrática* de um gás ideal em função da temperatura absoluta do gás.

SOLUÇÃO

A energia interna de um gás ideal em função do número total de moléculas N é dada por:

$$U = \frac{Nmv_q^2}{2} \tag{1}$$

Dividindo ambos os membros da equação (1) pelo volume, encontramos:

$$u = \frac{N_0 mv_q^2}{2} \tag{2}$$

Na equação (2) u é a densidade de energia ($u = U/V$) e N_0 *é* o número de moléculas por unidade de volume ($N_0 = N/V$). Por outro lado, utilizando a equação (9.15), vemos facilmente que a relação entre a pressão e a densidade de energia de um gás ideal é dada por:

$$P = 2\frac{u}{3} \tag{3}$$

Dividindo ambos os membros da equação (9.17) pelo volume, podemos escrever:

$$P = N_0 kT \tag{4}$$

Usando as equações (1), (2), (3) e (4), encontramos a velocidade média quadrática em função da temperatura absoluta:

$$v_q = \sqrt{\frac{3kT}{m}} \tag{5}$$

A equação (5) fornece a velocidade média quadrática das moléculas de um gás ideal em função da temperatura absoluta. A equação (5) foi deduzida usando-se a equação de estado de um gás ideal. Esta relação poderia também ser deduzida usando-se a distribuição de Maxwell-Boltzmann. No próximo problema mostraremos como a *velocidade média* das moléculas de um gás ideal pode ser obtida mediante o uso da distribuição de Maxwell-Boltzmann

---

9.02 **RESOLVIDO**

Deduza uma expressão para o módulo da *velocidade média* das moléculas de um gás ideal.

SOLUÇÃO

De acordo com a definição de média podemos escrever:

$$\langle v \rangle = \frac{1}{N} \int_0^\infty N(v) v \, dv \tag{1}$$

A função $N(v)$ é dada pela distribuição de Maxwell-Boltzmann indicada na relação (9.5). Substituindo a equação (9.5) na equação (1), obtemos:

$$\langle v \rangle = 4\pi B \int_0^\infty v^3 \exp(-\beta v^2) \, dv \tag{2}$$

As integrais envolvendo a função $\exp(-\beta v^2)$ podem ser resolvidas do seguinte modo. Verifica-se facilmente que a integral de zero a infinito de $[v \exp(-\beta v^2) \, dv]$ é dada por:

$$\int_0^\infty v \exp(-\beta v^2) \, dv = \frac{1}{2\beta} \tag{3}$$

Usando a regra da derivação de uma integral definida, obtemos:

$$\frac{d}{d\beta} \int_0^\infty v \exp(-\beta v^2) \, dv = -\int_0^\infty v^3 \exp(-\beta v^2) \, dv \tag{4}$$

Derivando o segundo membro da equação (3) em relação a β, encontramos:

$$\frac{d}{d\beta}\left(\frac{1}{2\beta}\right) = -\frac{1}{2\beta^2} \qquad (5)$$

Das equações (4) e (5), obtém-se:

$$\int_0^\infty v^3 \exp(-\beta v^2)\, dv = \frac{1}{2\beta^2} \qquad (6)$$

Lembramos que na equação (9.5) as constantes B e β são dadas por:

$$B = \left(\frac{m}{2\pi kT}\right)^{3/2}; \quad \beta = \frac{m}{2kT}$$

Substituindo a relação (6) na equação (2) e levando em conta os valores das constantes B e β encontramos o seguinte resultado para a velocidade média:

$$\langle v\rangle = \sqrt{\frac{8kT}{\pi m}} \qquad (7)$$

A equação (7) fornece a *velocidade média* das moléculas de um gás ideal em função da temperatura absoluta do gás.

9.03 RESOLVIDO

Deduza uma expressão para o módulo da *velocidade mais provável* das moléculas de um gás ideal.

SOLUÇÃO

A velocidade mais provável das moléculas de um gás ideal é aquela para a qual a distribuição de Maxwell-Boltzmann $N(v)$ se torna máxima. A condição para a existência de um máximo é dada por:

$$\frac{dN}{dv} = 0 \qquad (1)$$

Derivando a equação (9.5) em relação a v e usando a condição (1) encontramos o resultado:

$$8\pi NBv \exp(-\beta v^2)(1 - \beta v^2) = 0 \qquad (2)$$

Existem três soluções para a equação (2): $v = 0$ corresponde a um mínimo; a solução $v = \infty$ também corresponde a um mínimo; a terceira solução só pode corresponder a um máximo, pois a função é sempre positiva e os extremos 0 e ∞ correspondem a mínimos. Donde se conclui que a condição para a existência de um máximo é dada por:

$$v_P^2 = \frac{1}{\beta} \tag{3}$$

A relação (3) fornece o quadrado da velocidade mais provável v_P. Portanto, lembrando que $\beta = m/2kT$, encontramos o resultado:

$$v_P = \sqrt{\frac{2kT}{m}} \tag{4}$$

O resultado (4) fornece o módulo da *velocidade mais provável* v_P de um gás ideal em função da temperatura absoluta do gás.

9.04
RESOLVIDO

Usando a *distribuição de Boltzmann*, deduza a fórmula da variação da concentração das moléculas do ar com a altitude a partir do nível do mar. Deduza também a fórmula da variação da pressão do ar com a altitude a partir do nível do mar. Considere uma atmosfera isotérmica.

SOLUÇÃO

Nos dois problemas anteriores mostramos aplicações da *distribuição de Maxwell-Boltzmann* que descrevem a distribuição das velocidades das moléculas de um gás ideal. A chamada *distribuição de Boltzmann* fornece uma generalização da distribuição de *Maxwell-Boltzmann* e descreve a distribuição das partículas em função das energias das partículas. A fração do número de partículas com energias entre a energia E e a energia $E + dE$ é dada pela *distribuição de Boltzmann*:

$$\frac{dN}{N} = B \exp\left(-\frac{E}{kT}\right) dX \tag{1}$$

Na equação (1) B *é* uma constante e X é a variável de referência, ou seja, o intervalo de energia está situado entre X e $X + dX$.

Vamos calcular a variação do número de partículas do ar atmosférico em função da altitude a partir do nível do mar, aplicando a distribuição de *Boltzmann*. Neste caso a variável X da fórmula (1) será a altura h e a energia E será a energia potencial da molécula mgh. Logo, de acordo com a relação (1), obtemos:

$$\frac{dN}{N} = B \exp\left(-\frac{mgh}{kT}\right) dh \tag{2}$$

Seja A a área da base de uma coluna de altura h. A concentração das partículas a uma altura h *é* dada por:

$$C = \frac{dN}{A\,dh} \tag{3}$$

Substituindo a relação (3) na equação (2), obtemos:

$$C = \left(\frac{NB}{A}\right) \exp\left(-\frac{mgh}{kT}\right) \tag{4}$$

Porém, para $h = 0$, a concentração é dada por:

$$C = C_0 \tag{5}$$

Fazendo $h = 0$ na equação (4) e usando a relação (5), encontramos para a constante B a seguinte expressão:

$$B = \frac{C_0 A}{N} \tag{6}$$

Substituindo a equação (6) na relação (4), obtemos:

$$C = C_0 \exp\left(-\frac{mgh}{kT}\right) \tag{7}$$

Considerando o ar como um gás ideal, de acordo com a equação de estado de um gás ideal, considerando uma concentração molar ($C = n/V$), podemos escrever:

$$P = CRT \tag{8}$$

Logo, de acordo com a relação (8), e designando por P_0 a pressão para $h = 0$, encontramos:

$$\frac{P}{P_0} = \frac{C}{C_0} \tag{9}$$

Substituindo a equação (9) na relação (7), encontramos o resultado:

$$P = P_0 \exp\left(-\frac{mgh}{kT}\right) \tag{10}$$

Esta equação é conhecida pelo nome *de fórmula barométrica de Laplace.* Ela serve para determinar as variações da pressão em função da altura em relação ao nível do mar.

9.05 **RESOLVIDO**

Mostre como se pode estudar o equilíbrio da atmosfera de um astro. Por que a Lua não possui atmosfera?

SOLUÇÃO

A velocidade mínima necessária para que uma partícula fuja da atração terrestre é dada pela chamada *velocidade de escape* (que será designada pela letra u). Seja M a massa da Terra, m a massa da partícula, R o raio da Terra e G a constante da gravitação universal. Para determinar o módulo da *velocidade de escape* u basta igualar a energia potencial da partícula (dada por MmG/R) com a energia cinética da partícula (dada por $mu^2/2$). Designando por g o valor do módulo da aceleração da gravidade na superfície terrestre, encontramos o resultado:

$$u = \sqrt{2gR} \tag{1}$$

Esta relação contínua válida para a determinação da velocidade de escape de qualquer astro, desde que você considere g como a aceleração da gravidade na superfície do astro e R como o raio do astro considerado. Suponha que o topo da atmosfera de um astro seja constituído por um gás ideal a uma temperatura T. Esta hipótese é bastante plausível, uma vez que no topo da atmosfera, conforme podemos verificar facilmente pela fórmula (10) do problema anterior, a pressão do gás é muito pequena, justificando-se plenamente o comportamento ideal do gás. De acordo com o resultado (4) do problema 9.3, sabemos que a velocidade mais provável das moléculas de um gás ideal é dada por:

$$v_P = \sqrt{\frac{2kT}{m}} \tag{2}$$

Quando $v_P > u$, existirá uma grande probabilidade de escape das moléculas da atmosfera do planeta. Quando $v_P < u$, a probabilidade de escape será menor. Usando a distribuição de *Maxwell-Boltzmann*, podemos estudar a probabilidade de escape para cada substância. Contudo, não faremos os cálculos das probabilidades, uma vez que o objetivo deste problema é apenas mostrar qualitativamente a natureza do fenômeno do escape das moléculas da atmosfera de um astro. Como exemplo, vamos comparar a ordem de grandeza das velocidades mencionadas para a Lua e para a Terra. De acordo com a relação (1), verificamos que a velocidade de escape de uma partícula na superfície terrestre é dada por:

$$u = 11,2 \text{ km/s} \tag{3}$$

E a velocidade mínima para que uma partícula fuja da atração lunar é dada por:

$$u_L = 2,3 \text{ km/s} \tag{4}$$

Vamos calcular a velocidade mais provável de uma molécula do gás hidrogênio (H_2) para uma temperatura de 300 K. Substituindo os valores convenientes na relação (2), obtemos:

$$v_P = 1,6 \text{ km/s} \tag{5}$$

E para uma temperatura de 600 K, obtemos:

$$v_P = 2,2 \text{ km/s} \tag{6}$$

Vamos supor que a temperatura média da superfície lunar esteja entre 300 K e 600 K, então, de acordo com as relações (4), (5) e (6), vemos que o hidrogênio possui

grande probabilidade de escapar da atração lunar. Para gases mais pesados do que o hidrogênio a velocidade mais provável é menor, porém a probabilidade de escape da superfície lunar é ainda elevada. Concluímos, então, que a Lua não pode reter uma atmosfera em equilíbrio.

No caso da Terra, como $u > v_P$, a probabilidade de escape é pequena, contudo, esta probabilidade não é nula e pode ser calculada mediante a distribuição de *Maxwell-Boltzmann*. Realmente, uma porcentagem pequena de moléculas foge da atração terrestre, contudo, a Terra retém em seu campo gravitacional outras partículas vindas do exterior, além do incremento eventual de partículas provenientes da própria Terra (através da evaporação e outros fenômenos). Podemos, então, afirmar que a Terra poderá manter uma atmosfera em equilíbrio durante milhões de anos. A Lua não possui atualmente atmosfera, ou porque nunca possuiu ou porque perdeu essa eventual atmosfera em virtude do escape das moléculas dos gases constituintes dessa atmosfera.

A composição atual da atmosfera de um astro pode ser estudada mediante a aplicação da distribuição de *Maxwell-Boltzmann* para cada constituinte da atmosfera do astro considerado. Note que o cálculo apresentado neste problema é aproximado visto que no topo da atmosfera o valor da distância r ao centro da Terra é ligeiramente maior do que o raio R da Terra.

9.06

Explique como se define a *função de partição.*

SOLUÇÃO

A distribuição de *Boltzmann é* dada pela fórmula (1) do Problema 9.4. Integrando esta equação para *todos* os valores do domínio da variável X, encontramos, evidentemente, o número total de partículas. Então, a constante B da fórmula (1) será dada por:

$$B = \frac{1}{\int_{X_0}^{X_1} \exp(-E/kT)\, dX} \tag{1}$$

Na equação (1) X_0 e X_1 são os limites do domínio da variável X. Podemos escrever a fórmula anterior do seguinte modo:

$$B = \frac{1}{Z} \tag{2}$$

De acordo com as equações (1) e (2), podemos escrever:

$$Z = \int_{X_0}^{X_1} \exp\left(-\frac{E}{kT}\right) dX \tag{3}$$

Por definição, a função Z indicada na equação (3) denomina-se *função de partição* da Física clássica. Portanto, a função de partição de um sistema pode ser calculada classicamente mediante a integral (3) na qual a integração deve ser estendida para todo o domínio de definição da variável X considerada.

9.07
RESOLVIDO

Qual é a expressão correta para o cálculo da velocidade de propagação de uma onda sonora no ar?

SOLUÇÃO

Uma onda sonora é uma onda de compressão longitudinal em um gás. Portanto, a velocidade de propagação de uma onda sonora no ar pode ser obtida pela expressão geral da velocidade de propagação de uma onda de compressão longitudinal em um gás. No presente problema vamos considerar apenas gases ideais. Sabemos que a velocidade de propagação de uma onda de compressão longitudinal é dada pela equação:

$$u = \sqrt{\frac{B}{\rho}} \tag{1}$$

Na equação (1) a letra B *não* designa a mesma grandeza do problema anterior. Na relação (1) B é o *módulo de elasticidade* (ou *módulo de compressibilidade volumétrico*) e ρ é a densidade do material. O módulo de elasticidade *isotérmico* é definido mediante a seguinte relação:

$$B_T = -V\left(\frac{\partial P}{\partial V}\right)_T \tag{2}$$

Na equação (2) o índice T é usado para enfatizar que se trata de um processo isotérmico. Em outros tipos de processos devemos usar outras letras para caracterizar os respectivos processos. Por exemplo, no caso de um processo adiabático reversível a *entropia S permanece constante*. Portanto, o módulo de elasticidade *adiabático* é definido mediante a seguinte relação:

$$B_S = -V\left(\frac{\partial P}{\partial V}\right)_S \tag{3}$$

Como as derivadas que aparecem nas ralações (2) e (3) dependem do processo, para calcular estas derivadas devemos especificar previamente a equação característica do processo. Em um processo isotérmico, obtemos:

$$p = \frac{NkT}{V} \tag{4}$$

Derivando a equação (4) em relação ao volume e substituindo o resultado na equação (2), encontramos:

$$B_T = \frac{NkT}{V} \tag{5}$$

Comparando a relação (5) com a equação (4), obtemos:

$$B_T = P \tag{6}$$

Substituindo o resultado (6) na equação (1), vemos que a velocidade de propagação de uma onda longitudinal, para um processo isotérmico, é dada por:

$$u_T = \sqrt{\frac{P}{\rho}} \tag{7}$$

A equação (7) fornece a expressão da velocidade de propagação de uma onda sonora no ar, supondo que o ar seja um gás ideal e considerando um processo *isotérmico*. Em um processo *adiabático* não podemos usar a mesma equação (4) que foi utilizada no caso de um processo isotérmico. Para um processo adiabático devemos usar a equação pertinente a uma transformação adiabática; esta equação é a famosa *equação de Poisson*. Designando por γ a razão entre C_P e C_V, podemos escrever a equação de Poisson na forma:

$$PV^{\gamma} = \text{constante} \tag{8}$$

Diferenciando a equação de Poisson (8), obtemos:

$$V^{\gamma}\, dP + \gamma P V^{\gamma - 1}\, dV = 0 \tag{9}$$

Ou seja, de acordo com a equação (9), em um processo adiabático, podemos escrever:

$$\frac{dP}{dV} = -\gamma P V^{-1} \tag{10}$$

Substituindo o resultado (10) na relação (2), obtemos:

$$B_S = P\gamma \tag{11}$$

Substituindo a equação (11) na relação (1), obtemos a expressão da velocidade de propagação de uma onda sonora em um gás ideal, considerando uma propagação adiabática:

$$u_S = \sqrt{\frac{P\gamma}{\rho}} \tag{12}$$

Para calcular a velocidade de propagação de uma onda sonora no ar devemos usar a relação (7) ou a equação (12)? Qual é a expressão correta? Como a velocidade de propagação do som é muito maior do que o tempo de relaxação das moléculas, concluímos que este processo é adiabático. Deste modo, para determinar a velocidade de propagação de uma onda sonora no ar (ou em qualquer gás ideal), a expressão apropriada é a relação (12) e não a equação (7).

Comparando a relação (12) com a equação (7) vemos que a velocidade de propagação adiabática é x vezes maior do que a velocidade de propagação isotérmica do som. O fator x é dado pela raiz quadrada de γ. Como para o ar $\gamma = 1,4$, a raiz quadrada de γ é igual a 1,183. Portanto, a diferença entre os valores (12) e (7) é de quase 20%. A experiência pode decidir qual das duas fórmulas se aplica para a propagação do som. Foi comprovado experimentalmente que o resultado (12) é o correto, ou seja, o som se propaga de modo adiabático em um gás ideal.

9.08
RESOLVIDO

Como se calcula a capacidade calorífica molar a volume constante para um gás ideal? E a capacidade calorífica à pressão constante? Quanto vale a constante $\gamma = C_P/C_V$ para um gás ideal?

SOLUÇÃO

Sabemos que para se calcular a capacidade calorífica a volume constante de um sistema basta derivar a energia interna em relação à temperatura absoluta, a volume constante. A energia interna de um gás ideal é dada pela equação (9.4). Portanto, derivando U em relação a T, obtemos:

$$C_V = \frac{fNk}{2} \tag{1}$$

Sabemos que $Nk = nR$, então, de acordo com a relação (1), obtemos:

$$C_V = \frac{fnR}{2} \tag{2}$$

Sabemos que para um gás ideal podemos escrever:

$$C_P = C_V + nR \tag{3}$$

Para determinar a capacidade calorífica à pressão constante de um gás ideal podemos usar a equação (3) e a equação (2). Obtemos:

$$C_P = \frac{nR(f+2)}{2} \tag{4}$$

Como sabemos, o *calor específico molar* (ou simplesmente *calor molar*) é a capacidade calorífica dividida pelo número de mols. Vamos designar o calor molar por uma letra c (minúscula). Então, o calor específico molar a volume constante é obtido dividindo-se a relação (2) pelo número de mols, ou seja:

$$c_V = \frac{fR}{2} \tag{5}$$

O calor específico molar à pressão constante é obtido dividindo-se a relação (2) pelo número de mols, portanto:

$$c_P = \frac{R(f+2)}{2} \tag{6}$$

A relação $\gamma = C_P/C_V = c_P/c_V$ para um gás ideal pode ser calculada, dividindo-se a relação (6) pela equação (5), ou seja:

$$\gamma = \frac{f+2}{f} \tag{7}$$

9.09 RESOLVIDO

Determine o calor específico molar de um gás ideal monoatômico em função da constante R dos gases ideais. Repita o cálculo para um gás ideal diatômico. Calcule também a constante γ desses gases.

SOLUÇÃO

O número de graus de liberdade de um gás monoatômico *é* dado por: $f = 3$. Substituindo este valor na relação (5) do problema anterior, obtemos o calor específico molar de um gás monoatômico:

$$c_V = \frac{3R}{2} \tag{1}$$

Como R é aproximadamente igual a 2 cal/mol K, para um gás monoatômico obtemos o seguinte resultado:

$$c_V = 3 \text{ cal/mol K}$$

O calor específico molar à pressão constante de um gás monoatômico é obtido fazendo $f = 3$ na equação (6) do problema anterior, ou seja:

$$c_P = 5\frac{R}{2} \tag{2}$$

O valor aproximado deste calor específico molar é dado por:

$$c_P = 5 \text{ cal/mol K}$$

A razão $\gamma = C_P/C_V = c_P/c_V$, para um gás ideal monoatômico, pode ser obtida diretamente, dividindo a equação (2) pela equação (1), ou seja:

$$\gamma = \frac{5}{3} = 1,67$$

Um gás monoatômico possui somente três graus de liberdade, porque um átomo só pode ter movimento de translação (a eventual rotação de um átomo em torno do próprio eixo não contribui para a energia). Contudo, uma molécula diatômica, além da translação do seu centro de massa, possui também rotação em torno do centro de massa. Compare a molécula diatômica com um haltere; as duas massas das extremidades do haltere representam os átomos da molécula diatômica. Para fixar a posição das massas, basta fixar a posição do eixo no espaço e a posição do centro de massa. Para fixar a posição do centro de massa necessitamos de três coordenadas; usando um sistema de coordenadas esféricas, para fixar a direção de eixo, basta fixar mais duas coordenadas angulares. Deste modo concluímos que o número de graus de liberdade de uma molécula diatômica é igual a 5. Substituindo o valor $f = 5$ na equação (5) do problema anterior, obtemos:

$$c_V = 5\frac{R}{2} \tag{3}$$

Substituindo o valor $f = 5$ na equação (6) do problema anterior, obtemos:

$$c_V = 7\frac{R}{2} \tag{4}$$

Dividindo a equação (4) pela equação (3), encontramos:

$$\gamma = \frac{7}{5} = 1,4$$

9.10 RESOLVIDO

Discuta os limites de validade da *lei de Dulong e Petit* que afirma ser o calor específico molar dos cristais monoatômicos igual a $3R$. Qual é a contradição entre esta lei e o modelo clássico dos metais ao se aplicar a este modelo a lei da eqüipartição da energia?

SOLUÇÃO

Uma discussão pormenorizada desta questão pode ser encontrada na obra *Termodinâmica Estatística*, de Horácio Macedo e Adir M. Luiz. Aqui apresentaremos somente os aspectos mais relevantes deste problema. Os cristais monoatômicos mais importantes são os metais. Consideramos os metais como cristais em que os átomos ocupam pontos regularmente dispostos ao longo da rede cristalina.

As propriedades dos metais são explicadas classicamente admitindo-se a existência de elétrons livres na rede cristalina. Tais elétrons estão frouxamente ligados aos átomos da rede (elétrons de valência) e formam um "*gás ideal*" de partículas carregadas, encerradas na rede cristalina. Algumas previsões deste modelo confirmam-se com bastante razoabilidade: é o caso da *lei de Ohm* e o da *lei de Wiedemann-Franz*. O calor específico, no entanto, conduz a uma situação ímpar. A famosa *lei de Dulong e Petit*, conhecida de longa data mediante trabalhos experimentais, atribuía ao c_V atômico o valor $3R$, desde que a temperatura não fosse muito baixa. Um simples raciocínio, baseado no modelo clássico, justifica brilhantemente esta lei.

Suponhamos que os átomos dos metais sejam osciladores harmônicos com três vibrações independentes. Usando o princípio da eqüipartição da energia e levando em conta que são 6 os graus de liberdade de cada átomo, a energia média, por átomo-grama, é igual a ($3RT$), logo o calor atômico é dado por:

$$c_V = 3R \qquad (1)$$

A equação (1) é a expressão matemática da famosa lei de Dulong e Petit. Aí porém é que surge o problema: se no metal existem elétrons livres há de haver uma contribuição dos elétrons à energia interna e, portanto, ao calor específico. Admitindo que os elétrons constituam um gás ideal, cada elétron terá três graus de liberdade de translação; então a energia média de cada elétron será igual $3kT/2$, segundo o princípio da eqüipartição da energia. Destarte, deveríamos somar esta contribuição ao calor específico, de modo que o calor atômico do metal seria:

$$c_V = 3R + \frac{3R}{2} = 9\frac{R}{2} \tag{2}$$

O resultado (2), porém, contradiz a experiência. A situação é peculiar e contraditória: os elétrons livres são necessários para explicar a condutividade elétrica e a condutividade térmica dos metais – e explicam-nas muito bem. Por outro lado, mantendo-se a mesma concepção do gás de elétrons, obtivemos um valor de c_V que não corresponde à realidade. A falência da concepção clássica — traduzida no princípio da eqüipartição – é evidente. A situação fica esclarecida com o tratamento quântico. Neste, o gás de elétrons continua a ser *"ideal"*, mas tem um comportamento quantificado, obedecendo à *distribuição de Fermi-Dirac* (ver o Apêndice C).

Segundo dedução que foge aos objetivos desta obra, verificamos que o calor específico do gás de elétrons é desprezível para as temperaturas inferiores à temperatura Fermi do sistema. Ora, para a maioria dos metais, a temperatura Fermi é da ordem de 4.000 K. Então, em temperatura ambiente é desprezível a contribuição dos elétrons para o calor atômico. Fica, portanto, eliminada a dificuldade original: o gás de elétrons continua explicando satisfatoriamente a condutividade elétrica e outros fenômenos, tanto no modelo clássico quanto no quântico; e o modelo quântico mostra que a contribuição dos elétrons é desprezível na temperatura ambiente. Devemos notar que o calor específico molar do metal no estado sólido é o dobro do calor molar do vapor do mesmo metal. Por quê? Ora, ao aquecermos um gás, todo calor fornecido é usado para aumentar a energia cinética das moléculas do gás. No entanto, para aquecermos o sólido, uma parte do calor é usada para aumentar a energia cinética dos átomos e outra parte é usada na alteração da energia potencial das partículas do sistema.

9.4 Problemas propostos

9.11 Seja E_c a energia cinética de uma molécula de massa m. Qual é a expressão do módulo da velocidade média quadrática desta molécula?

Resposta: $v_q = (2E_c/m)^{1/2}$.

9.12

Determine o módulo da velocidade média quadrática em função da energia interna U de um gás ideal e em função do número total de moléculas N.

Resposta: $v_q = (2U/mN)^{1/2}$.

9.13

Determine o módulo da velocidade média quadrática em função da energia U, do número de mols n e da massa molecular M.

Resposta: $v_q = (2U/nM)^{1/2}$.

9.14

Obtenha uma expressão para a determinação do número de Avogadro N_A em função da velocidade média quadrática das moléculas e da energia interna de um gás ideal.

Resposta: $N_A = NMv_q^2/2U$.

9.15

Escreva a expressão da densidade de energia u de um gás ideal em função do número de moléculas por unidade de volume N_0, da massa m de uma molécula e da velocidade média quadrática.

Resposta: $u = N_0 m v_q^2/2$.

9.16

Escreva a relação entre a constante de Boltzmann k, a constante dos gases ideais R e o número de Avogadro N_A.

Resposta: $k = R/N_A$.

9.17

Sabemos que $N_A = 6,02 \times 10^{23}$ moléculas/mol (ou $N_A = 6,02 \times 10^{26}$ moléculas/kmol); $R = 8,31 \times 10^3$ J/kmol K. Determine o valor aproximado de k: (a) no sistema CGS; (b) no sistema MKS.

Respostas: (a) $k = 1,38 \times 10^{-16}$ erg/K;
(b) $k = 1,38 \times 10^{-23}$ J/K.

9.18

Calcule o número de moléculas contidas em 1 cm^3 de um gás ideal submetido a uma pressão de 1 atm e para uma temperatura igual a 300 K.

Resposta: $2,4 \times 10^{19}$ moléculas/cm^3.

9.19 No interior de um recipiente com volume de um litro existem 10^{15} moléculas de um gás ideal a uma temperatura de 300 K. Calcule a pressão do gás.

Resposta: $P = 4,14 \times 10^{-8}$ atm.

9.20 Escreva a equação de estado de um gás ideal: (a) em função do número de moléculas N_0 por unidade de volume; (b) em função do número de Avogadro e de R; (c) em função de N_A, de ρ e de k.

Respostas: (a) $P = N_0 kT$;
(b) $PV = NRT/N_A$;
(c) $P = \rho N_A kT/M$.

9.21 Escreva a equação de estado de um gás ideal em função da *concentração* C (número de mols por unidade de volume).

Resposta: $P = CRT$.

9.22 Seja u a densidade volumar de energia de um gás ideal monoatômico. Determine a pressão do gás em função da densidade de energia.

Resposta: $P = 2u/3$.

9.23 A pressão de um gás ideal monoatômico é igual a $1,5 \times 10^5$ N/m^2. Calcule a densidade de energia deste gás.

Resposta: $u = 2,25 \times 10^5$ J/m^3.

9.24 Escreva a relação entre a densidade de enxergia de um gás ideal, o número de moléculas por unidade de volume, a constante de Boltzmann e a temperatura absoluta do gás.

Resposta: $u = 3N_0 kT/2$.

9.25 Escreva uma expressão para o cálculo da energia cinética de uma molécula de um gás ideal em função da densidade de energia do gás e do número total de moléculas N.

Resposta: $E_c = uV/N$.

9.26

Usando a equação de estado de um gás ideal, deduza a relação entre a velocidade média quadrática, a temperatura absoluta e a massa molecular do gás.

Resposta: $v_q = (3kT/m)^{1/2}$.

9.27

A velocidade média quadrática das moléculas de um gás ideal é igual a 500 m/s. A massa da molécula é igual a $6,6 \times 10^{-26}$ kg. Existem 10^{21} moléculas por cm^3. Qual é a pressão do gás?

Resposta: $5,5 \times 10^6$ N/m^2.

9.28

Em um recipiente de um litro existem 10^{22} moléculas de um gás ideal. Calcule o valor aproximado da pressão do gás, sabendo que a temperatura é igual a -13°C.

Resposta: $3,6 \times 10^4$ N/m^2.

9.29

Escreva a expressão da velocidade média das moléculas de um gás ideal em função da massa molecular do gás.

Resposta: $\langle v \rangle = (8RT/\pi M)^{1/2}$.

9.30

Escreva a expressão da velocidade mais provável das moléculas de um gás ideal em função da massa molecular do gás.

Resposta: $v_P = (2RT/M)^{1/2}$.

9.31

Considere um gás ideal com massa molecular M_1 a uma temperatura T_1 e um outro gás ideal com massa molecular M_2. Em que temperatura as moléculas do gás de massa M_2 possuem a mesma velocidade média que as partículas do gás de massa M_1?

Resposta: $T_2 = T_1(M_2/M_1)$

9.32 Considere o hidrogênio a uma temperatura de 27°C. Em que temperatura a velocidade média das moléculas de O_2 é igual à velocidade média das moléculas de H_2 na temperatura de 27°C?

Resposta: 4800 K.

9.33 Calcule a razão entre a velocidade média e a velocidade média quadrática das moléculas de um gás ideal.

Resposta: $\langle v \rangle / v_q = 0,92$.

9.34 Calcule a razão entre a velocidade média e a velocidade mais provável das moléculas de um gás ideal.

Resposta: $\langle v \rangle / v_P = 1,13$.

9.35 Sabendo que a velocidade média das moléculas de um gás ideal é igual a 400 m/s, calcule: (a) a velocidade média quadrática; (b) a velocidade mais provável.

Respostas: (a) 434,8 m/s;
(b) 354 m/s.

9.36 Obtenha uma relação para a média $\langle mv \rangle$ das moléculas de um gás ideal.

Resposta: $\langle mv \rangle = (8mkT/\pi)^{1/2}$.

9.37 Calcule o valor aproximado da velocidade média do O_2 ($M = 32$ g/mol) a uma temperatura de 300 K.

Resposta: 446 m/s.

9.38 Calcule o valor aproximado da velocidade média quadrática das moléculas do gás ideal O_2 a uma temperatura de 300 K.

Resposta: 485 m/s.

9.39

Calcule o valor aproximado da velocidade mais provável do O_2 a uma temperatura de 300 K.

Resposta: 395 m/s.

9.40

Em que temperatura a velocidade mais provável do oxigênio se torna igual ao dobro do valor determinado no problema anterior?

Resposta: $T = 1200$ K.

9.41

Deduza a expressão para o cálculo do número total N de moléculas existentes em uma unidade de volume de um gás ideal mediante a distribuição de Maxwell-Boltzmann.

Sugestão: Use a equação (9.5).

Resposta: $N = \int_0^\infty N(v)\,dv = \int_0^\infty 4\pi N B v^2 \exp(-\beta v^2)\,dv.$

9.42

Um dos melhores vácuos que se pode atingir no laboratório através de bombas de vácuo modernas é da ordem de 10^{-10} Torr. Um Torr $=$ 1 mmHg. Suponha que você faça o vácuo em um recipiente até este limite e seja $T = 300$ K a temperatura do gás nesta pressão. Calcule o valor aproximado do número de moléculas por cm^3 que permanece no recipiente.

Resposta: $3,2 \times 10^6$ moléculas/cm^3.

9.43

Usando a distribuição de Boltzmann demonstre a lei da eqüipartição da energia. A seguir, deduza uma relação para a energia cinética média das moléculas de um gás ideal monoatômico.

Sugestão: Use a definição de valor médio e a distribuição de Boltzmann dada pela equação (1) do Problema (9.4). Você encontrará o resultado: $\langle E \rangle = fkT/2$.

Resposta: $\langle E \rangle = 3kT/2$.

9.44 Considere um gás ideal monoatômico. (a) Qual é a expressão da energia média das suas moléculas em função da temperatura e da constante dos gases R? (b) Determine a energia interna de n mols deste gás.

Respostas: (a) $\langle E \rangle = 3RT/N_A$;
(b) $U = 3nN_AkT/2$.

9.45 Considere um gás ideal diatômico. (a) Qual é a expressão da energia cinética média de suas moléculas em função da temperatura? (b) Determine a energia interna de n mols deste gás.

Respostas: (a) $\langle E \rangle = 5kT/2$;
(b) $U = 5nN_AkT/2$.

9.46 Calcule a função de partição das moléculas do ar na atmosfera terrestre, supondo que o ar seja um gás ideal.

Resposta: $Z = kT/mg$.

9.47 Escreva a expressão da massa específica do ar em função da altura supondo uma atmosfera isotérmica.

Resposta: $\rho = \rho_0 \exp(-mgh/kT)$.

9.48 Determine a variação da pressão de um gás ideal em função da altura, da constante dos gases R e da massa molecular do gás.

Resposta: $P = P_0 \exp(-Mgh/RT)$.

9.49 O ar atmosférico é uma mistura de gases diatômicos. Suponha que o ar se comporte como um gás ideal diatômico. Determine para o ar: (a) o valor aproximado do calor molar a volume constante; (b) o valor aproximado do calor molar à pressão constante; (c) a razão C_P/C_V.

Respostas: (a) $C_V = 5$ cal/mol K;
(b) $C_P = 7$ cal/mol K;
(c) $\gamma = 1,4$.

9.50

Suponha que as moléculas de um gás ideal possuam 7 graus de liberdade. Determine o valor: (a) do calor molar a volume constante; (b) do calor molar a pressão constante; (c) da razão Cp/C_V.

Respostas: (a) $C_V = 7R/2 = 7$ cal/mol K;
(b) $C_p = 9R/2 = 9$ cal/mol K;
(c) $\gamma = 9/7$.

9.51

Obtenha a expressão da velocidade de propagação u do som no ar em função da temperatura T, de R e da massa molecular M do ar.

Resposta: $u = (1{,}4RT/M)^{1/2}$.

9.52

Obtenha a expressão da velocidade de propagação u do som em um gás ideal em função da temperatura absoluta, da constante de Boltzmann e da massa molecular do gás.

Resposta: $u = (1{,}4N_AkT/M)^{1/2}$.

9.53

Calcule o valor aproximado da velocidade de propagação do som no ar a 300 K, sabendo que $M = 28{,}8$ g/mol.

Resposta: 348 m/s.

9.54

Considere a velocidade de propagação do som em um gás ideal. Determine a variação infinitesimal relativa da velocidade do som em função da variação infinitesimal de temperatura.

Resposta: $du/u = (1/2)(dT/T)$.

9.55

Para uma variação de temperatura muito pequena calcule o valor da variação relativa da velocidade do som.

Resposta: $\Delta u/u = (1/2)(\Delta T/T)$.

9.56

O vapor de iodo é um gás diatômico. O peso atômico do iodo é igual a 127. Um tubo contém vapor de I_2 a 300 K. Uma onda sonora estacionária, com freqüência igual a 1500 Hz se propaga no tubo. Calcule o valor aproximado do comprimento de onda desta onda estacionária.

Resposta: 8 cm.

BIBLIOGRAFIA

1. ALONSO, M. e FINN. E. J. *Física*. Addison Wesley Longman do Brasil, 1992.
2. FEYNMAN, R. P.; LEIGHTON, R. B.; SANDS, M. *The Feynman Lectures on Physics*. Obra em três volumes. Addison-Wesley Publ. Co., 1964.
3. FRENCH, A. P. *Vibraciones y Ondas*. Ed. Reverte, Barcelona, 1974.
4. FRENCH, A. P. *Mecánica Newtoniana*. Ed. Reverté, Barcelona, 1974.
5. GOLDEMBERG, J. *Física Geral e Experimental*. Companhia Editora Nacional, São Paulo, 1968.
6. HALLIDAY, D. e RESNICK, R. *Fundamentos de Física*. Obra em 4 volumes, Sexta Edição, Livros Técnicos e Científicos, S.A., Rio de Janeiro, 2002.
7. LANDAU, L. D. e LIFSHITZ, E. M. *Curso Abreviado de Física Teórica*. Editora Mir, Moscou, 1971.
8. LUIZ, ADIR M. *Problemas de Física 2*. Ed. Guanabara Dois, Rio de Janeiro, 1980.
9. MACEDO, H. *Elementos da Teoria Cinética dos Gases*. Editora Guanabara Dois. Rio de Janeiro, 1978.
10. MACEDO, H. e LUIZ, ADIR M. *Problemas de Termodinâmica Básica, Física e Química*. Ed. Edgard Blucher. São Paulo, 1976.
11. MACEDO, H. e LUIZ, ADIR M. *Termodinâmica Estatística*. Editora Edgard Blucher. São Paulo, 1975.

12. MAIA, L. P. M. *Mecânica Clássica.* Obra em 2 volumes, UFRJ, Rio de Janeiro, 1978.

13. NUSSENZVEIG, H. M. *Curso de Física Básica.* Obra em 4 volumes. Ed. Edgard Blucher, São Paulo, 1997.

14. VENNARD, J. K. e STREET, R. L. *Elementos de Mecânica dos Fluidos.* Tradutor: ADIR M. LUIZ. Ed. Guanabara Dois. Rio de Janeiro, 1978.

15. YOUNG, H. D., FREEDMAN, R. A., *SEARS-ZEMANSKY Física.* Obra em 4 volumes. Décima Edição. Tradutor: ADIR M. LUIZ. Pearson Education do Brasil, São Paulo, 2003.

Apêndices

MASSAS MOLECULARES DOS ELEMENTOS

Tabela A.1 *S* ⇒ *símbolo; **Z** ⇒ número atômico; **M** ⇒ massa molecular* (g/mol).

Nome	S	Z	M	Nome	S	Z	M
Actínio	Ac	89	227	Alumínio	Al	13	26,98
Amerício	Am	95	243	Antimônio	Sb	51	121,76
Argônio	Ar	18	39,948	Arsênio	As	33	74,921
Astato	At	85	210	Bário	Ba	56	137,32
Berílio	Be	4	9,0121	Berquélio	Bk	97	247
Bismuto	Bi	83	208,98	Bóhrio	Bh	107	264
Boro	B	5	10,811	Bromo	Br	35	79,904
Cádmio	Cd	48	112,41	Cálcio	Ca	20	40,078
Califórnio	Cf	98	251	Carbono	C	6	12,010
Cério	Ce	58	140,11	Césio	Cs	55	132,90
Chumbo	Pb	82	207,2	Cloro	Cl	17	35,452
Cobalto	Co	27	58,933	Cobre	Cu	29	63,546
Criptônio	Kr	36	83,80	Cromo	Cr	24	51,996
Cúrio	Cm	96	247	Disprósio	Dy	66	160,50
Dúbnio	Db	10	262	Einstênio	Es	99	252
Enxofre	S	16	32,066	Érbio	Er	68	167,26
Escândio	Sc	21	44,955	Estanho	Sn	50	118,71
Estrôncio	Sr	38	87,62	Európio	Eu	63	151,96
Férmio	Fm	100	257	Ferro	Fe	26	55,845

(continua)

(continuação)

Nome	S	Z	M	Nome	S	Z	M
Flúor	F	9	18,998	Fósforo	P	15	30,973
Frâncio	Fr	87	223	Gadolínio	Gd	64	157,25
Gálio	Ga	31	69,723	Germânio	Ge	32	72,61
Háfnio	Hf	72	178,49	Hássio	Hs	108	269
Hélio	He	2	4,0026	Hidrogênio	H	1	1,0079
Hólmio	Ho	67	164,93	índio	In	49	114,81
Iodo	I	53	126,90	Irídio	Ir	77	192,21
Itérbio	Yb	70	173,04	ítrio	Y	39	88,905
Lantânio	La	57	138,90	Lawrêncio	Lr	103	262
Lítio	Li	3	6,941	Lutécio	Lu	71	174,96
Magnésio	Mg	12	24,305	Manganês	Mn	25	54,938
Meitnério	Mt	109	268	Mendelévio	Md	101	258
Mercúrio	Hg	80	200,59	Molibdênio	Mo	42	95,94
Neodímio	Nd	60	144,24	Neônio	Ne	10	20,179
Netúnio	Np	93	237	Nióbio	Nb	41	92,906
Níquel	Ni	28	58,693	Nitrogênio	N	7	14,006
Nobélio	No	102	259	Ósmio	Os	76	190,23
Ouro	Au	79	196,97	Oxigênio	O	8	15,999
Paládio	Pd	46	106,42	Platina	Pt	78	195,08
Plutônio	Pu	94	244	Polônio	Po	84	210
Potássio	K	19	39,098	Praseodímio	Pr	59	140,90
Prata	Ag	47	107,86	Promécio	Pm	61	145
Protactínio	Pa	91	231,03	Rádio	Ra	88	226
Radônio	Rn	86	222	Rênio	Re	75	186,20
Ródio	Rh	45	102,90	Rubídio	Rb	37	85,467
Rutênio	Ru	44	101,07	Rutherfórdio	Rf	104	261
Samário	Sm	62	150,36	Seabórgio	Sg	106	266
Selênio	Se	34	78,963	Silício	Si	14	28,085
Sódio	Na	11	22,989	Tálio	Tl	81	204,38
Tântalo	Ta	73	180,94	Tecnécio	Tc	43	98
Telúrio	Te	52	127,60	Térbio	Ta	65	158,92
Titânio	Ti	22	47,867	Tório	Th	90	232,03
Túlio	Tm	69	168,93	Tungstênio	W	74	183,84
Unúmbio	Uub	112	277	Ununílio	Uun	110	269
Ununúnio	Uuu	111	272	Urânio	U	92	238,03
Vanádio	V	23	50,941	Xenônio	Xe	54	131,29
Zinco	Zn	30	65,39	Zircônio	Zr	40	91,224

B

CONSTANTES FÍSICAS FUNDAMENTAIS

Tabela B.1

Grandeza e símbolo	**Valor aproximado no SI**
Carga elétrica elementar (e)	$1{,}60218 \times 10^{-19}$ C
Constante de Boltzmann (k)	$1{,}38066 \times 10^{-23}$ J/K
Constante de Faraday (F)	$9{,}65 \times 10^{4}$ C/mol
Constante de Planck (h)	$6{,}62607 \times 10^{-34}$ J s
Constante de Stefan-Boltzmann (σ)	$5{,}67050 \times 10^{-8}$ W/m^2 K^4
Constante gravitacional (G)	$6{,}67259 \times 10^{-11}$ N m^2/kg^2
Constante universal dos gases (R)	$8{,}31451$ J/mol K
Energia de repouso do elétron ($m_e c^2$)	$0{,}51100$ MeV
Magneton de Bohr (μ_B)	$9{,}27401 \times 10^{-24}$ J/T
Massa do elétron em repouso (m_e)	$9{,}10938 \times 10^{-31}$ kg
Massa do nêutron em repouso (m_n)	$1{,}67493 \times 10^{-27}$ kg
Massa do próton em repouso (m_p)	$1{,}67262 \times 10^{-27}$ kg
Momento magnético do elétron (μ_e)	$9{,}28477 \times 10^{-24}$ J/T
Momento magnético do próton (μ_p)	$1{,}41060 \times 10^{-26}$ J/T
Número de Avogadro (N_A)	$6{,}02214 \times 10^{23}$ moléculas/mol
Permeabilidade magnética do vácuo (μ_0)	$4\pi \times 10^{-7}$ Wb/A m
Permissividade elétrica do vácuo (ε_0)	$8{,}85419 \times 10^{-12}$ C^2/N m^2
Raio de Bohr (r_0)	$5{,}29177 \times 10^{-11}$ m
Razão carga/massa do elétron (e/m)	$1{,}75882 \times 10^{11}$ C/kg
Unidade de massa atômica (u)	$1{,}66054 \times 10^{-27}$ kg
Velocidade da luz no vácuo (c)	$2{,}99792 \times 10^{8}$ m/s

C

DISTRIBUIÇÕES DA FÍSICA ESTATÍSTICA

Tabela C.1

Nome da distribuição	Maxwell-Boltzmann **(clássica)**	Fermi-Dirac **(quântica)**
Propriedades das partículas	Idênticas e distinguíveis. Como as partículas são distinguíveis, devemos considerar sempre o fator proporcional à combinação ou produto distinto.	Idênticas e indistinguí Obedecem ao *Princípio Exclusão de Pauli*. Cada ou está vazio ou conté no máximo apenas um partícula.
Tipos de partículas	Todas as partículas que podem ser consideradas classicamente. Exemplo: As partículas do ar atmosférico.	Todas as partículas que possuem spin semi-int (1/2; 3/2; 5/2; etc). Exemplos: Elétrons, pr núcleos com número d massa ímpar.
Função típica da distribuição	$\rho = \dfrac{\rho_0}{e^{E/kT}}$	$\rho = \dfrac{\rho_0}{e^{E/kT} + 1}$
Exemplos típicos	Densidade de partículas no ar atmosférico: $\rho = \dfrac{\rho_0}{e^{mgh/kT}}$	Distribuição de elétron $\rho = \dfrac{\rho_0}{e^{(E-E_0)/kT} + 1}$ E_0 = Energia de Ferm
Exemplos de equações de Estado	Gás ideal: $PV = nRT$	Gás de Elétrons: $PV = 2NE_0/5$

ÍNDICE REMISSIVO

Projeto gráfico: Casa Editorial Maluhy & Co.
www.casamaluhy.com

Tamanho da página: 160 mm x 230 mm.

O texto desta obra está composto em Palatino 10.5/14.1 pt.
Os títulos de capítulos e seções em Frutiger.